女人受用一生的情商课

（双色版）

郑一◎编著

如果说“美丽”是女人幸福的敲门砖，
那么“情商”就是女人命运的“必杀技”。

情商，是一种无形的智慧，
它让女人变得充满魔力。

情商高的女人，更容易获得生活的宠爱，
把握住生命中的幸福……

中国纺织出版社

内 容 提 要

情商是女人重要的生存能力和技巧，是一种发掘情感潜能、运用情感能力影响生活各个层面和人生走向的最为关键的因素之一。情商是女人好命一生的积极推动力，女人的情商越高，社交能力越强，人际关系越融洽，命就越好，收获的幸福感也越强。本书从女人的命运情商、婚恋情商、社交情商、情绪情商、幸福情商、快乐情商、职场情商等多个方面，结合现实生活中成功女性和幸福女性的真实故事，多角度、全方位地告诉女人，如何利用情商的力量，客观地认识自我，发掘潜能，赢得爱情、家庭、事业、健康的丰收，从而让女人实现人生价值，轻松地坐享幸福和成功。

图书在版编目(CIP)数据

女人受用一生的情商课 / 郑一编著. — 北京：中国纺织出版社，2016.8 （2024.1重印）

ISBN 978-7-5180-2323-3

Ⅰ.女… Ⅱ.郑… Ⅲ.女性—成功心理学—通俗读物 Ⅳ.B842.6-49

中国版本图书馆 CIP 数据核字(2016)第 023801 号

责任编辑：闫　星　　　　责任印制：储志伟

中国纺织出版社出版发行

地址：北京市朝阳区百子湾东里 A407 号楼　邮政编码：100124

销售电话：010—67004422　传真：010—87155801

http://www.c-textilep.com

E-mail:faxing@c-textilep.com

中国纺织出版社天猫旗舰店

官方微博 http://weibo.com/2119887771

北京兰星球彩色印刷有限公司　　各地新华书店经销

2016 年 8 月第 1 版　2024 年 1 月第 4 次印刷

开本：710×1000　1/16　印张：19.5

字数：280 千字　定价：58.00元

凡购本书，如有缺页、倒页、脱页，由本社图书营销中心调换

序言
Preface

女人大多数是性情中人，很容易感动、欣喜、悲伤。做起事来也总随性而为，想怎么样就怎么样，想笑就放声大笑，想哭就大放悲声。这种看似洒脱的行事方式，换来的结果大多是惹人嫌弃，四处碰壁。因为我们处于社会中，我们的一举一动都影响着他人。所以，女人光聪明还不够，还要有深厚的修养、处世的智慧等，也就是说，要有较高的情商。

1995年，美国哈佛大学心理学教授丹尼尔·戈尔曼提出了“情商”(EQ)的概念，认为“情商”是个体的重要生存能力，是一种发掘情感潜能、运用情感能力影响生活各个层面和人生未来的关键品质因素。“情商”大致可以概括为五方面的内容：情绪控制力，自我认识能力即对自己的感知力，自我激励、自我发展的能力，认知他人的能力，人际交往的能力。现代科学家们一般认为：100%的成功=80%的EQ+20%的IQ，可见情商对人的重要性。

当今社会的女人，不仅要面对不可预测而又多变的社会环境，同时还要承担来自家庭的压力，来自公司同事和其他对手的竞争和挑战等，可谓异常辛苦。女人想要过得更好，想要比别人幸福、快乐，就要竭尽全力在滚滚红尘中摸爬滚打，努力拼搏。但是聪明的女人从来不需要硬拼，因为她们知道想要过得逍遥自在、快乐幸福，要打智商仗，更要打情商仗！女人们只有培养好自己的情商，才能发挥自身的优势，达到事半功倍的效果。

拥有高情商的女人，不管情绪如何，心情怎样，总是能出色地完成工作。她们懂得“在其位谋其政”，懂得如何使自己置身于一个最可能取得成功的环境之中。她们只要有一个不完备的计划、一个粗糙的想法、一个念头，就勇敢地去尝试，大胆地着手去干，然后加以改进。因为她们懂得不去尝试，就永远实现不了自己的目标。

拥有高社交情商的女人，可能并不是人群中最聪明的，也不是女人中最美丽的，但是她们懂得审时度势、灵活变通。她们懂得如何工作才能把人生的罗盘拨向成功的一面，她们懂得如何表现才能把自己最优秀的一面展示给大家看。她们专心致力于那些有可能完成的并能给自己全新体验的事情，对自己面临的每一个挑战，都全力以赴，甚至背水一战。

拥有高快乐情商的女人，总是经常对别人微笑，也得到别人微笑的回报。她们对经历过的一切，不管是欢喜还是忧愁，总是给予积极的评论，总是热情洋溢地回忆自己与人共处的时光。她们善于把自己的思路和言谈都引导到振奋人心的、鼓舞人的观念上去，她们善于体验现实中的美好事物。她们认为过去是一个可供借鉴的信息库，而未来是一片快乐的、前途无限的、引人入胜的乐园。她们积极地解决问题，把环境中的消极方面压缩到最小限度，并竭力找出积极的东西，百般呵护它，使它成长壮大。

拥有高幸福情商的女人，总是对身边的一切心存感激。她们对别人的帮助是满眼的感激和由衷的赞扬，铭记恩德，遗忘背叛。她们总是真诚地肯定对方，注意倾听，不去轻易地争论辩解。即便是沾一点儿边的帮助，她们都会真心诚意地给予回报，以使下一次得到更贴近自己目标的帮助。她们大量使用真诚的肯定来表示承认别人所做出的贡献。理解别人发火可能是由于内心的恐惧，而平心静气地和对方商讨问题，同时纠正针对自己消极的评论，不使矛盾在唇枪舌剑中升级。她们致力于维护互相关心的友好气氛，以便自己也能随时享受幸福的感觉。

……

很明显，无论是人际关系，还是夫妻关系，或者家庭关系，情商高的女人都比情商低的女人更能获得幸福，或者说更有获得幸福的理由。诸多事实证明，一个女人的情商越高，她能获得的幸福和成功的概率也就越大。

本书从女人的命运情商、婚恋情商、社交情商、情绪情商、幸福情商、快乐情商、职场情商等几个方面，多角度、全方位地告诉女人，如何客观地认识自我、如何赢得真正的爱情，如何维护幸福的婚姻，如何拥有良好的人脉，如何在职场上游刃有余等，从而让女人轻松地拥有幸福，坐享成功。

女人们阅读本书，会收获一份感悟；研习本书，会收获一份成熟。祝所有正在为拥有完美人生而奋斗的女人们能够在情商的支撑下，走得越发顺利，活得更加潇洒！

编著者

2015 年 1 月

目 录
Contents

上篇：情商与女人的幸福共舞

Chapter 1 情商百草园：高情商女人总是幸福生活

情商犹如一座百草园，不同情商的女人有着不同的命运。那些好命的女人一生都有高情商的庇护，因此生长繁茂、绚烂恣意。情商是女人对自我的认识，对人生的理解和对幸福、命运的感知。情商简而言之是指自我情绪理解跟管理的能力，以及洞察别人的情绪、与别人沟通相处的能力。情商是女人处世的一种软技能，在日常生活中，那些不好处理的问题和困难，情商都能帮助女人尽可能地以最好的方法处理。情商让女人更成熟、更优雅、更精致。

Chapter 2 幸福流星群：高情商女人不让幸福稍纵即逝

高情商的女人能看到每个幸福闪光的良机并将它牢牢抓在手里，而低情商的女人拥有的大多是幸福的流星接二连三划过之后的自责、悔恨和无奈，而后追问幸福的真谛是什么。在风雨兼程的人生路上，对女人来说，一生都在叩击幸福之门，都在寻找那份属于自己的幸福。幸福是一种精神，一种追求，一种信念，一种心态，一种需要自己理解和实践的醒悟。幸福的女人要能客观地认识自己，评价自己。在她们眼中，幸福是别人给予不了的，全要靠自己去理解、发现和争取。

Chapter 3 逆境大弹簧：逆风飞扬是女人的智慧和能力

生活让女人经常身处逆境，她们总是在不断地遭遇无穷无尽的逆境。逆境犹如横在女人眼前的大弹簧，高情商的女人拥有强大的应对生活变故的能力，她们能够将逆境狠狠地踩在脚下，能将逆境所产生的负面影响限制在一定范围内，不至扩大到其他层面。越能够把握逆境的影响范围，就越可以把挫折视为特定事件，越觉得自己有能力处理，给予自己更积极的心理暗示。而低情商的女人在一再闪躲和逃避中，丢掉工作、失去朋友、损失利益，使自己的人生更加坎坷。

Chapter 4 交际小水溪：让善解人情的心意温柔流淌

人生如河，流淌向前。情商如一条小溪，集聚智慧的闪光之水，汇入生命的主脉中，给它增添无尽的光彩。在这个人与人充满着各种各样联系的世界上，身为女人，无论你扮演什么样的社会角色，都离不开与人打交道，都要有足够高的社交情商。社交情商这看起来再简单不过的四个字却蕴藏着如此多的学问：什么叫留有余地，什么叫见好就收，什么叫察言观色，什么叫随机应变；那些说话技巧、办事诀窍和交际心理等，点点滴滴都是社交情商的重要内容，都会帮助女人成为受人喜欢的交际红人。

Chapter 5 情绪红绿灯：管理情绪尽情享受惬意生活

所谓情绪情商，就是认识、管理自己情绪的能力。如果一个女人能把自己的情绪管理得很好，那么她的生活必然会阳光明媚。良好的情绪不仅对身体健康有益，同时，还会使女人的工作效率相应提高。聪明的女人能够及时化解和排除不良情绪，使自己始终保持良好的心境，精神饱满地面对生活中的重重困难，冲向幸福的目的地。女人的情绪犹如一盏红绿灯，当自己正在情绪上头时，就如遇到红灯，此时应当停止行动，让自己深呼吸或放松，不要采取任何行动；等情绪反应不强烈时意味着黄灯亮了，此时可以开始思考看看自己为何有这样的情绪。等思考好了，情绪也稳定了，就像绿灯亮了一样，就可以采取行动。

下篇：修炼高情商女人

Chapter 6 工作情商：睿智女人做好职场的规划师

职场是女人展现魅力的最好舞台之一，面对形形色色的同事、客户、对手或陌生人，如何适应环境的变化，妥当地处理问题，体现着女人职场情商的高低。聪明的女人懂得察言观色、伺机而动，知道什么时候该说话，什么时候不该说话；什么时候可以锋芒毕露，什么时候必须内敛静思。她们知进知退，在各种角色和关系中自由转化，游刃有余，她们是职场的规划师，调动自己，协调他人，创造优异的成绩。

Chapter 7 金钱情商:财智女人做好金字塔的建筑师

女人天生有自由浪漫的思想倾向,缺乏现实的生活态度。年轻时可以多梦,但在20~35岁的时候,你已经应该完成了向平和、稳定、富裕的生活状态的过渡,这样才能保证你在以后的岁月里,不为自己两手空空、无可依靠而懊悔。财富犹如金字塔,富有的总是少数人。赚钱能力考验的是一个人的综合素质。与男性相比,女性在胆识、魄力、理性思维上有差距,但她们依然拥有自己独特的优势,坚韧、细心、直觉和天然的交际能力都是女人赚钱的法宝。

Chapter 8 婚恋情商:幸福女人做好调味爱情的大厨

爱情是世界上最纯洁的花朵,而家庭则是这朵美丽花朵的果实。世间男女,因爱生情,因情而选择牵手相守。但爱情和家庭都有开始,有高潮,有结尾。为什么有的女人能够与爱侣百年好合，有的却含恨终生？是什么让同样的爱情产生了不同的结果？女人，你希望得到爱你的丈夫、完满的家庭、幸福的人生吗？如果是，那么你需要在爱情中做一个高情商的女人。婚恋犹如一道大餐，高情商的女人才有资格做出色的厨师。

Chapter 9 快乐情商：智慧女人沏开人生的欢乐之茶

快乐地生活是女人心底最为渴望的，没有阴云密布的日子，清爽的感觉让心情飞扬。快乐是一种情感，一种心态，同样也是对人、事、物的积极的理解。有人总结出了决定女人一生快乐的四个因素，即爱情、婚姻、职业和处世智慧，高情商的女人在其中总能够以开放的心胸面对各种情绪的影响，始终保持乐观向上的精神，对生活充满着希望和信心。快乐犹如一杯茶，高情商这壶开水能将它沏得更加富有味道。

Chapter 10 家庭情商:玲珑女人要做好家庭的CEO

有人说,女人是家庭的CEO,掌管着一个小家的喜怒哀乐或兴衰命运。女人的一生,从女孩蜕变成女人,成就爱情和家庭的这段宝贵的青春时光是最值得珍惜的,也是应该用智慧去调理和经营的。聪明的女人在家庭中扮演着穿针引线的角色,相夫教子的同时,装点着家的美妙与芬芳。

上篇：情商与女人的幸福共舞

{Chapter 1}

情商百草园：高情商女人总是幸福生活

情商犹如一座百草园，不同情商的女人有着不同的命运。那些好命的女人一生都有高情商的庇护，因此生长繁茂、绚烂恣意。情商是女人对自我的认识，对人生的理解和对幸福、命运的感知。情商简而言之是指自我情绪理解跟管理的能力，以及洞察别人的情绪、与别人沟通相处的能力。情商是女人处世的一种软技能，在日常生活中，那些不好处理的问题和困难，情商都能帮助女人尽可能地以最好的方法处理。情商让女人更成熟、更优雅、更精致。

女人看透情商，更能看清幸福方向

一个人智商高、情商高，总是春风得意；一个人智商低、情商高，会有贵人相助；一个人智商高、情商低，经常怀才不遇；一个人智商低、情商低，往往一事无成。

很多女人总是慨叹命运的捉弄、不公和匪夷所思。在现实生活中，很多女人求学时成绩名列前茅、智商高人一筹，但是生活却不尽如人意，不仅成就不及别人，烦恼也会频繁发生；而有些女人长期扮演着丑小鸭的角色，成绩平平、不受人关注，却在婚姻、事业上取得了双丰收。

很多女人为此万分沮丧，智商、成绩与成就和幸福明明应该成正比，但事实却是智力在女人幸福人生的道路上并没有占据绝对优势，甚至只起到了很小的作用。这些现象恰好说明，很多女人都有这样的一个思维误区：一个人能否在一生中取得成就，智力水平是最重要的，即智商越高，取得成就的可能性就越大。心理学家们的研究质疑了这个观念：情商水平的高低对一个人能否取得成功有着重大的作用，有时其作用甚至要超过智力水平。

对于智商和情商对个人发展的影响，有人做了以下生动的总结：一个人智商高、情商高，总是春风得意；一个人智商低、情商高，会有贵人相助；一个人智商高、情商低，经常怀才不遇；一个人智商低、情商低，往往一事无成。因此，女人不仅要重视自己智商的发展，对于情商的影响力，更应该牢牢把握，要尽早认识情商，看透情商。

对于女人来讲，情商是什么？情商又称情绪智力，是近年来心理学家们提出的与智力和智商相对应的概念。它主要是指人在情绪、情感、意志、耐受挫折等方面的品质。情商是现代女性必备的一种生存能力，更是闯荡社会的一种理解力、感知力和创造力。

追根溯源，"情商"一词是由美国的心理学家比德·拉勒维和约翰·麦耶在1990年正式提出的。他们认为：所谓情商就是情绪智力，包括个人的恒心、毅力、忍耐力、直觉、抗挫力、合作精神等方面的内容，情商与人的心理素质密切相关，它是一个人感受、理解、控制、运用自己以及他人情绪的一种情感能力。

1995年，美国《纽约时报》专栏作家丹尼尔·戈尔曼出版了《情感智商》一书，把情感智商这一研究新成果介绍给大众，该书迅速成为世界性的畅销书。一时间，"情感智商"这一概念在世界各地得到广泛的宣传。

戈尔曼在他的书中明确指出，情商不同于智商，它不是天生的，而是由下列5种可以学习的能力组成：

1. 了解自己情绪的能力。能立刻察觉自己的情绪，了解情绪产生的原因。

2. 控制自己情绪的能力。能够安抚自己，摆脱强烈的焦虑、忧郁以及控制刺激情绪的根源。

3. 激励自己的能力。能够整顿情绪，让自己朝着一定的目标努力，增强注意力与创造力。

4. 了解别人情绪的能力。理解别人的感觉，察觉别人的真正需求，具有同情心。

5. 维系融洽人际关系的能力。能够理解并适应别人的情绪。

随着人们对情商的关注程度越来越高，参与到情商的研究中的人也随之增多，情商的内涵也更加丰富，它不仅局限于对情绪的认识和把控，也包括对自我的认识、分析，对情感的驾驭等。

心理学家总结说，情商水平高的女人具有如下的特点：表达能力强，具有亲和力，社交能力强，外向而愉快，不易陷入恐惧或伤感，对事业较投入，为人正直，富于同情心，情感生活较丰富但不逾矩，无论是独处还是与许多人在一起时都能怡然自得。

女人喜欢参与各种各样的测试，弄清自身能用数值表达的东西，如身高、体重、星座、智商等。但测试情商，却是个难题。心理学家研究表明，情商的水平不像智力水平那样可用测验分数较准确地表示出来，它只能根据个人的综合表现进行判断。

不管你现在是否清楚自己的情商系数到底是多少，情商是高还是低，理解情商、看透情商，从而利用它造福自己的人生，是每个女人都应悉心研究的课程。

 女人情商的高低，影响成就的大小

在美国，流行着一句话：“智商（IQ）决定录用，情商（EQ）决定提升。”情商是女人成就事业的一项十分重要而又必不可少的素质。

在传统观念里，智商是衡量人才的最重要标准，而心理学家研究表明，人才成功的决定因素不仅是智商，还有情商。换句话说，一个人最终能取得多大的成就，情商起着至关重要的作用。

20世纪30年代，美国最高法院大法官霍尔姆斯和时任美国总统罗斯福相识后，他就对美国总统有了一个非常有名的概括：“拥有二流的智慧，一流的情商。”很多历史学家都很赞成这个观点，一致认为罗斯福的成功得益于他的情商。在伟人身上，情商成就事业的作用异常明显。面对复杂的环境、

利益的纷争和变化的矛盾等,情商的力量使得他们在其中游刃有余。

在现代社会,普通女性越来越渴望被人肯定,很多女人也依靠自己的努力,经济独立,事业有成,或成为丈夫的好助手,或挑起了家庭的大梁。她们所取得的成就,不管大小,除了智商因素以外,情商的作用不可小视。

徐小姐和王小姐同样在市场上经营服装生意,因为没有经验,她们没有选好进入市场的时机,她们开店的日子正赶上服装生意最不景气的季节,即正值服装销售淡季,结果不但自己店里的服装卖不出去,销量少,而且每天还要交房租和市场管理费,最后,她们的服装店不但没有盈利,反而天天赔钱。

初次经商的失败使徐小姐选择了退出服装行业,转做软件销售业,最后以赔了 3000 元钱的价钱把自己的店转让了出去,并发誓自己从此不再做服装生意。而王小姐却不这样想,经过一个季度的经营,王小姐认真地分析了自己的情况,她觉得自己赔钱是正常的。一是自己刚刚进入市场,没有经营经验,抓不住顾客的心理;二是进入市场的时间不好,赶上服装经营的淡季,每年的这个季节,做服装生意的人都不赚钱,只不过是因为她们有丰富的经验,经营策略合理,才能够维持收支平衡罢了,自己再努力努力,很快也会像其他生意人一样盈利的。通过自己的分析,王小姐对自己很有信心,她知道自己适合做服装生意,因此照旧进货、经营店面。果然,度过服装业的淡季后,王小姐的服装店开始盈利了。三年以后,王小姐已成为当地有名的服装生意人,每年有 8 万元的红利,可谓事业有成。反观徐小姐,她在退出服装业后经过几次改行,每次都因为经商失败而退出,她从没有反思过自己的经历,因此事业依旧一筹莫展。

在同一时机、同一条件下,面对同样一份事业,不同的女人用不同的方式去经营,结果竟然取得完全不同的成绩,情商的高低在其中起了关键作用。正是高情商使得王小姐能够顶住赔钱的压力继续经营,并通过自己的努力最终实现了自己的人生目标。所以,我们可以说,高情商是事业成功的基础。

在女人尝试做自己的事业时，经常会碰到各种各样的困难和挫折，甚至有时还会遭遇外界带来的致命打击。在这种时候，调整情绪、保持积极心态、细致分析等会对女人事业的成败产生重大的影响。

从上文的故事中我们看到，高情商会促使女人保持积极的处世心态，女人若是用这种积极的心态来面对问题，就会取得令人满意的结果。上面提到的徐小姐在经营初期只看到自己的服装店赔钱的一面，并且消极地认为自己会一直赔钱，看不到服装业将来会赚钱的发展前景。徐小姐不能以积极的态度去分析事物，因而只会选择逃避。与她不同的是，王小姐面对失败的态度是积极的，她能理智地分析自己的经营情况，更多地从将来的角度分析当前不景气的原因，所以，她能顶住压力，坚持到成功。

高情商能帮助女人稳定情绪，克服重重困难，使她看到希望，保持进取的奋斗意识。很多时候，绊住女人奋斗脚步的，往往不是她们的实力，也不是那些客观因素，而是她们自己。面对问题，多数女人总是瞻前顾后、患得患失，自己永远拿不定主意，这确实是女人成功途中的一个大障碍。

很多女人总看到别人成就事业后风光无限的一面，却看不到他们一路走来时的坎坎坷坷。她们总是心血来潮地想到一件事情，就不加深思地去做，也总是在几分热度过后，或遇到一点不顺时，就轻易放弃了。无论选择何种事业，困难和挫折都时常存在，没有人会一帆风顺地走到成功。有些女人面对事业上的失意总是选择逃避，对她们来说，成功实在是一个太遥远的名词。

高情商女人之所以能够事业成功，这与她们积极的心态、不可动摇的决心以及果断行事的风格是分不开的。高情商女人拥有非常明确的人生目标，她们很清楚自己要什么，不会轻易被自己的情绪和外界的困难影响。她们意志坚强，对事情有主见，专注于自己的目标，不左顾右盼、拖泥带水，因此她们才能取得别的女人不能取得的成就。

美国哈佛大学心理学博士、组织情商研究联合会主席丹尼尔·戈尔曼的最新研究认为,无论从事何种工作,情商都将对你的工作效果产生影响。如果你被焦虑、恐惧、不满和敌意所包围,或者被不确定性和疑虑弄得不知所措,那么你的工作效率将极其低下。相反,如果你能得到应有的激励、启发和指导,就能够够好地完成自己的工作。

高智商的女人会得到别人的欣赏和栽培,而是否能够进一步提升自己的成就和价值,特别是在今天这个竞争日趋激烈、知识爆炸、人际关系复杂的社会中,无疑要看情商的高低。

高情商女人的特质

人生是一段奥妙无穷的旅程,带上情商这根魔棒,每个女人都将是情趣盎然的旅行家。

有心的女人在生活中体会到:有些女人物质生活虽然不富有,长得也不是很漂亮,甚至生活中经常发生变故,但是她们看起来却幸福、满足,欢笑声常在;而有些相对出身优越、经济宽裕的女人却经常感觉生活平淡、工作无味、事事无聊,她们总是花大把的时间跟周围人倾诉,一吐心中的不快,而在反复咀嚼这些烦闷悟时,对生活的理解并没有加深,感觉也没有变好。当突如其来的变故出现时,她们更感到天昏地暗,命运捉弄。

很多女人也许都曾问过这样一个问题:打开幸福这把金光闪闪的小锁的钥匙在哪里?有人说幸福在于你的心态、性格,这是对的,当然,它更在于你对生活的理解、你的情感体验,也就是你情商的高低。

情商包含人际关系的处理能力、挫折的承受力、自我的了解程度以及对他人的理解与宽容。情商是一种了解和控制自身与他人情感的方式,是测定和描述人的“情绪情感”的一种指标。

情商的高低不一,使得女人日常生活行事的态度和行为方式很不相同,情商低的女人会因为错误的处理方式而影响自己的人生,以至陷入人生的低潮旋涡,而情商高的女人则会因为她们出色的情商表现而得到命运的青睐,拥有幸福美满的人生。

低情商的女人面对没有头绪的事情会感到烦乱,选择逃避,而高情商的女人却不会这么做,她们总是能尽自己最大的可能稳定情绪、耐心思考、边做边学,促成事情取得最佳的结果。

海伦是个小说家,以写字为生,但是没有人知道她有“写作障碍”这种心理疾病,有时候她经常看着白纸发呆,脑海里的文字就像一堆乱麻,情绪也随之异常糟糕。但是海伦最终凭借她自己的不懈努力,战胜了疾病,出版的作品获得了广大读者的欢迎。

当记者问海伦是如何做到的时,海伦说:“当我发现自己陷入困境时,首先调整好情绪,不急躁,姑且先粗略写一些草稿,然后,回过头来再改写这部分。这个办法在最近几年中帮了我很大的忙,使我的‘写作障碍’没有发作的余地。反正,除了我之外,没有人会去看这些草稿,我就暂且不去评价它,我只管硬着头皮写下去。不管忽然想到什么,都把它写在纸上。假若过后看起来觉得那些东西不好,我随时都可以修改,而与此同时,我也就前进了一步。”

高情商的女人做事时不容易受到自身情绪和外界诸多因素的影响,在迅速调整自身状态的同时,能找到解决问题的好方法。高情商的女人不管自身情况如何,总是坚持努力工作,她们懂得如果自己不去尝试,那就永远也实现不了自己的目标。

高情商女人明白,人的目标是一点一点实现的,进步需要时间的磨炼,有时甚至需要花费长年累月的时间。她们一步一步稳定前进,不害怕失败,勇敢地去尝试任何自己没做过的事情,给自己重新爬起来的机会。很多高情商女人在社会上都有一定的地位,不过那些身居“高位”的女人们,通常都是从“底层”干起来的。她们在努力工作的过程中,边干边学,发现失误就改正,视失败为益友,积极吸取教训,并且绝不轻言放弃。即使别人不看高情商女人的付出,她们也绝不放弃希望和努力,她们相信只有行动才能把自己人生引向成功。

高情商的女人可能不是最聪明的女人,但一定都是热情而执着的女人。高情商的女人懂得成功需要自己的不懈努力,自己不可能在一天之内就攀上理想的巅峰,她们对自己面临的每一个挑战,都全力以赴。

高情商的女人是快乐的、幸福的,她们总是以欣赏的眼光看待世界,挖掘现实中的美好事物。这种温暖的心使得高情商的女人很喜欢笑,她们经常对别人微笑,因此也得到别人微笑的回报。她们以赞扬和感激回报别人的帮助。她们用自己真诚的心肯定别人所做出的每一点贡献。她们总是保持一种热情、积极的态度,给人以真诚的肯定。她们也为自己所做的努力和所取得的哪怕是最微小的成就而赞扬自己,使自己更加自信,每一天都神情愉快。

高情商女人并不是完美的人,面对失败她也会感到不安和沮丧,不过与低情商女人的杞人忧天相比,高情商的女人努力使自己的忧虑转化为努力工作的动力。她们不会逃避问题,而是努力争取实现目标。有时候,在紧急情况下,高情商女人能焕发出惊人的潜力,情商能帮助她们做到那些别人本以为她们做不到的事。她们不浪费时间去发愁、去抱怨,因为那样是无济于事的,只能重复和加剧自己的痛苦。相反,她们总是满怀热情、干劲十足地致力于寻找解决问题的方法。她们努力工作,不会为了无谓的虚荣和自尊而厌恶做底层工作。她们甘愿从小处着手,去做任何能为她们积累经验的事。

高情商女人总是知难而进，她们总是选择今天就动手去完成那件令她没有头绪的工作，而不是“明日复明日”，无限地逃避下去。无论发生什么情况，高情商女人都会用坚强的意志鼓舞自己努力坚持，不为自己找任何借口。

高情商的女人善于控制自己的情绪，能设身处地为别人着想，领悟对方的感受，尊重他人的意见。因此，她们善于与人沟通与合作，在这个群居社会中能生活得有滋有味。

对高情商女人来说，人生之路的幸福时刻在她的脚下延续伸展，更加美好的未来能够靠自己的努力来开创。女人要记住：人生是一段奥妙无穷的旅程，带上情商这根魔棒，每个女人都将是情趣盎然的旅行家。

低情商女人的症结

低情商的女人缺乏诸多能力，因此总是在人生的旅途上遭遇挫折，陷入人生的误区中。

情商较低的女人，常常不自觉地陷入人生的误区里，她们采取错误的态度、做法来面对人生的机遇，这不仅损害了女人的人际关系，打击了她们的自信、自尊，也剥夺了女人生活的乐趣，让她们的人生充满了失意与不幸。

低情商女人很少会用积极主动的心态面对生活，她们习惯任由自己的心情来做事。当女人面对一项复杂的事情时，她会找各种理由逃避，当有人提醒她去解决问题时，她总会做一些与此无关的事情，看似是在努力做事，其实是一种变相的逃避。时间一长，问题没有得到妥善的解决，自然会得到一个失败的结果,因此女人就认为自己没能力,害怕去尝试新的事情。

情商低的女人总是逃避问题,她们希望花很少的力气就能得到回报。在她们的意识里,只要是她想做的事情就应该是很容易成功的。情商低的女人在尝试着去改变某种习惯以改进自己的生活时,也同样缺乏耐心。她认为:一旦她出现了失误,那么她就要立刻放弃,因为一次的失败就意味着她永远也不能成功。女人不要学习这种低情商的做法,不要过于在意失败,以致失去自己真正的目标。

低情商的女人的处世态度是有些激进的,她们过分急于求成,一旦出现差错就不断自我责备。自省是一个好心态,它能帮助女人反省出自身的缺点,继而改进。但低情商女人把握不好自省和过度自责的界限,她们不断责骂自己,使自己的自信心受挫,这就形成了一种恶性循环。低情商的女人越是责骂自己,就越感到自己的失败和无能;越是感到自己的无能,在做事时就越会出差错;越是出差错,女人就越是责骂自己。这样的恶性循环会使女人陷入一种害怕出错的心态中,女人不敢放开手去走,总是去逃避,长此以往,女人总是会轻易地放弃自己坚持的目标,再也不会有成功的机会。

在生活中,低情商的女人总是不满意自己的现状。她们的生活中充满了消极、低落的情绪。无论走到哪儿,她们总是先看到事物阴暗的一面,总是牢牢记住自己的失败之处,她们不断地提起自己过去的不幸,对未来也是一种杞人忧天的悲观态度。她们很少笑,无论对自己还是他人,她们的表情都是冷冰冰的。她们总是背负着过去的矛盾和问题,让已经过去的不幸充斥在自己现在的生活中。即使现在的生活很美满、很幸福,低情商的女人依然习惯于让自己处在沮丧、低落的情绪中,她们自己蒙蔽了自己的眼睛,让自己身陷情商的误区中,无力自拔,最终得到的只有痛苦。

女人天性是很细腻腼腆的,面对感情会羞于表达,其实依恋自己的爱人是很正常的,女人需要别人的关心和照顾,告诉自己的爱人说他是你的靠山,这根本不是什么自轻自贱、放低姿态。当女人能够对人吐露出自己的

"软弱"时，你的爱人、亲人才会对你更亲昵、更爱护。低情商的女人总是担心要是暴露了自己感情上的脆弱，别人就会轻视自己。因此对于直截了当地说出自己的要求总是顾虑重重，非常害怕别人的拒绝。她们很少对所爱的人讲自己是多么的爱他们，总是被动地表达自己的感情。

面对失败，有些低情商的女人不是反省自己的失误，努力改正，而是列举出许多不利的客观因素替自己辩解。她们为了保全面子，少担风险，对待任何新生事物都不尝试、不研究，当然也不肯知难而进。她们不知道自己损失了什么，反而为自己付出时间和努力如此之少而沾沾自喜，这是她们的可悲之处。

在性格问题上，情商低的女人常常会存在一些误解，比如：她们把"诚实"曲解为是允许自己随心所欲地对他人进行消极的、不负责任的议论。她们怕不能讨得别人的欢喜，而掩饰、扭曲自己的真面目。常常装扮成自以为会博得别人喜爱的角色，即使对别人说的话完全听不懂、不得要领，也非要强迫自己装出一副对一切都了然于心的样子。

低情商的女人自尊心、虚荣心非常强，她们非常害怕如果自己对别人提出的问题表示不懂会遭人耻笑，因此总是不能坦然地去请教别人，去学习自己不懂的知识来充实自己。为了得到别人羡慕的眼光，这些女人还会编造一些虚无的情况来夸大自己的知识、财富、地位，因此，为了能接上自己过去说的谎话，这些可怜的女人不得不搜肠刮肚、绞尽脑汁，一门心思去圆谎，这样就更没法把自己的工作、学习做好。

高情商是良好的道德情操，是自我激励、持之以恒的韧性，是善于与人相处、把握自己和他人情绪的能力。低情商的女人缺乏这些能力，因此总是在人生的旅途上遭遇挫折，陷入人生的误区中。女人，如果你不想自己的人生总是蒙上一层灰，那就请你提升自己的情商吧，做一个高情商的幸福女人。

情商改变女人的命运

女人如果想改变自己的命运，情商是必不可少的帮手，只要你努力付出，相信自己，就终会改变命运，掌控人生。

情商是人内在的精神和动力，它是指人的性格力量、意志力量、情感力量、处世（社交）力量等。

心理学博士张怡筠说，"情商是心理学研究的一个重要课题，一言以蔽之的话，就是一个人自我情绪理解跟管理的能力，以及察言观色别人的情绪、与别人沟通跟相处的能力。即理解自己、管理自己，这两大能力就构成我们一个人的情商能力。"

多项调查表明，情商较高的人往往会在人生各个领域占尽优势，无论是人际交往，还是驰骋职场，无论是追求自己的爱情，还是开创自己的事业，其成功的概率都比较大。换句话说，情商与一个人的命运紧密相连。

高情商让女人充分认清自己、肯定自己

心理学家霍华·嘉纳说："一个人最后在社会上占据什么位置，绝大部分取决于非智力因素。"诸多名人成功的事例表明，很多曾经智商平平的人，在充分发挥了自己的情商后，都成了在某个领域卓有成就的人。

爱因斯坦曾在给别人的一封信中写道："我的弱点是智力不行，尤其不善于背诵单词和课文。"而他被后人敬仰为世界级科学大师。

达尔文曾在他的日记中写道："老师和长辈都认为我是一个平庸无奇的孩子，智力也比一般人低下。"但是，世人皆知，他是一位伟大的科学家。

凯文·米勒小时候的学习成绩也很差，高中毕业后，凭借体育方面的才能，才勉强进入芝加哥大学。许多年后的一天，他公开了自己的日记，其中有一段这样描述："在老师和父亲的眼里，我是一个笨拙的儿童，在我自己眼里，我的智力也远远低于其他孩子。"可是，凯文·米勒却成了美国著名的洛兹企业集团的总裁。

这几位被人认为智商都较低的人的命运没有如他人预言的那样毫无成就，相反，却令世人瞩目。他们都有在年少时被人否定的遭遇，却也同样没有听从命运的摆布，因为他们能够认清自己，知道自己以后的人生之路该怎么走，他们积极地肯定自己、鼓励自己，借助高情商的翅膀，实现人生的巨大飞跃。

高情商的女人有积极的生存哲学

情商是一笔宝贵的财富。对人生的意义有着透彻理解的女人，生活的贫穷、身体的残疾、命运的捉弄，都不会影响她们面对生活的态度，有时候，越是困难的处境，越能促使她们发挥自己情商的优势，进而扭转命运。

20 世纪，有一个女人以她的传奇人生命运震动了全世界，她就是曾写下《假如给我三天光明》的美国人海伦·凯勒。海伦是一个生活在巨大黑暗中、但却厚赠给人类无限光明的伟大女人，她一人在黑暗中度过了自己人生的 88 个寒来暑往。出人意料的是，她这样一个注定只能幽闭于盲聋哑世界中的人，竟然以高于常人的勇气坚决果敢地迎接了命运的残酷挑战，用自己心灵的眼睛，在黑色世界中找到了人生的光明。

海伦从小因疾病而导致三重残疾，在别人眼中，小小年纪的她似乎已经注定这一生的不幸。但是和别人想的不一样的是，海伦从小就表现出活泼、开朗的个性，虽然她看不到、听不到，但这丝毫不影响她用心来感受世界的美好。海伦的父亲从女儿身上看到了希望，作出了一个影响海伦一生的决定一为她聘请一位家庭教师，即爱尔兰女教师安妮·莎利文。海伦的自信、自强感染了她的家庭教师，后来安妮老师不但在生活上悉心照料她，而且教给她很多为人处世的哲理。她的耳边和心里时常萦绕着老师的一段话："要成为一个众人瞩目且钦佩称道的强者，一定要经受比常人更多的苦难历练。一个人从顺利通达中得到的教益少，从艰难困苦中得到的教益多，也更深刻。”

海伦不但自立自强惹人喜爱，同时她还对生活充满了感恩，在她的著作《假如给我三天光明》一文中，她深情地感谢莎利文老师对她的爱：“如果给我三天光明，我第一眼想要看到的就是我亲爱的老师。”后来，海伦凭借她坚强的意志力和刻苦的努力，在哈佛大学德克利夫学院顺利毕业，并竭尽全力奔走于世界各地。连续不断创建了一家又一家慈善中心，为残疾人谋求幸福。因此，她当之无愧地被美国《时代周刊》评选为20世纪美国十大英雄偶像。

从海伦的身上，我们可以看出，她的自强、自信、坚强不屈及感恩、积极的心态都是高情商的表现，情商使她面对天生的悲惨命运却没有失落、放弃，身体上的残疾也没有阻止她像常人一样学习知识，造福于人。在众人面前，她总是开朗、大方。

高情商的女人不让情绪影响自己

我们常说，心情决定事情。如果每件事情都受到情绪的左右，那我们的命运也就和情绪拴在了一条线上。

有些人认为女人容易感情用事，陷入情感的旋涡中，让感情妨碍思考。但心理学家解释说，高情商的女人具有理解和控制自己感情的能力会让思考和行动效率倍增。拥有自觉意识、控制能力和转移感情能力的女人，能更好地疏导个人情感，吸引更多的支持者。

情感能力较佳的女人通常对生活较满意，较能维持积极的人生态度。反之，情感能力较差的女人必须花加倍的心力与烦心、抑郁、忧闷、悔恨等不良情绪交战，这无疑会削弱她们的实际理解力和思考力，影响事情的发展方向。

现实世界的一切美好和复杂的事情，都要靠女人用较高的情商去领会和感悟。女人如果想改变自己的命运，情商是必不可少的帮手。情商是提升女人生命活力和生命质量的强力助推器，它可以让女人更加主动地介入社会，与社会环境、秩序保持融洽和亲近，最大限度地提升人生的幸福程度。

情商是女人社交的好帮手

情商是女人改善人际关系的帮手，高情商的女人除了拥有自信、果断的坚毅性格，还拥有温柔、宽容的心性。

情商主要包括两大方面的内容：一是对自己的客观认知和控制；二是在与外界接触时对人、事、物的理解和看待。现代社会，人际交往被越来越多的人所重视。人缘广、朋友多的女人，做事时总有贵人相助。

有些人总是感慨，为什么有人天生具有桃花运，而某些人却很容易“见光死”？为什么有些人在工作面试时很容易给人留下很好的第一印象，而有些人在处理办公室人际关系方面糟糕透顶？情商在其中起着重要的作用。一个女人，如果在工作环境中与人相处得越好，那么与人合作就越愉快，而且，你的情绪和行为，也会影响到其他人，并能潜移默化地引导对方的心理。在社会交际中同样如此。

一天，三个刚刚认识的二十几岁的女孩相约一起去唱歌，大家每人点了一首歌曲，轮番展现一下自己的歌喉。结果其中两个音乐系的女学生的歌声唯美动听。而另一个略微发福、不会唱歌的女孩子不仅逊色一筹，而且还被另外两个女孩嘲笑了一番。

其中一个女孩语气中透着轻蔑：“你这歌声让人半夜做噩梦！”

受到这样的侮辱,这个女孩脸色很难看,很想和她们翻脸。但她闭上眼睛,做了个深呼吸后,平静而又实事求是地说:“是的,尽管我歌唱得不好,但我还要试一下。”

停顿了一下,她补充道:“但是我作曲的实力不错,几首曲子均获过奖。”

然后,她指着嘲笑她的女孩说:“你的歌声令我钦佩,我也希望有一天能像你一样,但是很难做到。不过我想,通过不断练习我总能提高一点点的吧。”

听到这话,那个女孩轻蔑的态度彻底消失了,她友好地说道:“其实你的歌声也没有那么糟糕,我也是开玩笑罢了。如果你想让歌声更动听,我们可以教你几招。”

随后,这三个女孩愉快地唱着歌,日后成了一生的好朋友。

上面这个小故事向我们展示了社交情商的无穷魅力,正是高明的社交情商使本来可能发生的矛盾结出了友谊之花。那个发福的女孩不仅成功地化解了一场矛盾,而且在更深层面上,她还引导了对方的情绪走向。

在面对别人的嘲笑时,那个女孩第一反应也是激动和争辩,甚至翻脸。但她通过保持冷静,压住了可能爆发的怒火,而且,她还引导另一个女孩进入了自己友好的情绪状态中。这社交上的“柔道”把她们的敌对状态转化成了友善,绝对体现了卓越的社交智慧。

社交情商是许多能力的组合。有人善于发现他人的需求,那是一种情感共鸣方式。某些人可能非常善于建立新的联系,拥有广泛的网络关系。还有一些人则可能非常善于理解公司的政治动态。

女性往往在基础情感共鸣方面做得好一些,因为她们比较感性。男女在社交方面的细微差别更为明显,女性往往在理解局势方面表现得更好,而男性则更善于处理困境。情商不像智商,它是可塑技能,我们的大脑善于学习进步,而且用进废退。理论上,每个女人的提升都会自主提高。

女人在社交的过程中,要学会划定恰当的心理界限,与大家保持一定距离更有利于彼此交往。也许有些女人觉得与他人界限不明是一件好事，这样一来大家能随心所欲地相处。这听起来似乎有点道理，但它的不利之处在于，别人经常伤害了你的感情而你却不自知。

那些心理界限划定能力弱的人易于患上恐惧症，他们不会与侵犯者对抗，而更愿意向第三者倾诉。界限清晰在人际交往中对大家都是有好处的。当别人侵犯了你的心理界限时，告诉他，以求得改正。如果总是划不清心理界限，那么你就需要提高自己的情商水平。

情商是开启心智的钥匙，激发潜能的要诀，它像一面镜子令你时刻反省自己，激励自己，调整自己，情商更是女人社交的好帮手，让女人尽情展现自己的魅力，成就非凡的人生。

最适合女人的情商提升方法

情商意味着：有足够的勇气面对可以克服的挑战、有足够的度量接受不可克服的挑战、有足够的智慧分辨两者的不同。

与智商相比，情商是一项可以自由修炼的软技能。一个幸福的女人未必有着高智商，却一定有着高情商。对于那些向往童话般美好人生的女人而言，拥有高情商是一件势在必行的事情。而且，心理学家的研究也为情商不高的女人打消了顾虑：科学研究表明，人的情商只有 20% ~30% 来自遗传，有很大的后天提升和发展的空间。

情商包含人的情绪、素质、性格等各个方面，对女人的日常工作生活有着至关重要的作用。很多女人都想提高自己的情商以让自己的生活更加美满，工作更加顺利。可是让她们苦恼的是，她们不知道怎样才能提高自己的情商。其实，生活中的每一个细节都体现着情商的作用。提高情商其实有着简而易行的方法，女人要做个有心人。

控制情绪，理智处理事情

情商提升重要的一点就是对情绪的控制能力。处于紧张、悔恨、烦闷、嫉妒等消极状态下的女人，看不清问题的真相，在作出决策时也只能从自身的角度出发，鲁莽行事。

心理学家告诉女人，控制情绪爆发有很多策略，其中一个方法就是注意你的心律，它是衡量情绪的精确尺子。当你的心跳快至每分钟 100 次以上时，整顿一下情绪至关重要。在这种速率下，身体分泌出比平时多得多的肾上腺素，我们会较容易失去理智。

当然，女人更应该学会一些简单易行的平静心情的方法。比如遇到突如其来的事情时，深呼吸，直至冷静下来；也可以自言自语，比如对自己说"我正在冷静"或者说"一切都会过去的"。还可以在短时间内分散自己的注意力，想一些令自己高兴的事情。这都有利于你在平和情绪状态下理智地思考。

少浪费精力，多积极思考

女人很容易被一些细枝末节的问题干扰，本来用心思索或从事着某件事情，在被打断后，继续做此事的效果却大不如前。培养和提高情商的过程也是这样，女人首先要消灭一切浪费精力的事物，以清除提高情商过程中的一个个障碍。为此，心理学家给我们提供了这样一个方法：

1. 经常列出消耗你精力的事情。

2. 系统地分析一下名单，并分成两部分：

A. 可以有所作为的；

B. 不可改变的。

3. 逐一解决 A 单中的问题。比如说，把门钥匙放在一个固定的钩子上，这样就不用到处找了。

4. 再看一下 B 单中的问题，你是否有把握？有没有把其中一些移到 A 单加以解决的可能？

5. 放弃 B 单中的问题。

向高情商的榜样学习

从小女人就知道榜样的力量是无穷的，向她们学习，也符合身教重于言教的育人理念，也能更直观地发现问题、分析问题，从她们的思维方式和行为方式中发现情商的闪光点。

这些榜样也许是你崇拜的某个伟人或偶像，从各种书籍、报纸、电影等资料中，看到她们身上的优点，加以分析，取其长处。高情商的榜样更可能是你身边的某个出色的人，你能够模仿她做一些事，也可这样激励自己：她能做到的，我一定也能做到。

从难以相处的人身上学到东西

在女人的生活中，形形色色的人、物使得人际交往更加复杂，要求女人多观察，多思量，慎决策。这本身就是对女人情商的磨砺和考验。而且，在这些人中，不乏很多牢骚满腹、横行霸道、装腔作势的人。虽然我们希望这些人从自己的生活中消失，因为他们会让你生气、忧愁，甚至绝望、发狂；但换一个角度想，这些难以相处的人正是提高情商的帮手。你可以从多嘴多舌的人身上学会沉默，从脾气暴躁的人身上学会忍耐，从恶人身上学到善良，从直来直去的人身上学到委婉等。只要你是个有心人，你的情商在与这些人打交道的过程中就会有一个飞快的提升，不久就会发现，你应该感谢这些人的存在。

生活中的每一个细节都是提高情商的法宝，女人若想提高自己的情商，做个幸福的女人，就要坦然面对生活中的每次考验。李开复说，情商意味着：有足够的勇气面对可以克服的挑战、有足够的度量接受不可克服的挑战、有足够的智慧来分辨两者的不同。女人要想提高自己的情商，就要善于与人交流，富有自觉心和同理心。比如，自觉心就是中国人常说的“有自知之明”，对自己的素质、潜能、特长、缺陷、经验等有一个清醒的认识，对自己在社会工作生活中可能扮演的角色有一个明确的定位。而同理心，就是将心比心。

情商让女人幸福，每个女人为了自己美好的明天，一定要擦亮眼睛去寻找适合自己的提高情商的诸多方法，早早插上情商的翅膀，更加愉快地开启生活的新篇章。

{Chapter 2}

幸福流星群:高情商女人不让幸福稍纵即逝

高情商的女人能看到每个幸福闪光的良机并将它牢牢抓在手里，而低情商的女人拥有的大多是幸福的流星接二连三划过之后的自责、悔恨和无奈,而后追问幸福的真谛是什么。在风雨兼程的人生路上,对女人来说,一生都在叩击幸福之门,都在寻找那份属于自己的幸福。幸福是一种精神,一种追求,一种信念,一种心态,一种需要自己理解和实践的醒悟。幸福的女人要能客观地认识自己,评价自己。在她们眼中,幸福是别人给予不了的,全要靠自己去理解、发现和争取。

珍惜是女人迈向幸福的第一阶梯

高情商的女人明白，幸福绝不仅仅是得到数不尽的金银财宝，幸福的源泉在于懂得知足和时刻珍惜。

人生来就在追求幸福、美满的人生。在大多数女人的观念中，用不完的财富、美满的婚姻、健康的身体、成功的事业就是幸福的定义，女人一生都在为得到幸福而努力。然而有些女人即使拥有了丰富的知识、青春的相貌、火热的激情，仍会埋怨命运的不公，每天生活得愁眉惨淡。只有高情商的女人才明白，幸福依托于物质的满足，但绝不是得到数不尽的金银财宝而已，幸福的源泉在于懂得知足和时刻珍惜。拥有自己最想要的东西才能真的快乐，懂得珍惜也是一种幸福。

罗丹曾说："生活中并不缺少美，只是缺少对美的发现。"幸福也是如此，每个女人的人生都不缺少幸福，只是有些女人缺少感受幸福的心。高情商的女人知道，"幸福"其实没有固定的解释，全在于自己赋予的意义。在高情商女人的心中，爱情并不是唯一的幸福，亲情和友情同样让她倍感温暖，她们总是用感恩的心来珍惜自己所拥有的亲情和友情。

熬夜工作时母亲端来的一杯热奶，工作困惑时父亲安慰的话语，这一点一滴的小事都让高情商的女人体会到了幸福。父母无私的爱让女儿健康快乐地成长，父母鼓励的眼神，可以让女儿变得勇敢，无论何时，父母的怀抱都是女儿遮风避雨的港湾。金钱无法买到这么纯粹的感情，高情商的女人十分珍惜这份真挚的情感。

“一句话，一辈子，一生情，一杯酒”，周华健的歌道出了朋友的珍贵，高情商的女人视友情为自己生命中的一个重要的组成部分，十分珍惜朋友间的情谊。友情是这世界上最宝贵的情感之一，朋友的关心就像冬日的阳光一样温暖着女人的心；当女人在汪洋中迷失方向时，朋友的帮助就像黑夜中的灯塔，为她指明方向，助她远航。友情是夏夜里凉爽的清风，让女人安眠；友情是沙漠中的泉水，让女人尝到甘甜。同甘共苦的朋友让女人在人生的路途上不再孤单，开心快乐时有朋友分享，痛苦难过时有人分担。高情商的女人真诚地对待身边的朋友，时刻享受着这种感情，融洽的人际关系给她们带来心理的满足和幸福，所以她们才更加珍惜、爱护。

无论生活多么艰辛，高情商的女人都能从中找到幸福。对她来说，幸福是一种感觉，因人而异，一百个人心中会描绘出一百种幸福，珍惜自己得到的就是自己最大的幸福。

有些女人不明白这个道理，总是抱怨自己的生活不如意。尤其是一些年轻的女人，她们从小生活在安乐的环境中，像一朵长在温室的鲜花。她们从未见过温室外的狂风暴雨，因此总是不满足目前平淡的生活，她们不知困难为何物，自然也就不会有感受幸福的心。

古时有个智者坐船出海，同船的旅客中有一个女人第一次坐船。女人从没有见过海洋，也没有尝过坐船的苦，因此一路上总是哭哭啼啼、战栗不已。船上其他人百般劝慰，告诉她不会有危险，但她仍继续哭闹。这时，智者走过来用力把那个女人推到海里，女人挣扎了几次后，智者才把她拖回到船上。女人上船后，像变了一个人一样，独自待在一个角落里，不再作声。大家百思不得其解，纷纷问智者原因，智者说：“不知道淹死的痛苦，就不会感受到稳坐船上的珍贵，人总要经历过忧患，才会知道安乐的价值。”

那些抱怨生活不幸福的女人总是想着自己缺少的东西，却没有看到自己已经拥有了什么。有衣有食，身体健全，家宅平安，这就已经是一份难能可贵的幸福了。在盲人的心里，有一双明亮的双眼，看尽天下美景是最大的幸福；在乞丐的心里，丰衣足食，有个遮风避雨的住所是最大的幸福，拥有这些却还抱怨不幸福的女人，只是因为她没有体会过失去的痛苦。

人生痛苦的根源在于不知足、不珍惜。“得到”与“失去”像钟摆一样永不停息，所以，高情商的女人总是知足常乐。她们把握好现在，珍惜自己拥有的一切，以一颗感恩的心，认认真真地过好每一天。对高情商女人来说，幸福就是“简单”二字。在简单中平凡，在平凡中拥有，在拥有中珍惜。女人珍惜了生命，生命便会长久，女人珍惜了家人、朋友之间的情感，便能在友善的交流中，获得快乐。

在人生的长河里，幸福只是它匆匆奔流过时涌起的浪花，真正的幸福不是你得到了什么，而是每天你都能对自己拥有的一切，怀抱着一颗满足、感恩、珍惜的心。女人不要等到失去了才倍感痛惜，懂得珍惜最为可贵，善于知足才是幸福。如果能够保持着这种态度来对待生活中的每一天，珍惜眼前的一切，抛去无谓的烦恼，把幸福放在心里，用心珍惜，就会发现幸福就在自己手中。

女人不放弃才有幸福转机

作为生活中的强者，高情商的女人总能抓住生活的希望，在努力的过程中得到更多的成长，当所有的困难迎刃而解时，她已经把握住了幸福生活的转机。

幸福美满的人生是每个女人毕生都渴望拥有的，然而很多时候，事态的变化让女人无力去改变现状。面对困境，有些女人十分灰心丧气，没有做过任何努力就早早地放弃希望，冥冥中就错失了获得幸福的转机。

高情商的女人有很强的主动性，她们用开朗乐观的心态面对困难。挫折面前，她们并不会悲观消极地放弃努力，而是竭力找出值得奋斗的理由来鼓舞自己去努力，一旦她们决定做一件事，就会努力地把事情做到最好。与其暗淡地等待失败降临，高情商的女人更愿意自己动手扭转困境。既然不知道结果会怎样，她们就不会轻易放弃努力，她们的眼睛时刻望着幸福美好的未来，并脚踏实地为了这份幸福而努力。

女人的一生难免会遭遇痛苦和失败，是在牢骚和抱怨中艰难度日，还是开开心心面对生活，这取决于女人的选择。如果女人懦弱地妥协，做了困难的俘虏，那么等待她的将是生活的不幸。作为生活中的强者，高情商的女人总能抓住生活的希望，在努力的过程中得到更多的成长，当所有的困难迎刃而解时，她已经把握住了幸福生活的转机，对她们来说，这段努力付出的过程也是一种幸福。

受金融危机的影响，某公司不得不进行裁员，在下岗名单中有内勤部的小可和小飞，离职时间规定在一个月后。名单公布那天，小可和小飞都无法相信自己的眼睛。面对即将失业的打击，小可心里不满，情绪十分激动，一会儿找同事哭诉，一会儿找主任申冤，原本该她做的本职工作全扔到一边。小飞难过归难过，但工作总不能不做，毕竟距离下岗还有一个月的时间。同事们因为知道小飞要下岗了，所以不好意思再找她打印文稿了。而小飞却特地和大家打招呼，主动揽活，她还笑着对同事们说："是福不是祸，是祸躲不过，反正也就这样了，不如好好干完这个月，以后想给你们干都没机会了。"面对小飞开朗的笑脸，同事们也就不再不好意思了。于是，小飞又像从前一样，随叫随到，坚守着她的岗位，坚守着她的职责。一个月后，小可如期下岗，而小飞却被从裁员的名单中删除，并升职为内勤主管。主任当众宣布了老总的话："小飞的岗位谁也无法替代，像这样的员工公司怎么能不重用呢。"

人生不如意之事，十有八九，世界上没有一成不变的事情，女人的命运也是可以改变的，危机之处同时也是转机。高情商的女人时时激励自己积极地面对工作和生活，她的未来自然也就充满了光明，而像小可那样自怨自艾，眼里只有不幸的女人，其结局也注定会不幸。一个连自己都放弃了的人生，幸福的转机怎么会光临呢？

格连·康宁罕是美国体育运动史上一位伟大的长跑选手，他人生的伟大和幸福不仅在于他在体坛取得的成绩，更在于他笑对苦难、始终不放弃努力的信心。

在格连·康宁罕8岁那年，一场爆炸事故使他双腿严重受伤，两条腿上没有一块完整的皮肤，医生曾断言他此生再也无法行走。面对黯然神伤的父母，康宁罕没有哭泣，他大声地说："我一定能站起来！"

康宁罕在床上躺了两个月之后，便尝试着下床。为了不让父母看见伤心，康宁罕总是背着父母，拄着拐杖在房间里挪动。钻心的疼痛把他一次次击倒，但他跌得遍体鳞伤也毫不在乎，他坚信自己一定可以重新站起来，重新走路奔跑。两年后，他凭借着自己的坚韧和毅力，终于可以行走了。从此，康宁罕又开始练习跑步，无论寒暑，他始终没有放弃过，他不断鼓励自己继续努力。后来，他的双腿竟然"奇迹"般地强壮了起来。通过不断地挑战自己，曾被医生断定终生无法行走的康宁罕成了美国历史上有名的长跑运动员，得到了人们的尊重。

康宁罕用他的行动告诉我们：幸福不会无视你的努力，不会辜负你对它的渴望。快乐与痛苦，是生活中永恒的旋律，谁也不知道幸福什么时候会降临。当命运无情地和你开着玩笑的时候，你可以选择甘愿被它玩弄于股掌之中，也可以选择脱离它的阴影。

每个女人光鲜的背后，都有一段心酸的奋斗史，只不过那些流泪的日子早已经过去，女人已经从阴霾中走了出来。人生不可能时时事事都顺利，女人的幸福在于自己一步步地努力创造和永不放弃的奋斗。也许幸福在你的人生之初并未向你露出微笑，在你成长时，它总是躲在乌云的后面，但对于高情商的女人来说，这一切都只是一个简单的开始。积极且勇敢地向前迈步，不放弃每一个可能成功的机会，你会发现改变自己一生命运的转机唾手可得，幸福生活将会垂青于你。

女人的事业是追求幸福的根基

幸福是每个女人梦寐以求的，然而真正幸福的女人却少之又少。在当今这个时代，让高情商女人感到幸福的不仅仅是爱情，事业也是她们追求幸福的一种资本。

人生因梦想而伟大，女人因拥有爱情和事业而幸福。作为一个女人，她的生命需要爱情的滋润，事业与爱情若能比翼双飞自然是最理想的境界，但世事难料，鱼与熊掌不可兼得，高情商的女人绝不会为了爱情而放弃自己的事业，她们认为投身于事业也是一种幸福。

在众人眼中，阿珂是一个幸福的女人。作为大款的妻子，阿珂完全可以养尊处优，但她一直没有放弃自己心爱的教师职业，同时还要照顾 8 岁多的儿子，家里家外都要照顾，辛苦自不必说。

阿珂的工资一个月不过一千多块钱，还不够丈夫一顿饭。不少人都劝阿珂，干脆辞职别干了，一心一意在家相夫教子吧。阿珂总是一笑置之。她有自己的道理：女人放弃自己的事业，那还不等于放弃了自我。她对自己有信心，她有能力做好老师、母亲和妻子。有信心的女人是从容的。阿珂每天按自己的节奏生活着，照顾好儿子，教导好学生。丈夫呢，因为要忙生意，天南海北地跑，今天在广东，可能明天就去了上海，有时一个月也难得回来两次。阿珂总是那么不露声色，极少埋怨丈夫的忙碌，相反，她十分体贴丈夫。男人干事业太辛苦，她经常提醒他，要注意保重身体。顺风顺水时劝丈夫保持清醒，遭遇挫折时给丈夫鼓励。虽然越来越能挣钱，但依然对阿珂一往情深，他也总是尽可能地去多陪一陪老婆和儿子。

事业给了阿珂充分的自信，她的能力得到社会、家人的承认，丈夫尊重她、爱戴她。因此，阿珂的家庭生活十分幸福，生活上她也懂得追求时尚和精致，懂得享受。所以说，事业并不只是男人的事，两个人撑起来的家庭比一个人的更稳固。事业是女人追求幸福的资本，一个女人有了事业，她的人生才能更精彩。

为了追求幸福，女人也应该像男人一样有一份成功的事业。道理很简单，爱情是生活的重要组成部分，但绝不应该是生活的全部。一个事业成功的女人，可以确信事业会陪伴自己一辈子，但谁也不能保证爱情可以终生陪在自己身边，当爱的激情消失时，就只有成功的事业能给女人带来幸福。

很多女人都想做一个事业上的成功者，而做一个成功者必须要在工作中时时刻刻保持积极的工作态度。高情商的女人在工作上是相当出色的，她的性格、教养、能力等综合形成了一种内在的魅力。她们的亲和力深得下属的信赖，较强的团队意识使得同事们更愿意与其合作，谦虚谨慎的工作态度赢来了领导的称赞。她们深信，成功者的路途不分高低贵贱，努力的不一定成功，但成功者一定离不开努力。

女人若没有事业作为资本，那谈何命运，谈何人生。爱情与事业是互动、互促的。爱情是一个人成就事业动力的源泉，反过来，不断前进的事业也会为爱情提供更幸福的保障，使生活更加幸福。有爱情的女人自然令人羡慕，但只有爱情的女人就有些可悲了。一位有事业的女人，在丈夫、孩子、朋友面前都能自信地抬起头来，因为她有自己值得骄傲的资本，她永远也不会成为别人的负担。

高情商女人坚信“态度决定一切”。以不同的态度对待工作，对待事业，那么取得的成就也会有天壤之别。高情商女人相信，用心做好工作，自己的事业才能在工作中起步，幸福才能降临。

渴望幸福的女人，如果你还年轻，没有条件去创造一份属于自己的事业，那么工作就是你创业的阶梯。年轻的女人要明白努力工作就是开创事业的道理。无数事实证明，如果一个人能够把工作当成事业来做，那么他就成功了一半。有一句话说得好：“今天的成就是昨天的积累，明天的成功则依赖于今天的努力。”成功者与失败者最大区别之一，就在于对工作的态度不同：一个是把工作当作事情来做，是在做事；而另一个则是把工作当作事业来做，即以事业的态度来做事。

女人若渴望成为日后的成功者，就要把工作和自己的事业联系起来。当你能把事情当事业来做时，你就会把事情与事业联系起来，拓展事情的发展空间，你就会开始设计未来，把每天所做的事情当作一个连续的过程，容忍工作中的压力和单调，从小事做起，逐渐发展成自己的一份事业。事业成功的女人就拥有了获得终身幸福的资本。

单身女人自有别样的幸福

单身让女人的生活状态得到最大化的放松，“随时随地尽情释放生活的压力，做真实的自己”，这就是单身女人的别样幸福。

在现代社会里，选择单身的女人，多数是那些有思想、有主见、有挣钱能力，各方面都很独立的高情商女人。高情商的女人对自己很了解，她们知道自己到底需要什么。选择单身,并不是说她们放弃了爱情,“单身”只是女人选择“做自己”的一种方式。

对高情商女人来说,爱情并不是幸福的全部,无拘无束,做任何自己想做的事同样能让她感到满足。远离父母的管教,凡事不必考虑另一个人的意见,随心所欲的生活,这些都是让女人选择单身的理由。单身让女人的生活状态得到最大的放松,下班之余尽情地玩闹,不必戴上淑女的假面具,也不必去想养家糊口的压力。“随时随地尽情释放生活的压力,做真实的自己”,这就是单身女人的别样幸福。

高情商的女人早就对自己的人生有一个规划,她并不是盲目地选择单身。在这段单身时期,她懂得用自己的方式去享受人生的幸福,体味生活的乐趣。养一只小猫或者几条金鱼,种几盆可爱的小花,看看自己一直想要看的电影,去任何自己想去的地方增长见识,随心所欲地打扮自己,在异性的面前尽情地展现自己的风采与魅力。单身的女人拥有灵活的时间和空间,所以,在现代社会中选择单身的女人,其实是选择了另一种快乐自由的生活方式。

单身不是没有缺点,它的缺点在于:没有固定的男友,没有持续稳定的爱情。不过,单身女人并不一定寂寞,身为自由之身,她有权同时接受几个男人的追求。在爱情面前,单身女人可以收放自如:寂寞时可以与男人约会,谈情说爱;疲倦了又可以像闪电一样消失,做回自己。单身的女人不受任何约束,她可以让自己的生活过得五颜六色,也可以随时改变自己的心情。单身的魅力,就是让女人自己决定自己的生活方式。

高情商的女人并不是因为缺少爱情才选择单身,她们的生活中从不会缺少男人的殷勤和鲜花。当男人拜倒在她的石榴裙下,渴望与她相守一生时,她却把唾手可得的婚姻拒之门外。她们很清楚,婚姻是对两个人一生的考验,但这种考验并不是她都能承受得起的。她不会拿两个人的一生来做婚姻的试金石,她们更热爱自己一个人自由自在、不受约束的生活。

单身的女人通常都很懂得爱，她们可能比婚姻中的女人拥有的更多。单身的爱情，比起结婚后的爱情，更能保持住长久的吸引力。婚姻最大的好处是能够给女人安稳的生活，而这种生活正是很多女人一生不断追求的。从这个角度来看，婚姻应该是女人一生最好的归宿，但婚姻的幸福取决于很多因素，并不是说走入围城就能把幸福收入手中。爱人、子女、家庭，这些都是左右婚姻幸福的因素。

如今，单身的女人越来越多了，年龄的跨度从30岁到50岁不等，在她们中间，大多数人个性独立，崇尚自由，受过良好的教育，个人事业发展不错，其中相当一部分人还拥有较高水准的物质生活。她们并不认为结婚是幸福的唯一归途，实际上，真正的幸福是自己感受到的幸福。与其两个人过着烦恼不断的婚姻生活，倒不如自己一人闲云野鹤般活的潇洒。

单身女人的别样幸福观，对于那种“女人的幸福就是与男人结婚”的观念，是一种彻底的挑战。社会的多元化，文化的多元化，帮助女人有了更多的选择权利。今天的女人，婚姻并非是得到幸福的唯一出路。高情商的女人有极强的心理素质，她们不会屈从于舆论的压力，在选择经济独立与人格独立的同时，她们不会委屈自己勉强接受一份婚姻。

45岁的文丽是一个天生敏感而浪漫的女子，她单身至今。虽然早已过了结婚的最好年龄，但她生活的一点都不孤单。她早就放弃了那种下班后就急忙赶回家给老公、孩子做饭的“保姆式生活”。几十年下来，文丽始终乐观地对待生活，她时刻感到自己很幸福。她喜欢打扮，喜欢选择适合自己风格的服饰，她的步态稳重而不失优美，健康而有活力。每周，她都会去室外健身一次，在室内健身两次；每月她都会去美容院按摩。每天夜里，一个人躺在床上，读书看报，或者上上网，听听音乐。她还定期与朋友聚餐，她从来没有感到自己被生活遗弃。

成熟、独立、自信，是现代社会大多数选择做单身女人的标志。单身对她们来说，只是一种适合她们的生活方式。

懂得享受生活的女人最幸福

享受生活要用不同的生存方式才能实现，高情商的女人总是会选择适合自己的生活，她们会创造生活、美化生活、享受生活，因此才会永远年轻，永远美丽，永远幸福。

有人说女人的幸福在于不断追求事业成功的过程，有人说女人的幸福一定要有财富作为基础，有人说女人幸福是有一段长久的爱情，这些都是幸福，但又不全面。高情商的女人认为，懂得享受的女人才是最幸福的，只有会享受才能体验到全面的幸福。

有些女人一生都在奔波，她们要么为虚荣、为名利失去自我；要么为亲朋、为好友忙碌一生。为自己做一样爱吃的菜；为自己买一件心爱的礼物；和儿时的好朋友无拘无束地聊天时，脑子里可以不用惦记家人的晚饭；在剧院里看一部自己喜欢的电影，而不必惦念任何人的饥饱冷暖……这些都是些简单的生活乐趣，可是对她们来说都是奢望的享受。

作为一个现代女性，女人每天除了忙工作，忙生活，忙情感，根本没有一点属于自己的时间。繁忙的都市生活给女人带来了太多的压力，快节奏的生活方式使她们疲于奔波，其实，生活中有很多美好的东西是值得女人细细品味的，哪怕只是一件很小的事情，只要用心感受，女人就会得到她想要的满足感，这就是一种幸福。幸福需要女人用心来感受它的美好，它虽然看不到摸不着，但却时时刻刻存在于女人的生活中。懂得享受生活的女人，总能感到幸福，那是因为她拥有一颗感恩的心，对生活中的不幸不抱怨，对生活中的惊喜心存感激。

享受生活要用不同的生存方式才能实现,高情商的女人总是会选择适合自己的生活,她们会创造生活、美化生活、享受生活,因此才会永远年轻,永远美丽,永远幸福。选择适合自己的生活方式,可以让女人在生活中和工作上显得更轻松、更得心应手,可以随心所欲地在自己的能力范围内选择自己想要的生活,可以摆脱约束和他人支配。这种自己主宰自己的命运和生活的感觉很好,很惬意。即使是微不足道的一点开心,都会让女人感到幸福的。

旅游是一种转换心情的好生活方式,很多经济独立的高情商女人都喜欢到不同的地方去游玩。在旅行当中,女人很自然地就将自己融入自然当中,因为环境的改变自然不去想那些扰人心烦的事情。面对眼前景物,女人自然就会感到自己的渺小,那种闲适和那种超脱自然会让经常心绪烦躁的女人,忘掉所有的忧虑,或者从自然感知到忧虑是那么没有必要。旅行,可以改变女人的心绪,让女人重获新生。

读书这种生活方式一直是高情商女人的首选,书籍可以带给女人智慧和为人处世的技巧。不论在生活中有什么样的事情发生,书籍里永远都存有女人所需要的答案。书籍可以教会女人很多寻找生活乐趣的方法和快乐健康生活的方式,高情商女人会学习书中的方法来让自己的家庭变得温馨,工作变得更顺利,自己变得更美丽、更幸福。

丽丽,是一个艳丽多姿的女人,在她身边从来不乏追求者。但是丽丽经常恋爱失败,过着情人无数、但精神严重匮乏的生活。丽丽觉得自己生活的非常空虚,想过一种稳定的生活。于是,她结束了各种社交活动,断绝了与所有的情人关系。每天工作回家后便开始读读书,希望能在书中找到一片洁净安逸的土壤,净化自己的心灵。

后来,越来越多的朋友都认为丽丽不再只是一个美丽的花瓶了,她蜕变成一个内外兼修的优雅美女。连丽丽自己也承认,读书教会了她哪些事是对的、哪些事是不对的。曾经生活无比空虚的丽丽，已经重新为自己定好位，找到了一条属于自己的发展道路。在一次同学聚会中，旧时的同学都说丽丽变了，变得更有气质、更有涵养了，一直喜欢丽丽的大强也非常高兴地看到丽丽的变化。大强向丽丽袒露了自己的心声，并且很包容地接受了丽丽的过去，之后不久他们就结婚了。是读书让丽丽拥有了她一直渴望得到的幸福。

无论是旅行、读书还是其他生活方式，懂得享受生活才能够幸福。人生苦短，来去匆匆，女人要想在短暂的生命之旅中获得幸福的眷恋，就要淡泊名利，忘却世俗，脚踏实地地去做自己喜欢做的事，善待自己，凡事别太过强求。女人的命运是属于自己的，永远都不会属于别人，当女人能享受自由和快乐、尽情地做自己喜欢的事时，她也就找到了人生的意义，这样的人生才是幸福的。

友情长久滋润女人的心田

高情商的女人不仅可以交到朋友，而且还很容易获得真诚的友谊。对她们来说，友情是要建立在双方坦诚的基础上的，唯有真诚才是获得幸福友谊的唯一途径。

“朋友”是一个女人的巨大财富。有了朋友，女人在事业发展上才会顺利，在生活上才会如意。女人的友谊是一个细细的网，她们一起购物，一起接送孩子。在细水长流的亲密友谊里，她们能体验到一种相依相伴的幸福感觉。

然而"友谊"这种幸福并不是谁都能轻易拥有的，在互相建立感情的过程中，有些女人自始至终都受着约束，她们不愿意让别人知道自己的弱点，她们怕被别人视为懦夫。因此并不能真诚地对他人敞开心扉，同时，她们也不愿意与人分享自己胜利的欢乐，因为她们怕激起别人的竞争、嫉妒之心，这逐渐使他人对自己失去了兴趣和尊重。

高情商的女人不仅可以交到朋友，而且还很容易获得真诚的友谊。对她们来说，友情是要建立在双方坦诚的基础上的，要有既欣赏对方的优点又容忍对方的缺点的气度，更要敞开心胸，真正视对方为知己，唯有真诚才是获得幸福友谊的唯一途径。

女人与女人之间的友情多是雪中送炭的，女人天生对孤独有一种惧怕，为了拒绝和排斥它，她们自觉地行动起来，结成一个联盟，不仅分享快乐，也分享痛苦。当一个女人面临重大抉择的时候，帮她出谋划策的往往是她最好的女友；而当她遭遇不幸而痛哭流涕的时候，陪着她哭的，往往也是她最好的女友。

女人间有很多事情男人是不能理解的，当女人对一个男人倾诉太久，男人会因为她的喋喋不休而感到厌烦，而同性友人就不会。女人和女人之间总有很多相同的地方，女人之间更习惯那种温暖和琐细的沟通方式，而随之所产生的亲昵和依赖也只有女人之间能心领神会。女人为取悦男人而收敛的很多真性情，在朋友面前才能得到最大的释放。女人在与同性的交往过程中不仅收获了友情，还能通过对方不断地对照自己，矫正自己，使自己更适应社会。友谊展现了女人对忠诚的重视，对信任的渴望，对背叛的恐惧，所以女人若能拥有一份真诚的同性友情，那是十分幸福的。

除了同性友人的友谊，女人很多时候也需要一个蓝颜知己。这个蓝颜不是夫，不是情人，是介于亲情友情爱情之间，同时又在这三种之上的一个特殊的朋友。在他面前，女人可以是一个任性的小孩子，也可以是一个志气相投的朋友。蓝颜知己是女人心灵停靠的港湾，是女人可以毫无顾忌的倾诉对象，是可以肝胆相照的知心人。

高情商的女人，总是能恰如其分地处理丈夫与蓝颜知己的关系。她会刻意地与蓝颜知己保持着时间与空间的距离，但又不让蓝颜知己觉得他们之间有隔阂。女人清醒地知道自己与蓝颜知己的关系不是爱，而是相互欣赏。蓝颜知己与自己有着某种共同的爱好。拥有一个蓝颜知己，其实也是女人的一种幸福。

要在这个人与人之间的情感日趋淡漠的世界里保持良好的人际关系和健康的情绪状态，无疑对女人的情商提出了更高的要求。事实上，也只有高情商的女人才能更好地适应这个社会，宽容热情的性格能帮助她们获得和谐的人际关系和友谊，从而令她们感受到被友谊包围的幸福。

女人不妨“傻”一点

高情商的女人总爱装傻，懂得在人前示弱，有些事情即使知道她们也故意装作不知道，因此，懂得装傻的女人才能更接近幸福。

《论语》中说“知之为知之，不知为不知，是知也。”意思就是：“知道的就是知道，不知道的就是不知道，这才是智慧 。”但在如今这个社会中，仅“知之为知之，不知为不知”还不够。高情商的女人总爱装傻，懂得在人前示弱，有些事情即使知道她们也故意装作不知道。她们不断虚心请教，总能得到很多意想不到的收获。很多时候，知道并不代表正确，或者说，不是唯一正确的答案，懂得装傻的女人才能更接近幸福。

只有喜欢耍小聪明的女人，才会趾高气扬地卖弄自己。与她们不同的是，高情商的女人心里有数，平时不显山不露水，不会锋芒毕露，不会跟别人计较太多，做事也十分沉稳。高情商的女人总是低调向人请教，并且绝不吝于赞美别人。因此人们更喜欢和高情商的女人沟通，也愿意竭尽所能地帮助她们。对女人来说，能得到别人真诚无私的帮助，怎能不说是一种来自人际关系的幸福呢？

有一个女孩，国外留学归来，专业知识和独立能力都极其了得，被称为才女。但她并不是那种自傲型的女子，她很少显示自己的博学，反而常做的是赞美别人比自己强。有时候和朋友一起去逛书店，每次朋友向她推荐一些自认为不错的新书，她都会很欣喜地买下，过几天还特意打电话告诉朋友，"你推荐给我的书，全部都非常好看，你真是太厉害了。"

有一天，这个女孩和闺蜜一起应邀去另一朋友家做客，主人兴致勃勃地给她们一边做着新学会的法国菜，一边滔滔不绝地讲着菜的讲究和特色之处。菜端上来了，味道也只是刚好，女孩真诚地夸赞主人能干又有厨艺天赋。闺蜜在一边听着觉得十分奇怪，因为闺蜜知道，女孩在留学时就做得一手了不起的法国菜。

在回去的路上，闺蜜问女孩："你不是会做法国菜吗？而且做得比她要好得多了，刚刚为什么不说呢？"

女孩笑了，反问闺蜜："今天她邀我们去她家吃饭是为了什么？"

"展示她新学的法国菜啊。"闺蜜回答。

"既然她的兴致在于展示她费尽心血做的法国菜，如果我告诉她，这种菜我早在三年前就精通了，相比起来，她做的法国菜实在是太不正宗了，那她会是什么心情？我们还能像今天这样过得这么开心吗？"

以女孩的才干，她有足够炫耀的资本，可是她却总是低调地隐藏自己的才能，真诚地去夸赞别人。她的朋友因此更喜欢和她相处，她的生活也十分幸福开心。

在感情上，女人也要学会装傻。比起争执，男人更希望的是被女人肯定，一个懂得在适当的时候“装傻”的女人才是聪明女人。男人同女人一样，也需要安全感，女人的安全感来自于丈夫的经济支撑；而男人的安全感则需要从女人的宽容中获得。其实很多东西，争来争去都没有多大的意义，既然对生活工作影响不大，女人为什么不装作不懂，夸赞男人见解独特而博得他的好感呢？相反，不懂得装傻的女人，不知道要在一定领域有所收敛，在她面前男人只会觉得自己没有能力，这样的女人只会让男人敬而远之。

女人可以聪明，但一定要学会装傻，一个太较真、太执拗的女人会让男人很累。每个人都有自己不愿意告诉别人的秘密，相互透明的两个人之间很容易失去吸引力。或许丈夫今天没有把他所做的事情表达清楚，女人也没必要去再三追问。有时候婚姻的一方一不小心撒了谎，女人大可不必刻意去揭穿他，你给男人留足了面子，男人一定会心存感激，感激你的包容和护佑，这种唾手可得的甜蜜幸福，何必推开？

女人学会装傻便是学会掌控幸福，即便你有像孙悟空般的火眼金睛，能够看清世间的妖魔鬼怪，也不需要把所有的事情都探究得一清二楚，只要不违背原则，一些鸡毛蒜皮的小事糊涂一点，生活也就会更幸福一点！

高情商的女人明白，每个人做任何事情都是希望能够获得别人肯定的，每个人受到夸奖和表扬会高兴那是一定的。当女人说自己能行的时候，其实是希望获得别人的认可。当别人为自己做了什么，即使自己能比对方做得更好，也不要说出来。适当装傻，给别人想要的认可，别人会因此而开心，你也会因此而得到自己想要的幸福。

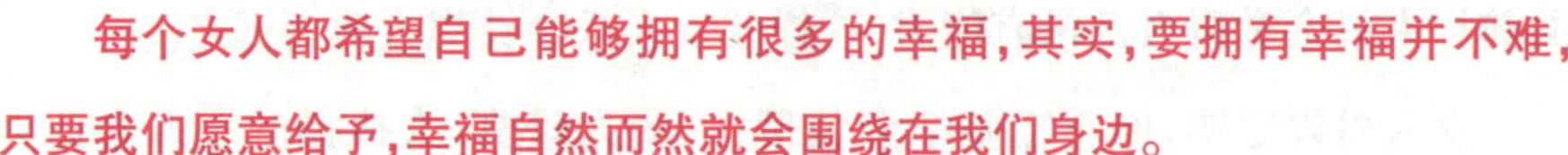

女人多计较不如多给予

每个女人都希望自己能够拥有很多的幸福，其实，要拥有幸福并不难，只要我们愿意给予，幸福自然而然就会围绕在我们身边。

安妮在圣诞节前夕收到了一辆新轿车，这是哥哥送给她的圣诞礼物。圣诞前夜当她走出办公室时，发现一个小男孩正在看她的新车。

“小姐这是你的车吗？”小男孩见到安妮开口问道。

“这是我哥哥送给我的圣诞礼物。”安妮回答。

“你是说这车是你哥哥送给你的？”小男孩吃惊地瞪大了眼睛，然后喃喃地说道，“我希望……我将来能像你哥哥那样。”

安妮听了有些吃惊，在她看来小男孩应该会希望也有一个能送他一辆车的哥哥。出于对小男孩的喜爱，安妮邀请他坐自己的车兜一圈。车开了一段路后，小男孩请求安妮把车开到他家门口。安妮笑着答应了，她以为小男孩是想在邻居们面前炫耀一下他是坐新轿车回家的。当安妮把车停好后，小男孩赶快跳下车，一会儿就背着他脚有残疾的弟弟回来了。他告诉弟弟将来他也一定要给弟弟买一辆车。这样弟弟就可以坐在车里看那些商店橱窗里的圣诞礼物了。小男孩的话很让安妮很吃惊，安妮也为此感动不已，连忙下了车把那个残疾的小男孩抱进了车里，三个人开车兜风一直到很晚。这一天晚上安妮知道了一个道理：给予比接受更让人幸福。

每个女人都希望自己能够拥有很多的幸福，其实要拥有幸福并不难，只要我们愿意给予，幸福自然而然就会围绕在我们身边。

小雨因为一次考试成绩不理想，总是不开心，无论家人、同学怎样开导她，她还是很失落。可是有天一大早，同学们都觉得小雨有点不寻常，她的嘴角一直在上扬，挂着隐隐的笑意，就连走路都一飘一飘地让人心都跟着雀跃起来。大家都猜测着："小雨怎么了"？"难道恋爱了"？"怎么今天突然这么高兴？"原来小雨早上坐公交车的时候给前面的男孩投了一块钱的硬币。

那个男孩上了公交车才发现自己的包里空空如也，竟然一个硬币都没有，当时车已经开了，男孩尴尬地站在投币箱前翻着书包，所有人的目光都聚集在了他身上，看得出那男孩心急如焚。小雨就坐在车门口的位置，想也没想就从包里掏出一个硬币递给了男孩。男孩犹豫了一下慢慢地伸出手，接过了硬币咧开嘴笑了。投完币，男孩郑重地走到小雨跟前一再地道谢。车里的人也禁不住夸赞："看来还是好人多啊！""这小姑娘心真好！"小雨听了心里像吃了蜜一样甜。这是她几天来第一次这么快乐，这种快乐幸福的感觉竟然前所未有的强烈。

正所谓"给予比接受幸福"，的确，帮助别人是件快乐的事。女人不要老想着从别人身上得到什么，应该想自己能够给予别人什么。"赠人玫瑰而手有余香"，女人可以给予的并不一定指物质，高情商的女人随时随地都可以给予，她可以给别人一个关注的眼神，可以送给对方一句真诚的赞美，也可以为他人露出一个和善的微笑。这些给予不为获取，可一旦给予了女人就会发现，给予本身就能带给你一种强烈的幸福感。

医学已经证实，愤怒、抱怨等行为会让女人的身体释放出有害物质，赞美和拥抱则有益于健康，而微笑和赞美正是高情商女人最不吝于给予别人的。女人要不时地赞美别人，这样不仅能够传递给别人温暖，同时也是对自己内心的关爱，微笑待人的女人会发现，自己似乎比对方还要幸福。

一个女人正在家里洗衣服，突然有人敲门，她跑去把门打开。门口站着一个陌生男人，手里拿着一把刀，面目十分狰狞。女人知道这个男人要抢劫，着实被吓了一跳。不过她马上冷静下来，微笑着对男人说："您是推销菜刀的吧？终于把您盼来了呢，我家那把菜刀生锈了，我本来要换把新的，可每次出门买东西都忘了买。您这一来可给我省了不少麻烦，快进来坐，我给您倒杯茶水喝。”

男人站在门口，望着满脸微笑的女人竟不知道如何是好。他乖乖地跟着女人进了屋，喝了水，最后卖掉了那把刀。离开了女人的家后男人决定改邪归正，从此以后他再也没有抢劫。

笑容能照亮所有看到它的人，像穿过乌云的太阳，带给人们温暖。微笑是一种宽容、一种接纳，它缩短了彼此的距离让人与人之间心心相通。喜欢给予别人微笑的女人也更容易走入对方的心底，也更容易获得幸福的回报。

高情商的女人总是为周围的美好事物而感到愉悦，她不吝于给予别人微笑和赞美，她善于体验现实中的美好事物，把环境中的消极方面压缩到最小，并竭力找出积极的东西，让大家变得开心。她经常对别人微笑，也得到别人微笑的回报，高情商的女人懂得，给予比接受更能让自己幸福。

幸福的女人要拿得起放得下

高情商的女人知道，抓紧一切不放手，到头来可能什么都得不到。她们深信，无论做什么事，拿得起是一种勇气，而放得下才是能获得幸福的度量。

有一位高僧领着徒弟云游天下，一天他们在路上看见一个十分美丽的女子站在河边哭泣，原来她被河水挡住了去路。高僧见状连忙走上前，将这位美貌女子抱起来，渡过河去。站在一旁的徒弟总觉不妥，可是又不敢质问师傅。大约走了三里路后，小僧终于忍不住问师傅为什么接近女色，高僧听了十分惊讶地问:“我早已放下了人家,为什么你还抱在怀里?”小僧听了无言以对。

有时候生活需要女人放弃很多的东西,可能是财富、机遇或者感情。对于许多女人来说,生活的难题不是她们拿不起,而是放不下。女人是贪心的,她紧握在手里的东西不愿意丢掉,但却又想拿起更多的东西,最后背负的包袱越来越沉重。高情商的女人知道,抓紧一切不放手,到头来可能什么都得不到。她们深信,无论做什么事,拿得起是一种勇气,而放得下才是能获得幸福的度量。

泰戈尔说过:“世界上的事情最好是一笑了之,不必用眼泪去冲洗。苦苦地去做根本就办不到的事情只会带来混乱和苦恼。”所以女人们,倘若你正在用力争取的东西让你觉得疲累,那就放手吧。一味地去拿让你疲累的东西并不能让你开心,只有放得下,你才能更好地握住能拿起的东西,这样你才能幸福。

虚荣心每个女人都会有,所不同的是面对它的态度。很多女人面对自己的成功、面对别人的赞赏时嘴上都会谦虚不已,可实际上她的内心仍然陶醉其中,整个人都沉湎于过去不能自拔,不再努力向未来前进。不仅仅是成功的虚荣,女人在对待失败、痛苦时也是如此。高情商的女人是可以随时放下过去的人,她们告别过去,放下虚荣,因此才能轻装上阵,追求明天的幸福和成功。

小旭是一家广告公司的秘书,前一阵儿她接手了一个很有挑战性的案子,经过了半个月的拼力苦战她终于成功了。这个文案很成功,不仅客户十分满意,公司的老总也对小旭另眼相看,当即决定给她办一个庆功会。庆功会上开心的小旭对所有人的称赞都全盘照收,高兴得实在是有些忘乎所以。第二天上班,同事们见了小旭仍不免要寒暄一下称赞几句。小旭回答:“那都是昨天的事了,干吗还提?今天还得从头开始呢!”

小旭是一个高情商的女孩,面对成功,她能把虚荣放下。她清楚地知道，自己要继续努力工作才有获得幸福生活的资本，紧握一次成功的虚荣并不能帮助她。也许对待成功的喜悦女人可以轻松地选择放手，面对失败，女人却往往容易“自我感觉很糟”，并一直沉浸在失败的痛苦中。如果女人能像放下成功一样，放下失败，把失败当作人生盛宴中的一道开胃菜，那她终会尝到幸福大餐的甜蜜味道。

阿娇是个很独特的女孩子，大学毕业后，阿娇做起了证券行业的工作，但这个工作一直让阿娇感觉漂泊不定。在她的内心里，最渴望的还是一个属于自己的服装店。下定决心后，阿娇从原公司离职，开始了自己的创业生涯。因为自我要求太高，结果光装修就花去了阿娇一万多元的积蓄。有了店后，阿娇又去深圳进了一批成本很高的国外的时装，手里的资金剩下的并不多了。但阿娇并不担心，她想只要店开起来，资金慢慢周转自然会越做越大。由于初次经营的阿娇没有什么经验，手里的货因卖价太高，销路并不太好，小店开了不到一年就被迫关门了。小店关张，阿娇的很多朋友都来安慰她。阿娇也逐渐从失败的阴影中走出来。一年后，阿娇的新店又开张了。这次阿娇放低了姿态，装修力求简单有格调，店面地段不错，房租却比上一次便宜了1/3还多，有了上次经商的失败经验，阿娇在做生意时更加用心，如今她的服装店已经有了四家分店，她终于获得了成功。

不同的女人对待失败有不同的态度。有的女人认为失败是一道难以下咽的开胃菜，不愿尝试。而高情商的女人却认为只有吃掉这道开胃菜才能品尝香喷喷的幸福大餐。生活中有苦才有甜，女人终会意识到，原来失败不过是酸甜苦辣人生盛宴的一碟小菜而已。

女人要怎样才知道什么事情该努力争取，什么事情该放手呢？这其实是很好区分的。如果有一样东西，女人仰起头就能够抓住，那就应该去用力抓住，这是应该积极进取的事情。但如果这件东西，女人跳起来也不一定能抓住，那还是趁早放手吧，因为即使你努力跳得很高，但还是不能抓住自己想要的东西，终究会落下来。女人要美丽、要健康、要金钱、要爱情、要事业，可是女人又有多少力量去得到这些并稳稳地抓在手里呢？能得到的固然要努力争取，因为幸福要靠自己的努力去争取；得不到的要学会放弃，“因为拿得起放得下”才是包容天下的宽阔心胸，你会因此而体会到握在自己手中的幸福。

女人的幸福要自己把握

高情商的女人能够把握自己的生活节奏，她们理智地面对挫折，积极地面对工作，正确地处理人际关系，把自己的命运牢牢地握在自己手里，她们认为这样是最幸福的。

有一个平庸的女人，总是对自己的人生没有信心，平时经常去找一些“赛半仙”算命，结果越算越失望。她听说山上寺庙里有一位禅师能够助人点化，改变天命。这天她便带着对命运的疑问去拜访禅师。她问禅师：“大师，请您告诉我，这个世界上真的有命运吗？”

“有的。”禅师回答。

“那您看我命中是不是注定一生不幸呢？”她问。

禅师让这个女人伸出她的右手，指着手掌对女人说：“你看清楚了吗？这条横线叫做爱情线，这条斜线叫做事业线，另外一条竖线就是生命线。”

然后禅师让女人自己做一个动作：把手慢慢地握起来，握得紧紧的。

禅师问：“你说这几根线在哪里？”

女人迷惑地说：“在我的手里啊！”

“命运呢？”

女人恍然大悟。

女人最终悟出，原来命运掌握在自己手里，而不是在算命人的嘴里。每个女人的幸福命运完全取决于她们面对人生的态度，女人只有积极进取，努力争夺，才可能获得幸福的人生。如果只是一味地等待幸福的降临，而不付出和努力，那伴随女人的也只有一次次的失望甚至是绝望了。

大学毕业，惠进了一家刚起步不久的公司，该公司位于一所著名的办公楼里，惠也算是一个小小的白领了。在这家公司里，惠做得很辛苦，很投入，经常不计报酬地加班，她终于脱颖而出，工作刚满一年，就荣升为项目主管。就在此时，惠远在美国的男友决定回国发展并与惠结婚，惠等了五年终于修成正果，众人都为惠而高兴：婚姻美满，事业顺达。婚后不久惠就怀孕了，而且是双胎，医生嘱咐她最好静养保胎，但这在工作压力超强的展览公司里是很难做到的。惠的先生犹豫了："你还很年轻，事业刚刚起步，孩子我们以后还是可以有的。"惠却一脸的坚毅，"不，这是最好的礼物，我能拥有它，就是最大的幸福。"惠义无反顾地辞了工作，得到了两个可爱的双胞胎儿子。

现在，惠在一家公司里做协调员，毕竟停了两年的工作，惠还将从头做起。而她以前的公司一跃成为著名跨国公司，以前的同事也大都升为项目经理，职位、薪金比惠要高得多，但惠依旧快快乐乐地工作着，生活着。在新的公司里，她以出色的工作态度和工作业绩博得了上司的青睐，家庭也相当和睦。

惠幸福的原因就在于情商给了她一双睿智的眼睛，无论在哪种生活情形下，她都能分清什么是真正的幸福，她把幸福牢牢地握在自己的手里。

其实对于幸福，不同的人有不同的理解，它是人的一种主观感受，没有固定模式。通常情况下，身心的健康、地位的升迁、事业的成功、婚姻的美满、财富的增加，都可以说是幸福的一个方面。高情商的女人能够把握自己的生活节奏，她们理智地面对挫折，积极地面对工作，正确地处理人际关系，把自己的命运牢牢地握在自己手里，她们认为这样是最幸福的。

其实做幸福的女人并不难,难的是不付出努力去掌握自己的命运。

有一个长得很漂亮的女孩,一直梦想着有朝一日能当上电视节目的主持人。她就读于一所著名的大学,家庭环境也很优越,父亲是著名的工程师,母亲在一所知名的大学任教,他们都很支持她实现自己的理想。于是,这个女孩见人就说:"只要有人愿意给我一次上电视的机会,我相信自己一定会成功,一定能成为出色的主持人。"可是,好几年过去了,奇迹并没有发生。因为现在的节目主管根本没精力和兴趣到处去搜寻人才。

而这个女孩的一个初中同班同学却实现了到电视台做节目主持人的梦想。她也很漂亮,但她毕业于南方的一所民办大学,家庭条件很差,无法提供可靠的经济来源。所以,她白天去给人打工,晚上到大学舞台艺术系进修。一拿到专业毕业证,她便开始谋职,跑遍了全省的电台电视台,碰了一次又一次壁。但她没有退缩,最后被一家很小的广播站录用,在那儿她当上了主持人。有一次,省电视台和该小广播站联合录制一台晚会节目,省电视台的领导发现了她,把她叫到省电视台试镜。结果,她被录用了。

靠人不如靠自己,女人可以不相信其他人,但是一定要相信自己。女人左右不了别人的命运,但是可以把握自己的命运。幸福存在于我们的心灵之中,想要幸福,那就从自己身上找。高情商的女人知道,求人不如求己,奢望别人给你幸福,是一种虚妄的、愚蠢的想法。如果自己不把幸福抓在自己手上,那么幸福也就不会属于你。

多少财富可以成就女人的幸福

财富是安身立命的基础。你可能说你现在一无所有，但是财富并不只包括金钱，时间是你的财富，健康是你的财富，你的才能是你潜在的可以转变成财富的财富……

生活中的女人需要像管理自己的事业一样理自己的财富，你只有用心照顾好它，它才会照顾好你为你所用。

每个人都会有自己的人生目标，不管目标的具体指向是什么，大家努力奋斗追求的都是人生的幸福和快乐。但是，并不是只要你追求，你就能拥有美好的人生，问题的关键在于你怎样追求，只有你管理好了自己的财富，运用好了自己的优势，你创造美好人生的概率才能更大。

常听人说："年轻就是资本。"所谓资本就是财富。年轻意味着你有时间，而时间是一种非常重要和关键的财富。那些在事业上取得一定成就的人都知道时间的价值，在他们一生的奋斗中，他们都能够珍惜时间，善于利用生命中的每一分每一秒。

大发明家爱迪生，平均三天就有一项发明，他正是抓住了分分秒秒的时间进行了仔细的研究，才有了这么大的成就。

一天，爱迪生在实验室里工作，他递给助手一个没上灯口的空玻璃灯泡，说："你量量灯泡的容积。"他又低头工作了。

过了好半天，他问："容积是多少？"没听见回答，他就转头看见助手拿着软尺在测量灯泡的周长、斜度，并拿了测得的数字伏在桌上计算。他说：

“怎么费那么多的时间呢?”爱迪生走过来,拿起那个空灯泡,向里面倒满了水,交给助手,说:“将里面的水倒在量杯里,马上告诉我它的容量。”

助手立刻读出了读数。

爱迪生说:“这是多么容易的测量方法啊,它既准确,又节省时间,你怎么想不到呢?去算岂不是白白地浪费时间吗?”

助手的脸红了。

爱迪生又说:“人生太短暂了,太短暂了,要节省时间,多做事情啊!”

每个人人生的长度相差都不会太大,但是达到的高度却有很大的差别,这其中的原因就是有些人把时间浪费了,最终把自己生命荒废了,而有些人却很好地管理了时间,在有限的生命里做出了骄人的成绩。

想要实现自己的价值,创造美好的人生,没有健康的体魄是不行的。拥有健康的体魄是实现美好人生的条件,因此理财当然要理健康。只有具备良好的健康状态,工作才会有更高的效率;只有身心健康,你才有更好的精神和心情投入到事业和追求中去。

现在在电视媒体、新闻报端,我们经常会看到某某著名人士去世的消息,有些人甚至在年轻的时候就被病魔夺去了宝贵的生命。他们可能拥有了很好的事业基础,拥有了很高深的专业技能,有很大的社会影响力,但是当健康消失的时候,随之消失的还有再创造的能力和可能性。健康在创造财富的同时也是最大的财富,每个人都应该珍惜这笔财富,管理好这笔财富,让它具有可持续发展的能力。

人生的财富包罗万象,任何对你来说重要的东西都可以看成是财富,感情是财富,个人才能是财富,机遇是财富,社会关系是财富,知识背景是财富……但是现代社会很多人很局限地把财富限定在了金钱上,为了追逐金钱而忽略了其他十分重要或者更重要的东西,等到碰壁的时候,他们才发现,原来曾经的自己太固执了,而很多时候,幡然醒悟的时候很可能是事情无法挽回的时候。

因此,要管理好自己所拥有的财富,首先是要认识到自己拥有的财富,在认识的基础上好好分析这些财富。

真正成功幸福的女人,她们既能知足常乐,也能保持一种不懈的进取心。她们会慢慢品味生活的滋味,在自己年轻的时候还有能力的时候就能未雨绸缪。她们能调节自身拥有的各种资源,找到一种最适合自己的生活方式。在别人的眼里,她们可能是不起眼的,但是,即使在一个角落里,她们也能默默地开花并且尽情绽放。在人流中,她们的脚步会很从容;在慌乱中,她们的表情会很镇定。

很多时候,你人生是否美好,并不需要用你所拥有的财富多少来衡量,最关键的是你是否能够管理好自己的财富,加快财富生财富的速度。财富是一个内涵丰富的概念,管理好自己的财富需要很高的技能。渴望幸福的女人,应该好好学会管理自己拥有的财富,努力获得自己渴望的财富,这样就能拥有一个美好的人生。

上篇：情商与女人的幸福共舞

逆境大弹簧：逆风飞扬是女人的智慧和能力

生活让女人经常身处逆境，她们总是在不断地遭遇和克服无穷无尽的逆境。逆境犹如横在女人眼前的大弹簧，高情商的女人拥有强大的应对生活变故的能力，她们能够将逆境狠狠地踩在脚下，能将逆境所产生的负面影响限制在一定范围内，不至扩大到其他层面。越能够把握逆境的影响范围，就越可以把挫折视为特定事件，越觉得自己有能力处理，给予自己更积极的心理暗示。而低情商的女人在一再闪躲和逃避中，丢掉工作、失去朋友、损失利益，使自己的人生更加坎坷。

女人的生命中总有挫折相伴

其实挫折并不可怕，只要我们能应用情商的力量，勇敢地超越它，就能掀开命运的华章。

茫茫人海，岁月蹉跎，在人生的长河里，处处隐藏着暗礁，欲泛舟江上，定会频遇挫折。生活道路上亦如是，不管你愿不愿意，挫折总会翩翩而至。正如“自古巾帼多磨难”，古今中外许多巾帼女英雄同样是在与挫折作斗争时，磨炼了她们的意志，激发了她们的斗志，使她们学会了思考调整自己的行为，以更佳的方式实现自己的目标，成就自己非凡的事业。

挫折虽然给女人带来痛苦，但却是女人命运的炼金石，见证着优秀女人的诞生。这种炼金之美，只有经历过的女人才能感知其色彩。如同成语“蚌病成珠”所言，如果说珍珠是蚌艰苦磨炼的结晶，那成功就是女人们在接受一次次挫折后所得到的奖赏。走向生命之巅就像爬山，只有你在半山腰克服了疲惫、在后悔时选择了坚持，等待你的便是山顶上那“会当凌绝顶，一览众山小”的美景。

国家女子体操队原队员桑兰，曾参加过第八届全运会，并获得跳马冠军。但不幸的是，她在一次国际比赛中意外受伤致残。虽遭遇坎坷，但她身残志不残，在治疗伤病的同时，她抓紧时间学习，努力继续参加体育锻炼，积极参与各种社会活动。

桑兰用实际行动向全世界展示了一位身残志坚、克服困难的勇敢女性形象。在一次她与北京市大学生座谈时，作为优秀残疾青年代表的她坐在

轮椅上激动地说:“我参加了中国残疾人艺术团的演出,我们演出的大型音乐舞蹈会叫《我的梦》。在这场特殊的演出中,我找到了比拿世界冠军更大、更美好的梦想,那就是人类平等、参与、共享,社会文明进步,祖国繁荣富强的梦。这个梦给了我人生的力量和勇气。除了参加演出和康复训练,我抓紧一切时间学习,我还想上大学,我和我的残疾人伙伴们想与在座的同学们一样,能为实现我们每一个的梦,实现我们民族的梦,实现我们祖国的梦而奋斗。”

曾经有人说过:世界荣誉的桂冠,都是由荆棘编织而成的。桑兰正是以挫折为绳,编织出了一朵灿烂的、令人折服的生命之花。挫折是无处不在的,没有哪个女人一生是顺顺当当,波澜无惊的,因此女人要正确看待人生中的诸多困苦和艰难之事。

露卡达小时候因病成了残疾,她母亲摩妮卡的心就像刀绞一样,但摩妮卡还是强忍住自己的悲痛。她想,露卡达现在最需要的是鼓励和帮助,而不是妈妈的眼泪。摩妮卡来到露卡达的病床前,拉着她的手说:“孩子,妈妈相信你是个有志气的人,希望你能用自己的双腿,在人生的道路上勇敢地走下去!好露卡达,你能够答应妈妈吗?”母亲的话,像铁锤一样撞击着露卡达的心扉,她“哇”的一声,扑到母亲怀里大哭起来。

从那以后,摩妮卡只要一有空,就让露卡达练习走路,做体操,常常累得满头大汗。有一次摩妮卡得了重感冒,她想,做母亲的不仅要言传,还要身教。尽管发着高烧,她还是下床按计划帮助露卡达练习走路。黄豆般的汗水从摩妮卡脸上淌下来,她用干毛巾擦擦,咬紧牙,硬是帮露卡达完成了当天的锻炼计划。体育锻炼弥补了由于残疾给露卡达带来的不便。母亲摩妮卡的榜样作用,更是深深教育了露卡达,露卡达终于经受住了命运给她的严酷打击。

露卡达通过刻苦学习,学习成绩一直在班上名列前茅。最后终于以优异的成绩考进了维也纳大学医学院。大学毕业后,露卡达以全部精力,致力于耳科神经学的研究。最后,取得了举世瞩目的成绩。

挫折是女人生命中的一部分,没有挫折的人生是不完美的,从开始走路,学说话,学写字,我们就是从挫折中一路走来。挫折也许会阻碍我们前进的步伐,但没有挫折这块炼金石的历练,我们就不能学会坚强,就不会拥有斗志,就不能在社会上立足。

俗话说:沧海横流,方显英雄本色。在女人的发展历程中,不可能不遇到挫折。关键是如何做好接受挫折并做好挑战的心理准备,如何用智慧和能力克服挫折带来的困难,把挫折转化为有利于自己发展的顺境。

挫折是女人生命中的一阵阵风,使我们头脑清醒;挫折是女人岁月油灯中的一滴滴油,给我们上进的燃料;挫折是点燃女人人生蜡烛的火柴,燃烧着前进的希望;挫折是铺就女人命运的一块块铺路砖,为我们铺下一条通往完美的康庄大道。

女人的勇气同样不可低估

勇气是女人战胜逆境的翅膀,更是女人生命中最伟大的馈赠。勇气能一次又一次赐予你自信,让你展翅飞向成功的殿堂!

梁静茹有首歌这样唱道:“我们都需要勇气,来面对流言飞语……”的确,人人都需要勇气来面对一切成功与失败、一切是非和黑白。

女人的人生如同一次旅行,我们不必在乎终点停靠在何处,而应关注沿途的风景,并时刻保持欣赏美景的心情。女人的生活如一条大道,沿途的道路注定不会一马平川,而是夹杂着高山与低谷,虽然道路是随着形势而变,但只要有一颗勇敢的心，便能登上属于自己的巅峰。

美国前副总统竞选人约翰·爱德华兹的妻子伊丽莎白正是用勇气战胜了生命中的重重困难，体味着属于自己的人生幸福。

曾是一名才华横溢的金融律师的伊丽莎白，是丈夫竞选班子的核心力量，还是4个孩子的母亲，但她曾经历过一段伤心欲绝的黑暗日子。在她46岁的时候，她的儿子——16岁的韦德在车祸中丧生了。

谈起那件往事，伊丽莎白如是说："韦德死后，我觉得生活已经没有什么意义了。我每天成千上万次地想念他，黑夜要比白天漫长得多。我天天去教堂祈祷，祈求上帝用我的生命换回他的生命。这不像其他灾难，失去的是昨天，对于一个母亲来说，失去孩子等于失去未来。这种痛苦在心中留下的烙印永远不会褪去。我开始整日担心15岁的女儿凯特会出事，几乎到了歇斯底里的程度。"在她最痛苦的时候，回忆那些幸福的往事能让她暂时止住眼泪："那时候我们很穷，约翰甚至负担不起一顿汉堡快餐的费用。当韦德出生时，我们还得贷款50美元才够支付医院账单。但是，我们是那么相亲相爱，家里充满了笑声……"

后来，伊丽莎白意识到自己不能在回忆中度过一生，于是，她鼓起勇气和丈夫一起，在家乡创办了"韦德·爱德华兹学习实验室"，为学生提供校外电脑和技术培训，还以儿子的名字建立了一个教育基金会，为贫穷的大学生提供奖学金。一年后，伊丽莎白在48岁"高龄"时生下女儿埃玛，50岁时又生下儿子杰克。就在伊丽莎白忙碌于照料3个孩子，还要帮丈夫竞选的关键时刻，命运再次给了她重重一击……她被诊断患有乳腺癌，而且已经扩散。

当时，她的第一个念头是"我还有两个年幼的孩子，我要尽一切可能活下去"；第二个念头是"等竞选结束后再告诉约翰，他现在不能分心"。面对治疗中的副作用——头发全部脱落，这位充满勇气的女人笑着说："这下我终于不用染头发了，以前总得染，好让自己看上去不像约翰的妈妈。"中年丧子的沉重打击，的确让伊丽莎白老了许多，但是，在丈夫约翰眼中，她是"一块世界上最最美丽的岩石”。伊丽莎白说她在病痛中终于明白了那句“希望长着羽毛，悄然飞上心头”的意境。

她看着手指上那枚28年前约翰送给她的11美元的结婚戒指说：“与我从前失去过的相比，如今更没什么好怕的了。罹患癌症像是命运摇晃着我的肩膀说：‘嘿！你又要准备战斗了！’没错！我还要和约翰像往常一样每年到第一次约会时的那家快餐店庆祝结婚纪念日，我还要做外祖母呢。”

就是这样一个勇敢的女人，一次次用勇气征服了生命中的重重不幸。同样的，“超人”之妻达娜·里夫也用自己的经历让我们见识了勇气的力量。

嫁给“超人”以前，达娜是活跃在好莱坞的演员、歌手、主持人。婚后三年，轻松的婚姻生活便完全结束了。“超人”在受伤后曾绝望地要拔掉呼吸器，达娜鼓起勇气安慰他说：“如果你想结束生命，我能理解你的心情。但是，我爱你，无论发生什么我都一如既往地爱你，还记得我们在婚礼上的誓言吗？‘无论幸福或灾难，无论健康或病患，都将相亲相爱、永远陪伴，直到死神把我们分开’。我要遵守我的诺言，你呢？”

此后，达娜辞去所有工作，专心照料丈夫和孩子们。那时，他们俩的儿子威尔才2岁，同时，她还要照顾丈夫和前女友所生的一儿一女。一晃近10年过去了，“超人”夫妇建立的“克里斯托弗·里夫瘫痪基金会”已经为残疾人募集到4800万美元的医疗研究与救助资金。达娜说：“生活中这样的变故可以使一个家庭破裂，也可以让这个家有勇气更团结，我很骄傲我们所有家庭成员的内心都变得强大起来。尽管我们无法像其他夫妻那样亲昵，甚至连拥抱都不可能，但是我们很亲密。”

在谈到妻子时，“超人”感慨地说：“曾经我以为英雄就是不计一切后果、勇敢采取行动的人，是能够完成看似不可能之事的人。但现在我有了新的认识：英雄是在遇到逆境时仍然能够鼓起勇气，继续努力坚持到底的人，是能以非凡的力量鼓舞别人的人。我的妻子就是我们全家人的英雄！”

女人的生命中不能缺少勇气。在我们的人生旅途中总会遇到各种挫折和磨难，这时我们要用勇气来武装自己，披荆斩棘。女人拥有了勇气，就如同有了一路乘风破浪的风帆；女人拥有了勇气，就如同有了能一路过关斩将的开道长枪；女人拥有了勇气，就拥有了能抒写自己美妙人生的力量！

勇往直前是人生的常态

在遭遇逆境时，女人需要勇往直前。纵使生活中暗夜无边，只要心中有路，就能引领我们前行，抵达光明的前方！

女人的生活如同一颗生长于悬崖上的树木，只有勇往直前才能把根扎得更深；女人的生活如同一条江水，奔腾于地面，只有勇往直前才能激起美丽的浪花，一路欢歌流向更广阔的未来……

人生在世，遭遇逆境在所难免，其实适度的挫折有着一定的积极意义，它能帮你驱走惰性，促使你奋进，勇往直前地迎接新的挑战和考验。

一个小孩发现草地上有一个蛹，便带回了家。过了几天，蛹上出现了一道小裂缝，里面的蝴蝶挣扎了好长时间，身子似乎被卡住了，一直出不来。善良天真的孩子舍不得蝴蝶如此艰辛地挣扎。于是，他便拿起剪刀把蛹壳剪开，帮助蝴蝶脱蛹出来。然而，由于这只蝴蝶没有经过破蛹前必须经过的痛苦挣扎，以致出壳后身躯臃肿，翅膀干瘪，根本飞不起来，不久便死了。

这个故事隐含着一个人生道理：要有所成长就必须经历痛苦和挫折。逆境是对女人的磨炼，也是一个女人成长必经的过程。每个人都希望自己的生活中能够多一些快乐，少一些痛苦，多些顺境，少些逆境，可是命运却总爱捉弄人，总会让你遭遇无穷的痛苦、失败。而这时，勇往直前的女人便显现出了强大的生命力，罗静亭便是其中之一。

罗静亭是吉安市甘雨亭贸易公司总经理。她曾经是一名下岗工人，为了生计，她摆过地摊。经过多年的不懈努力，如今她经营的商贸有限公司已有九家连锁店，资产上千万，年纳税近百万元。

1993 年 4 月，罗静亭从吉安县百货公司下岗了。下岗意味着失业，可她当时还年轻，上有老下有小的，没有了工作，以后的生活都成问题。她在家里反复思考，是一蹶不振，还是从头再来？一蹶不振就是只能等死，勇往直前从头再来还会有新希望。于是，她批发了一些日用品，在市中心摆起了地摊。尽管是小打小闹的生意，两个月下来，她还是赚了三千多元。于是，她想要是开个店一定挣得更多。为了筹集开店资金，她和丈夫不知跑了多少路，说了多少好话，甚至还借款。就这样终于从亲朋好友处借来了 7 万元资金。她激励自己说：只许成功不许失败。就这样，“甘雨亭”诞生了。

罗静亭的创业之路困难重重。从进货到销货，从收钱到清货，上上下下，里里外外，全是她一个人。由于缺乏经营经验，刚开始店里损失不少。但她并没有被困难打倒，而是一次又一次勇敢地迎接着命运的考验。正所谓：一分辛劳一分收获。通过几年的摸爬滚打，她终于把债务还清，并且有了一点积蓄。与此同时，她也下决心要把企业做大做强，让那些当初和她一样下岗的姐妹重新上岗。走向连锁是甘雨亭发展中的第一个转折。1998 年 8 月，甘雨亭第一家连锁店开业。为了将来连锁店能顺利发展，1999 年，她建立了自己的货物配送中心。然而，正当她的事业红火时，一场官司不期降临。虽然在官司中，她损失惨重，甚至萌生退意，但她仍然没有放弃，而是总结经验：办事情千万不可麻痹大意。其后，她不断反思，终于带领企业持续发展，迎来了美好的今天！

女人创业需要勇气，更需要百折不挠的精神和诚信。多年来，罗静亭从摆地摊走来，没有因为艰辛劳累而退缩，也没有因现实的胁迫而让路，更没有因为官司而中途倒下。尽管她饱尝了酸甜苦辣，但她用自身经历让我们学会了何谓勇往直前：女人不是弱者，只要我们挺起胸膛，不畏艰险，就一定能够掌握自己的命运，成为生活的强者！

成功时，我们不能因过度喜悦而骄傲；失败时，我们亦不能灰心丧气、怨天尤人。面对“山重水复疑无路”的逆境，唯有勇往直前，持之以恒，才能有信心去克服一切困难，觅到“柳暗花明又一村”的美景。女人想成就自己的事业，就要甘于干大事、立志向、树目标，这样才有行走的方向。心在何方，路就在何方，勇往直前便是照亮我们前程的明灯！

适当放弃也是一种美丽

适当放弃是女人对生活的明智选择，只有懂得何时放弃的女人才会事事如鱼得水。人生如戏，我们都是导演，只有懂得适当放弃的女人才能创作出赏心悦目的精彩电影！

古人云：鱼与熊掌不可兼得。女人的一生，需要放弃的东西很多，如果不是我们应该拥有的，就要学会适当放弃。漫漫人生旅途，有山山水水，有风风雨雨，有得有失，只有学会了适当放弃，我们才能成熟，让生活变得更轻松。

女人要懂得适当放弃，一个女人如果背负的东西太多，心就会变得很复杂，若想轻装上阵，就应该舍下一些不必要的东西。往事如烟，年华似水，我们总会面临无数的选择、取舍，常常放弃一些东西是艰难的，因为它们或美丽或诱人，但当你勇敢地放弃之后，也许你会突然发现：原来适当放弃也是一种美丽。

某一知名跨国公司以丰厚薪水招聘计算机网络员，君兰十分想应聘这一职位。但她在职校的培训已近尾声，要是真的被这家公司聘用了，一年的培训就算夭折了，连张结业证书都拿不上。君兰犹豫了，并把自己的想法告诉了妈妈，妈妈笑着说："孩子，妈妈和你做个游戏。"只见妈妈把刚买的两个大西瓜一一放在君兰面前，让君兰先抱起一个，然后，再抱起另一个。

君兰瞪着圆圆的眼睛看着妈妈，一筹莫展：这么大的西瓜，抱一个已经够沉的了，两个是没法抱住的。"宝贝，那你怎么不把第二个抱住呢？"妈妈追问。君兰愣住了，不知如何才能同时抱住两个大西瓜。妈妈摸摸君兰的头，笑着说："哎，你不能把手上的那个放下来吗？"君兰这才似乎缓过神来，是呀，放下手中的这个，不就能抱起另一个了吗！

于是，君兰照妈妈说的这么做了。妈妈语重心长地说："这两个西瓜总得放弃一个，才能获得另一个。工作也同样如此，如何取舍，就看你自己怎么选择了。"君兰顿悟，最终她考虑到这家公司很有发展潜力，近些年新推出的产品在市场上均十分走俏，对自己将来的发展也颇有利，于是她选择了应聘，放弃了培训。后来，君兰如愿以偿地成了那家跨国公司的职员。

女人的欲望像无底洞，什么都希望能兼备，君兰亦如此，希望工作和培训兼得，但现实却是矛盾的，因此，君兰妈妈用鲜活的例子教会了她——"放弃"。人生中该适当放弃时就要放弃，切不可让得到的也成了另一种意义上的失去，只有这样，我们才能学会珍惜。

我们都知道，计算机中的回收站是要经常清空的，否则会占用过多的空间，影响计算机的运转速度。女人的人生也是如此，你不能扔掉一切，但你也不能保留一切。聪明的女人应该既善于保留，更善于舍弃，要明白幸福是需要用眼光去辨别的，更需要勇气去放弃。

小萍有一份令人羡慕的职业，收入稳定，前途无忧，忽然有一天，她向单位辞职，理由是上学深造，她坦言辞职是为了更好的将来。她说，当下市场竞争越来越激烈，知识的折旧远比固定资产快得多，不断学习新知识是让自己占据职场优势的最佳途径。同时，她也承认，这种放弃是十分困难的，毕竟如今的工作薪水相当不错，而辞职则意味着暂时没有收入。她说，其实，很多女人在职业生涯中都会遇到这种情况，当事业发展到一定阶段，会陷入一种无法突破的怪圈，如果你想有所改变，知识无疑是最有力的工具。基于这些想法，她便毅然辞职，选择了继续深造。

生活中，总有许多东西诱惑着我们，在一程又一程前进的旅途中，女人要学会放弃，才能发现不同的风景，享受不同的快乐，小萍便是这样一个睿智的女人，相信未来她的生活会更加精彩。

背负太多欲望的女人，会让自己疲惫不堪，只有适当地放弃，才能得到真正的快乐。人并不可能总是拥有全部幸福，当我们身处逆境时，同样如是，逃避不一定躲得过，面对也不一定最难受，得到不一定能长久，失去也不一定不会再有。很多时候，当我们放弃后才发现原来事情的答案并不止一个，换个思维，一切就都不一样了。

女人懂得适当放弃，是让我们正确地审视自己，充分理解“失之东隅，收之桑榆”的妙谛；女人懂得适当放弃，是我们人生旅程的一种超越，让我们在逆境中多一点中和的思想，静观万物，体会生命别样的诗意；女人懂得适当放弃，是一种胸怀，更是一种升华，能使我们的人生更加简洁，让我们感受到内心的宁静平衡，绽放成熟的美丽！

忘记烦恼是摆脱苦闷的前提

永葆微笑是女人的生活技术，而学会忘记烦恼是女人的生活艺术。

身为女人，在人生中总会经历许多快乐和烦恼。随着社会的发展，竞争越来越激烈，节奏越来越快，常使女人处于高度紧张状态，烦恼的问题尤显突出和严重。心中烦闷会使人不愉快，若长期积累则容易引起女性身体或心理疾病。

学会忘记烦恼，才会看见眼前一片豁然开朗的美景；学会忘记烦恼，才会寻觅到“柳暗花明又一村”的秀丽；学会忘记烦恼，才会感受到雨过天晴、春暖花开的清新；学会忘记烦恼，才会拥有积极的心态，勇敢地面对人生。

诚然，每个女人都有烦恼，每家都有苦衷，恰如俗语所说“家家都有一本难念的经”。在女人的生活中，尤其在逆境中，聪明女人更要学会忘记烦恼。

小梓是某集团公司的总经理秘书，因为社会上对女秘书一直存在着很深的误解，认为只要年轻漂亮就行，甚至以为女秘书多半是上司的情人，这让她耻于谈论自己的职业。小梓做秘书最大的困扰不是来自业务方面的压力，而是很难处好和上司的关系，这点常让她有身处逆境之感。

她的第一任上司总是若有所思地看她，果然不到半年时间，就对她提出了非分要求，且言行也不庄重。为了保住工作，她不敢把场面搞僵，就尽量回避，这让她烦恼极了。于是，小梓跟另一家公司的总经理透露了想要跳槽的信息，很快那位经理高薪聘用了她。在那里，他们一直合作很愉快，这位总经理是位儒商，知识渊博，工作作风严谨，做人很有风度，处理和女职员的关系也极有分寸……几乎在任何一方面都无可挑剔，小梓在耳濡目染之下，爱上了他，因感情的困惑导致她工作中频频出错，上司十分生气，并委婉地发出过警告。面对此情此景，小梓不知道该何去何从。

有时候，烦恼就是这样不可思议，但如果你不懂得调节心情，忘记烦恼，无疑会让自己反复经历那一次又一次不堪回首的伤痛、难以提及的痛苦。聪明的女人要学会忘记那些会左右自己的情绪、刻骨铭心的伤痛，学会将它们抛至脑后，不让它们干涉自己的正常生活，禁锢自己的思想，搅乱自己的情绪。

学会忘记烦恼，会使你随时随地都能快乐地生活。在面对逆境时，我们应向金鱼学习，据说，金鱼的记忆只能维持7秒钟，7秒钟之前发生的事情，它是记不住的。所以，金鱼总会有一种新鲜感，能随遇而安，能在小小的鱼缸中快乐地游来游去，惬意地享受自己的生活。

林夏是家星级宾馆的业务主管，她从一个普通的领班到现在的业务主管，一步一步走得很不容易，因此，她很珍惜这份工作，也一直很敬业，但现在她却离职了，因为她没办法同时让上司和丈夫都满意，没办法将家事和工作处理得一样漂亮，因此身陷烦恼之中。

林夏的老公是出租车司机，非常疼爱她。从婚前到婚后，他几乎都风雨无阻地接送林夏上下班，也让她一直很感动。但后来，随着林夏职位的升迁，上下班时间就变得不准时了，还经常有应酬，回家很晚，家务也没法做了，甚至孩子也管得少了。后来，忍无可忍的老公跑到办公室来当着老板的面指着林夏鼻子说："现在是下班时间，你知不知道？我和孩子都没吃饭，你知不知道？像你这样的老婆要你做什么？"

面对这样的责骂，林夏觉得很没面子就主动辞职了。林夏能感觉到老公在极力补救，对她特别好。但她总觉得老公太伤害她了，对将来她很迷茫，不知道怎么才能协调好。

林夏若想恢复好的生活，就要学会忘记烦恼，其中最重要的就是要重温快乐，学会感恩。夫妻或恋人相处久了，矛盾自然会产生，而当矛盾产生时，都难免各自相互指责，甚至变得难以包容。这时，如果能够做到学会忘记烦恼，多回味一些对方的优点、对自己的关心和爱护之处，事情就会有很大的改观。

每个女人的生命都只有一次，在这有限的生命中，我们要为记忆释放空间，以留住那些令人快乐、激动的事，品味生命中意想不到的收获，铭记人生中每一丝的感动、悸动，珍惜生活赐予的每一个馈赠。我们要不断重温那些能使我们灵魂感到愉悦、受到洗涤，能不断丰富我们精神世界的事情，以增强我们对抗逆境的勇气，感受平凡中的可贵。

在逆境中，女人要学会忘记烦恼，如此才能减轻自己思想的行李，放下精神的包袱，告别心灵的抑郁，走出情绪的低谷，轻装上阵，重拾阳光般的心情，轻松洒脱地游弋人生！

在逆境中转移自己的注意力

面对逆境，转移注意力是最好的办法，女人只有学会轻装上阵，才能善待自己，凡事不跟自己较劲，轻松地工作、生活。

当前，工作频率的快节奏，工作强度的高负荷，工作环境的多变换等，让女人的日子过得忙忙碌碌。重压之下，一旦遭遇逆境，更感如乌云一片，盘踞在自己头上，如若将注意力过分集中在这片乌云之上，则可能产生不健康的心理定势，甚至神经质现象，影响自己的工作心情或生活状态。

如何改变这种状况呢？最好的方法就是转移对逆境的注意力。其实，女人的注意力是有限的。当你在注意一件事情的时候，往往注意不到其他事情。所以，从重重抑郁中摆脱出来的方法并不复杂。

敏敏被公司辞退了，非常痛苦。她去做心理咨询，一见到心理咨询师她就哭了，并泣不成声地说："我好惨呀，我多么不幸啊，我怎么养活自己和家人啊，我这一辈子都不知道怎么过啊……"心理咨询师对她说："小姐，你被公司辞退是你自愿的。"敏敏吓了一跳，说："你说什么呀，我怎么可能自愿被辞退啊？"心理咨询师对她说："你被公司辞退一次，但在你的心里天天心甘情愿地被公司辞退一次，那你一年下来，就被公司辞退了365次。""这是怎么回事？"敏敏不解地问。"在你身边发生了一件不好的事情，即当你遭遇逆境时，你好像看了一场不好的电影一样，天天在回想，这不是很笨的事情吗？这就叫重蹈覆辙，你知道吗？”

所谓在逆境中改变注意力，简单说来，就是改变你脑海中的“电影”，如果你不喜欢这部电影，就不要再在脑海里播放那些片断了，而应该去选择一部新的、喜欢的“电影”播放，如此，就很容易地改变了自己的心态，进而改变自己所处的状况。

小如的一个好朋友深深地伤害了她，让她的工作遇到了很大挫折，让她陷入逆境无法自拔。她很生气，非常恨这位朋友，甚至想报复。而这种心态影响了她的正常生活。于是，她只得去求助心理医生。见到医生后，医生让她先闭起眼睛，说：“你现在看到那个人了吗？”她回答说看到了。

“你看到她是什么感觉？”

“我好气她。”

“你现在头脑里面听着我的话去做，你想象她的头突然变大一百倍，你看到那个画面了吗？”

“看到了。”

“什么感觉？”

“很好笑。”

“你再想象这人整个缩小得像个小矮人，跟你膝盖一样高。”

“你想象这个人歪七扭八变形了，嘴巴变得不像人样了。”

“你现在再把刚才这个画面从头想一遍。”

小如一想到觉得很好笑。心理医生便叫她再次倒带，回放，并快速回放一次两次，这样一来小如那种很生气的感受一下变得很好笑了。当她把眼睛睁开后，医生问：“你现在觉得这个人怎么样？”她说觉得很好笑。医生又问：“下一次你见到这个人会怎么样？”她说：“以后我再看见她已经不生气了，我只觉得她像个小矮人一样在我面前变来变去，可笑极了。”于是，小如的忧郁问题彻底解决了，还获得了走出逆境的方法和勇气，并又能积极投入工作了。

当我们感到逆境的压抑时，不妨适度转移你的注意力，比如像小如一样适度想象，也可以多做点其他的事，听听音乐、看看书或唱歌等，还可多想想自己曾经“呼风唤雨”的辉煌，以尽快摆脱逆境的阴影。

女人的工作、生活总处于不断变化中，人也总是在遗忘——记忆——遗忘这样一种循环中描绘日子。当你身处逆境时，更要学会遗忘，尝试着不给自己的思想留有空余时间而让自己忙碌起来，使自己在忙碌中转移注意力，忘掉痛苦的事情。这样，你才能信心倍增、干劲高涨、勇气十足，慢慢地走出逆境，重新拥有希望。

总之，女人所遭遇的逆境并不像青面獠牙的魔女一样让人可怕，我们每个人都曾与其交战过。在我们向往那些坚韧不拔、百折不挠的生活女达人时，请相信，我们也能将逆境像擦灰尘那般轻轻抹去，只要我们能适当转移自己的注意力，让心中充满阳光，面对困难，能抬起我们不愿屈服的头颅，我们就能笑着对全世界说：命运掌握在我自己手里，我的人生我做主！

坦然面对人生中的变故

勇敢地面对生活中的磨难与意外，并与之抗争才能赢得自己的人生，不被生活熔化。

在女人的一生中，意外总是不可避免的，即使你再小心谨慎，也常常躲避不了。既然人生中难免遭遇意外，那我们不妨提前做好准备，以在意外突然来临时勇敢地去面对。意外变故是难以预测的，但如何面对、采取怎样的态度却由我们自己做主。

我们的人生本就由意外构成，没有人是预言家，能预测出自己的未来。明天会发生什么，下一步如何走，我们根本就无从得知。但我们可以在明天开始之前，下一步行走之前，将乐观、积极、快速应变的人生态度当作最重要的东西装入行囊，武装我们的大脑，让它陪伴我们行走在人生长路上，随时准备迎接一切风雨的洗礼、意外的袭击和逆境的到来。

乒乓皇后张怡宁的职业生涯中，逆境比顺境多，“意外”那更是家常便饭。但她常说逆境比顺境让她收获得更多。在第48届上海世乒赛上夺得女单、女双两项冠军的张怡宁，在大喜过望之际却“乐极生悲”。在她返回北京队出席队内的训练时发生了意外，不幸磕伤右手。因此，她缺席了第十届全国运动会乒乓球预选赛，北京军团和张怡宁也因此而失去一枚全运会金牌的争夺机会。

经历了这次意外，张怡宁懂得了一个优秀的运动员应该如何保护自己。张怡宁打心眼里喜欢打乒乓球。很多人觉得训练苦，她却觉得是一种享受，所以能熬得住。她小时候心就特别大，一门心思就想拿世界冠军。而她后来出现问题还就出在她的“一门心思”上。在她的成长过程中，技术方面基本没走什么弯路，心态上却出了很大问题。她想拿冠军，却没想过冠军需要一步一步做起，不能一步登天。

张怡宁非常有希望参加悉尼奥运会女单比赛。但在吉隆坡世乒赛女团决赛中输给徐竞的一场球改变了她的前进轨迹。受这场球的影响，张怡宁在随后的奥运会预选赛中打得很差，错失了参加悉尼奥运会的机会，人一下子消沉下去了。在这之前，张怡宁一直特别顺，没受过这么大的打击。而这次预选赛输球，大约有两三个月的工夫，张怡宁一直没缓过劲儿来，她暗自思忖：看别人拿冠军好像挺容易的，到我这儿怎么这么难？

教练后来给她做了很多工作，中间她的思想上也有反复，但最后还是坚定下来。她想：自己这么喜欢乒乓球，绝不能轻言放弃，决定重新来过。那一年的年底，球队出访欧洲，张怡宁连拿了两站女单冠军，气又盛了，下决心一定要拿单打世界冠军。2001 年，张怡宁在技术上已经比较出众了，第 46 届世乒赛打得很好，对九运会的女单冠军也胸有成竹，结果在全运会女单决赛中，她大比分 2 比 0 领先王楠，又被翻盘，第五局只得了 5 分。她当时是被自己气坏了，最后一个球故意打下网，因为消极比赛，她受到了严厉处罚，不仅全队做检查，而且还被禁赛了三个月。这次风波对她打击也很大。此后，她的成绩又出现起伏。2002 年，张怡宁获得了世界杯、巡回赛总决赛和亚运会女单冠军，2003 年 1 月公布世界排名的时候，她第一次排到了首位。到了 2003 年巴黎世乒赛，从技术到心理她都是最好的时候，女单决赛又是她和王楠争冠军，这次她落后 3 盘，又追回 3 盘，最后还是输了。等到年底在香港世界杯输球之后，张怡宁对自己产生了怀疑，夺冠的信念已经开始动摇了。

如果一个女人对自己的信念产生了怀疑，那工作就非常难做了。张怡宁那时候就急需一场荡气回肠的胜利把她“激活”。那时主管教练也改变了教学方式，采取“话疗”，而且十次谈话九次是鼓励。整个女队教练组，包括总教练蔡振华都做了大量工作，主要调整她的信念，让她在思想上战胜自己。终于，她在雅典奥运会上战胜了自己，成就了自己的梦想。

俗语说“飞来横祸”，向我们揭示了某些意外的破坏性与严重性，如张怡宁不幸磕伤右手。而“天无绝人之路”又告诉我们无论你遭遇何等的打击，何等的伤痛，何等的迷茫，只要有积极处世的心态，能勇敢面对，一切就都有希望，张怡宁就是如此实现了最初的梦想。

生活中，各种各样的困难、挫折、意外会像尘土般落到我们的头上，若想从中脱身逃走，走向人生的成功与辉煌，办法只有一个：勇敢地面对它们，将它们统统抖落在地、踩在脚下。其实，生活中遇到的一切逆境，都是我们人生历程中的一块垫脚石，只要能以积极的心态勇敢地面对，我们就成功了一半，再大的意外也终会化为记忆中的一段波澜。

努力并非都有结果，但仍要尝试突破

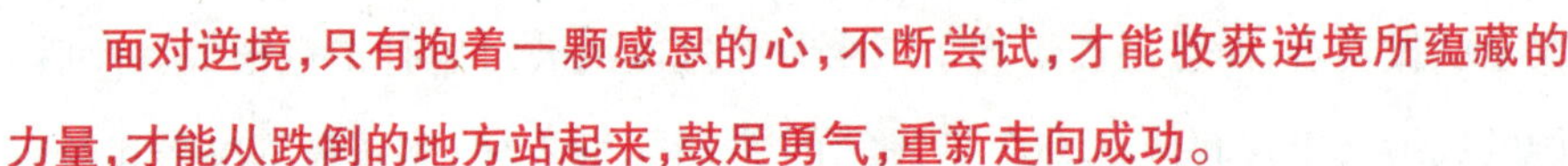

面对逆境，只有抱着一颗感恩的心，不断尝试，才能收获逆境所蕴藏的力量，才能从跌倒的地方站起来，鼓足勇气，重新走向成功。

女人的一生中，逆境占去了多半的岁月。在逆境的漫漫荒漠中，散布着痛苦、坎坷、失败、厄运、磨难的沙丘。漫天飘荡的沙粒，孤单落寂的沙堆，没有一丝清凉与绿意的荒漠，都让人不由得沮丧、萎靡，但同时也会让人幡然醒悟，看清自己人生的方向，继而鼓起勇气与逆境作战！

看待逆境的态度，决定了女人能从中获得多少。在他人眼中此处或许是一片灰烬，但对于懂得不断尝试的女人而言，却是凤凰涅槃的开始。命运对于有勇气不断尝试的女人来说，就像是盒子里的巧克力糖，颗颗都充满想象的味道。

[illegible]觉得自己当下的生活完全是一片黑暗无边的逆境。相爱多年的男友离开了她，一直都没找到合适的工作，还要在异乡漂泊，应付房租和一日三餐。生存的重压让她喘不过气来。她几乎不堪承受这样的压力。在逆境中，她不断地感慨自己是彻头彻尾的失败者。每天清晨一睁开眼睛，她就想要逃避。在极度沮丧的时候，她想要尝试一些新东西，以便给自己增加一点面对未来的信心和勇气。

她想到了学游泳，于是她来到了游泳馆。但她既没有游泳常识，又没有约朋友，也没有请教练，她几乎是带着几分自虐似的独自跳进了泳池。当她的头整个没进水里的时候，她的耳边产生了如雷鸣般的响声。本能地，她的身体向上猛蹿了一下，加上水的浮力，她的头撞在了护栏上，脑袋中产生了更强的轰鸣。起初，她十分慌乱，但还是不肯放弃，还是在不断尝试着，可是她再次沉入了水底，导致水一下子涌过来，她灌进了几口水。虽然感觉到头晕，但是她疯狂地接二连三地沉入水里，全然不顾自己的生死。她有几分赌气地想，我就不信我在游泳上也是个失败者。正在她不管不顾，拼命扑腾时，一只有力的手拉住了她。筠筠想要挣脱，但是已经耗尽了力气，只好被那只手紧紧地拽着拉到了池边。

"小女孩，千万不要这样乱来，多危险啊。"是一位中年阿姨的声音。在这个远离亲人的城市里，她需要自己独自承担一切，然而，阿姨的一声充满关怀的"小女孩"，让她的泪水夺眶而出。

"屏住呼吸，相信自己，保持心静，放平手脚，水的浮力自然会把你托起来的。不要胡乱扑腾，那只会越来越糟。"筠筠的情绪终于平静下来，她反复尝试后，终于可以自如地游泳了。她发现这不仅仅适用于游泳，同样适用于她目前看似一团糟的生活。

其实，大多时候，女人的一生就是如此，逆境只是一种错觉罢了。如果你认为自己是失败者，那么谁也无法助你成功。但只要放平心态，相信自己能成功，并不断尝试，就能够在人生的逆境中保持自己的稳定。即使是在伸手不见五指的生命角落里，阳光也同样会照进来！

小晴就是如此，小晴在充满鱼腥味的卖场工作，面对现实，她不断克服困难，在逆境中挑战自己，始终保持着乐观的心境，寻找着工作的乐趣，努力超越着自我，尝试着为自己的人生描绘绚丽的风景。

曾经的小晴和许多漂亮女人一样，希望能找到展示自己才华的工作，然而天不遂人愿，她始终没能找到理想中的工作，那时她觉得生活糟糕透了。终于，迫于生活，她只能到充满鱼腥味的卖场工作，面对这样的现实，她没有抱怨，也没有牢骚满腹，而是不断尝试用一种乐观的心情对待如此恶劣的环境，并始终保持微笑地对待每一位顾客，一丝不苟地做好手中的工作：将鱼用包装袋包好，把周围的环境卫生打扫得干干净净，尽自己最大的努力将鱼腥味去除。

当顾客每次掩鼻而走时，都非常惊讶小晴能够始终在这种环境下保持笑容，并感动于她无时不在的乐观。这时，她会自信地告诉他们：面对逆境的心是自己决定的，只有不断尝试调整心态才能为自己的快乐而工作，我也是为了自己的将来而在努力工作，现在我的梦想是拥有一个属于自己的卖鱼场。

小晴的只言片语却道出了面对逆境的态度。在女人的工作、生活中，总会遇到这样或那样的问题，让我们或为之萎靡、或为之不安，但只有不断地在逆境中挣扎求存，不断地在逆境中开拓奋斗，不断地在逆境中尝试冲破，才会锻炼出坚韧毅力，才能释放令人折服的魅力，尝到女人人生苦乐的真味！

女人看透逆境，活出真我风采

逆境是重重叠叠岁月给予女人的一种馈赠，能让我们勇敢地扬起生命的风帆，感受黎明前的黑暗，绽放生如夏花的绚丽夺目！

诚如孟子所言："故天将降大任于斯人也，必先苦其心志，劳其筋骨，饿其体肤，空乏其身，行拂乱其所为，所以动心忍性，增益其所不能。"女人的人生同样如是，不经历逆境，就不能达到胜利的彼岸；不经历逆境，就不能看到彩虹的美丽。

女人一路前行自然不可能一帆风顺，总会遇到一些挫折、打击等逆境。问题在于，如何看清逆境并认识其真正的价值。女人看清逆境才能像蝴蝶一般，在沉默了一冬之后，积蓄全身的力量，将飞的梦想变成现实；才能像苡米花一般，在经历了五个风吹雨打的严冬酷暑后，将花的芬芳吐露，留给世人惊艳一幕；才能像火凤凰一般，在经历了熊熊烈火的烤打炼造后，将不死鸟的神话延续下去……

张海迪5岁时患脊髓病，胸部以下全部瘫痪。从那时起，张海迪就开始了不断与苦难作斗争的人生。她无法上学，便在家自学完中小学课程。15岁时，海迪跟随父母下放到山东聊城农村，在那里，她给孩子当起了教书先生。她还自学针灸医术，为乡亲们无偿治疗。后来，张海迪自学多门外语，还当过无线电修理工。

在残酷的逆境面前，张海迪没有沮丧和沉沦，而是以顽强的毅力和恒心同疾病抗争。在严峻的考验下，始终对人生充满了信心，她虽然没有机会走进校门，却发愤学习，学完了小学、中学全部课程，自学了大学英语、日语、德语和世界语，并攻读了大学和硕士研究生的课程。1983年，张海迪开始从事文学创作，先后翻译了《海边诊所》等数十万字的英语小说，编著了《向天空敞开的窗口》《生命的追问》《轮椅上的梦》等书籍。其中《轮椅上的梦》在日本和韩国出版，而《生命的追问》出版不到半年，就重印3次，获得了全国“五个一工程”图书奖。2002年，一部长达30万字的长篇小说《绝顶》成功出版。

1983年，《中国青年报》发表的《是颗流星，就要把光留给人间》让张海迪名噪中华，一举斩获两个美誉——“八十年代新雷锋”及“当代保尔”。

张海迪怀着“活着就要做个对社会有益的人”的信念，勇于用自己的光和热与生命中的逆境作斗争，并在重重逆境中展示了女性的坚韧、顽强和生命的伟大！

苏格拉底有句名言：“逆境是磨炼人的最高学府。”的确，如果没有各种各样的磨炼，我们就无法抵达人生的制高点。只有经历了逆境的洗礼，女人的人生才能完整，生命之花才能开放得分外妖娆。

20世纪中国文学史上有一位充满传奇色彩的作家——张爱玲，她的小说大多写的是上海没落淑女的传奇故事，而她的身世也是一部苍凉哀婉、精彩动人的女性传奇。张爱玲的祖父原是清末的著名大臣，而她的祖母则是慈禧心腹中堂李鸿章之女。不过，到了她父母一代，家道已然完全败落。3岁时张爱玲随父母生活在天津，有一个短暂的幸福童年。受父亲风雅能文的影响，张爱玲从小就会背唐诗，同时也受母亲向往西方文化的影响，生活情趣及艺术品位都西洋化。然而好景不长，父亲娶姨太太后，母亲不但勇敢地冲出了家庭的牢笼，还与姑姑一起出洋留学。年幼的张爱玲，则在失去了母爱之后，还要承受旧家庭的污浊。因此，张爱玲后来在文学创作中总是以“衰落中的文化，乱世中的文明”作为文化背景。

张爱玲从小就是个天才，6岁入私塾，在读诗背经的同时，就开始小说创作。7岁时，张爱玲随家回到上海，不久，母亲回国，她又跟着母亲学画画、钢琴和英文。11岁的张爱玲在进入中学后，母亲再次出洋。而张爱玲也愿意住在学校，很少回家。家庭的不幸使得有家不能归的张爱玲把几乎所有的情感都投入到学习和写作中。张爱玲毕业时，母亲再次回国，向父亲提出让张爱玲留学英国的要求，遭到拒绝，后母借此与张爱玲发生冲突，父亲歇斯底里地将张爱玲禁闭在家中。张爱玲病在床上，多日无人照应，几乎丧命。

在困境中终于长成大姑娘的张爱玲再一次接受了命运的考验。她虽然考取了英国的伦敦大学，却因为战事激烈无法前往。1939年秋，张爱玲终于时来运转，得到了改入香港大学文学系的机会。此时，《西风》月刊也发表了她的散文处女作《天才梦》。然而，张爱玲仍然未能摆脱多舛的命运，1942年，因太平洋战争爆发，日军进攻香港，香港大学停办，张爱玲未能毕业就与她的终生好友炎樱同船返回上海。后报考上海圣约翰大学，又因“国文不及格”而未被录取。于是，为了生活的自立，只得为《泰晤士报》和《20世纪》等英文杂志撰稿。其后，张爱玲在《紫罗兰》上发表了《沉香屑第一炉香》，从而一鸣惊人。从此，她一发而不可收，在两年的时间里，她在《紫罗兰》《万象》《杂志》《天地》《古今》等各种类型的刊物上发表了她一生中几乎所有最重要的小说和散文……

在不幸现实的挑战下，张爱玲激流勇进，完成了她文学上一次又一次的飞越，成就了一篇又一篇名垂青史的著作。逆境，使张爱玲的文章别具风味。

逆境对女人的一生来说的确有诸多不利，但正如培根所说，“奇迹多是在厄运中出现的”。逆境中往往蕴藏着巨大的创造奇迹和成才成功的机遇。“不经一番彻骨寒，怎得梅花扑鼻香。”多少女人是在逆境的磨炼中成才的！

逆境是所学校，女人能在这里学到丰富的人生知识；逆境是块磨刀石，它能磨砺出女人奋发向上的意志和百折不挠的精神；逆境是每个成功女人都经历过的，她们被逆境锻炼、与逆境抗争，并战胜逆境，迈向成功！

{Chapter 4}

交际小水溪：让善解人情的心意温柔流淌

人生如河，流淌向前。情商如一条小溪，集聚智慧的闪光之水，汇入生命的主脉中，给它增添无尽的光彩。在这个人与人充满着各种各样联系的世界上，身为女人，无论你扮演什么样的社会角色，都离不开与人打交道，都要有足够高的社交情商。社交情商这看起来再简单不过的四个字却蕴藏着如此多的学问：什么叫留有余地，什么叫见好就收，什么叫察言观色，什么叫随机应变；那些说话技巧、办事诀窍和交际心理等，点点滴滴都是社交情商的重要内容，都会帮助女人成为受人喜欢的交际红人。

女人的蓝颜知己何求

在成就爱情的路上需要男人主动出击，而成就一段异性友情却往往需要女人拥有更多的智慧和主动的行为。

对于男人来说，一位除了爱人以外的知心朋友，就算的上是红颜知己，而对于女人，同样需要爱人以外能够跟自己谈得来的异性朋友——蓝颜知己。

自古以来，知音难觅，知己难求，这似乎是亘古不变的定律。然而，在现在这个通信发达的信息社会，人们可以通过很多方式同他人沟通，比如，微信、QQ、MSN、校内网等，可以说是数不胜数。可是，为什么还是有很多女性抱怨，男女之间永远没有纯洁的友谊呢？原因就是没有学会与蓝颜知己打交道的方式，这看似简单的异性人际关系，实际上是内藏玄机。

女人需要有蓝颜知己相伴

很多女人觉得不需要有蓝颜知己，有了男友或老公、闺蜜就足够了。可是，闺蜜的最大功能是在即将情绪崩溃时有个听你诉苦、帮你打气的对象，只是女人之间的心理安慰剂，并不能达到醍醐灌顶的效果。于是在某些时刻我们忽然发现，平日身边车水马龙、好不热闹，可到了关键时候却连一个互相欣赏，可以倾诉，可以信赖，值得求助的男性朋友都没有，顿感人生很失败。

张女士是某高校经济学的研究生，平时总是跟男朋友腻歪在一起，出双入对形影不离，对身边其他异性看都不看一眼，更别说什么友谊了，慢慢地，身边的好姐妹也逐渐都有了归宿，平时大家都各忙各的，不经常见面。可是，就在前不久，张女士跟恋人因为毕业以后要去不同的城市吵架了，吵得不可开交，最后不欢而散，张女士不知道这个问题是谁的错，想找人倾诉，于是掏出手机给平日里的好姐妹们致电，可是朋友们都在忙着，不是跟男朋友约会，就是忙着工作什么的，竟然没人有时间出来陪她，这让本就心情低落的张女士更加郁闷烦躁，只能回家大哭一场十分可怜。

很多时候，一个知心的男性朋友会给你很大的支持和帮助。女人可以用他在某一领域的丰富知识给自己带来更宽阔的视角和审视问题的方式；他们不带功利色彩的友谊可以给我们带来愉悦和安全感，当然还有满足感，因为你可以跟优秀的男人对话，并且得到他们的欣赏。在和他们的交流中，自身的素质也会得到提升。

什么样的男人适合成为蓝颜知己

一个女人无论是身处象牙塔，还是已经走上工作岗位，身边会不断出现各种类型、不同年龄的男性，那么怎么确定哪些是可以成为自己的蓝颜知己呢？

首先，要了解自己的性格：如果自己是内敛的，不善于交流的，就要多跟善于言谈、喜欢聊天的人多接触，逐渐敞开心扉；如果自己本身就是喜欢聊天的类型，则不用刻意挑选，因为即使碰到不善交流的男生，有你在，也不会很闷了。其次，要确定自己的处境：如果还在象牙塔，最好多和同班的男生联系，因为大学不像中学那么热闹，很多人到了毕业那天才和某位异性同学第一次交流；如果已经走向社会，多和身边的男性同事聊聊天，在工作之余，建立友谊。再有，不要因为跟异性交朋友而影响到男友或老公的情绪，要在争取男友或老公的理解基础之上，寻找好的蓝颜知己，当然，如果是通情达理的人，也不会对你交异性朋友有所限制的，因为他们自己也有很多异性朋友。

怎样和蓝颜知己打交道

女人天生就比男人真诚，这是一大优势，将之用到和异性朋友打交道上，用心和人交往，真诚的力量会让人无法抗拒的。另外，培养友谊需要有耐心，能否成为朋友取决于你的意愿和他的意愿，友谊是需要共同经营的。结交男性朋友不要抱着功利的目的，因为优秀男人的前途不可限量，如果你只盯着他手里的一个机会或一张订单，说明你对他的认识终止于此。要想赢得优秀男人的友谊，也是有几点秘诀的。

（1）欣赏而非恭维

男人和女人一样，都喜欢听夸赞的话，被人夸奖是一种尊重和认可，但恭维的话会让他觉得你虚伪，是出于功利的目的。你应该真心欣赏他，善于发现他的独特优点，他会马上把你引为红颜知己。

（2）放低姿态求教

异性朋友间经验会就某些工作和兴趣上的话题进行探讨，男性看问题的角度和女性大为不同，因此对待某些话题的看法也会迥异。这时，女性应该虚心向他讨教某些观点，即使他说得并非完全正确，多少也会给你很大的启发。如若经常就某个问题大肆争吵，或者贬低他的看法，势必你们之间的关系会越来越糟糕。

（3）理解他的意图

俗话说："物以类聚，人以群分。"聪明人喜欢和聪明人打交道，异性之间交往同样如此。首先，你们要有共同的兴趣和话题，在交谈时，更要迅速理解他所表达的意图，而不是他说什么，你都一头雾水，彼此都搭话都很困难。如果你比你的异性朋友年长，那么你要有有价值的东西与他分享；如果你比你的异性朋友年轻，那就虚心倾听，做一个好听众。

一个适合女人的蓝颜知己在平时可以相互欣赏，在工作上可以给予帮助，困难时可以彼此信任，给予精神上的支持和智慧的启发。与蓝颜知己交往，既要相处愉快，却也保留距离，彼此尊重，而需要时可以透露一点点心事；可以一起旅行，一起派对，甚至在对方遇到感情问题时真诚地为对方拿主意。在交往中始终以诚相待，彼此之间就能拥有良好而长久的关系。

女人的闺中密友何在

女人的一生要有几个最为知心的同性朋友，与之无话不谈，更能在彼此的交流中消融心中的痛，增加内心的爱。

女人重视爱情，为此至死不渝。同样，女人也注重友谊，因为友谊的灌溉让女人更加芬芳。自古，友谊就是一个圣洁、神秘且经久不衰的话题。古往今来，不知有多少女人探求它，答案千千万万；又不知有多少女人渴求它，尝尽了酸甜苦辣。何为友谊？友谊是指朋友间交往的情谊，它是人与人之间的一种纯洁而美好的感情。

在女人漫长的一生中，一定要拥有几个亲如姐妹的好友，这种朋友，有一个温暖的名字，叫"闺中密友"。闺中密友的情分，细细绵绵，悠悠长长，一辈子也诉不尽。

对闺中密友的理解不尽相同，通常的解释是待在闺中未嫁时就相识的两个女孩，或者是某个机会相识的两个女孩，因为有着共同的兴趣和喜好，或者共同的遭遇和命运，走得很近，彼此无话不谈，即使有了老公和孩子，仍然可以趁一个晴朗的日子，抛开家务的缠绕，找个清雅的茶社，沏一壶碧螺春，在茶香袅袅里互相倾诉心事的朋友。

闺中密友听起来很让人舒心，但一生又能结识几个？一般来讲，有利益牵扯的不行，比如同事、合作伙伴等，因为利益的羁绊，一方吃亏、另一方才获利，这在友情建立的初期很难达到平衡。同事之间看似亲密，但一般来说，也很难成为闺中密友。同处在一个屋檐下，竞争、压力、妒忌等，使得彼此很难客观、平静地看待对方。因为有功利色彩，即使维系得再好，心中也不能脱俗，一旦利益有了得失，撕破关系的同时，也免不了把你的老底揭下来看。

阅历丰富的女人总结道，成为闺中密友通常会有两种渠道。一是童年或读书时代的同学、邻居，因为知彼知己，知根知底，于是，什么背景、历史、根源都清清楚楚，她是你的知音，有时甚至比你自己更了解自己，这样的密友，是你一生的影子。另一种闺中密友，往往有可能是在同甘共苦中获得的，因为共同经历了某个磨难，知道了对方的人品、性情，日久见了人心，就有了信任的理由。

闺中密友虽然亲近，但相互交往间并非可以随意而为。彼此的友谊，更需要把握好分寸，这样，才会让你们间的友谊长久保鲜。“闺中密友”会给女人带来很多生活乐趣，也许她身上总有一股新鲜的时尚气息，也许她是你情感困惑时的垃圾箱或是好参谋。但与“闺中密友”亲密相处还要把持一定的距离。

闺中密友也要一视同仁

在社交场合，尤其是一些交际应酬中，对待众多朋友要努力做到一视同仁。虽然你和闺中密友的关系最亲近，但也不能厚此薄彼。不要让你的朋友们感觉你的态度有明显的亲疏之分，不要冷落一个也不要对另一个太热情，通过这样的手段展示友谊是幼稚的。

尊重对方的隐私

再好的朋友，也有自己的隐私，在成人的世界里，没有谁会让自己在别人面前是透明的。在与闺中密友交往时，如果不是谁主动提起，涉及个人隐私和对方不愿意谈及的问题，在交谈中应尽量回避，否则不仅会引起对方的不悦，也会令自己尴尬。一旦发现自己选择的话题不受欢迎，应立即转移话题，如果是因为自己的疏忽选择了令对方不快的话题，要立即向对方道歉。

管好自己的嘴巴

中国有句老话叫祸从口出。在现实生活中，有些女人经常会由于“大嘴巴”而伤人，或是出言不慎，或是讲话无理。对于闺中密友来说，这些表现也

许都能担待，但倘若你经常泄露她的隐私，甚至让她难看，你们的关系肯定会迅速恶化。

不要重色轻友

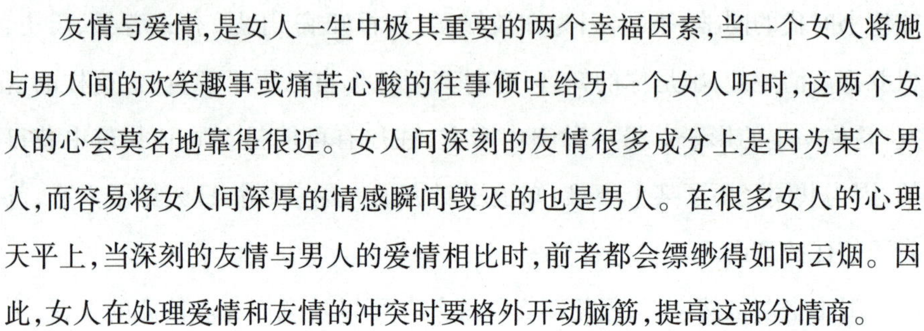

友情与爱情，是女人一生中极其重要的两个幸福因素，当一个女人将她与男人间的欢笑趣事或痛苦心酸的往事倾吐给另一个女人听时，这两个女人的心会莫名地靠得很近。女人间深刻的友情很多成分上是因为某个男人，而容易将女人间深厚的情感瞬间毁灭的也是男人。在很多女人的心理天平上，当深刻的友情与男人的爱情相比时，前者都会缥缈得如同云烟。因此，女人在处理爱情和友情的冲突时要格外开动脑筋，提高这部分情商。

有人说，闺中密友是彼此间的良药，一起分享快乐，快乐就成了两份；一起承担忧伤，忧伤就减轻了一半。闺中密友是一剂永远鲜美的心灵鸡汤，无论多艰辛的岁月，总能保持一份气定神闲的圆润。这样的闺中密友，不在于多，而在于精，超越了贫富、贵贱、距离的阻隔，看重的是心与心的交流。寻找这样一份友谊、呵护这样一种感情，寂寞与孤独就会变为分享与承担的快乐与从容。

女人的贵人哪里发现

其实生活中是不缺贵人的，他们可能就是朋友，同事，或仅仅是萍水相逢的人，但你要善于发现和利用，而不只是在那里一味地等待。

从很多成功人物或幸福女性的身上我们看到，在他们成长的重要阶段，就会遇到一两位“贵人”，或语言上的醍醐灌顶，或行动上的提携扶持，使之柳暗花明步步高升。贵人是一种提携自己的力量，他能帮助女人实现质的蜕变。

《劝学》篇中讲:“假舆马者,非利足也而至千里;假舟济者,非能水也,而绝江河;君子性非异也,善假于物也”,说的是能行千里的人并不一定是擅长跑步的人;能够漂洋过海的人不一定是擅长游泳的人,那些做事聪明的人与常人也没有什么太大差别,只不过是善于借助外力罢了。一个人的成功固然离不开自身的努力,但有时如果善于借助外力的帮助,将会事半功倍。而这种外力很大程度上就来自身边的贵人。

女人怎样理解贵人两个字呢?贵人,非富即贵,这个富,或贵,有的是财富,有的是地位,有的是知识,贵人通常在不经意间,以雪中送炭的形式出现在我们的身边。

翻开历史,我们看到,很多伟人之所以功成名就,都是因为在声明中的某个时刻遇到了贵人有意或无意的帮助。从前有个人写信给燕国的丞相,因为光线太暗,就叫仆人举烛,一不留意,把“举烛”两个字,也写入了信中,等到燕国的丞相收到信,谈到举烛两个字,竟然大为感动,说举烛的意思是要求光明,也就是要拔举贤才,并以此报请国王采用,使得燕国强盛起来;李白起初做学问很没有耐性,直到某日,看见一位老妇,居然想将一支粗铁条磨成绣花针,才顿时醒悟,回头苦练,成为诗仙;米开朗琪罗在画西斯汀教堂时,有些不满意自己的成绩,却又因为完成大半而舍不得重新画,直到有一天去喝酒,看见老板毫不犹豫地把新开的一大桶坏酒倒掉,才终于下定重新画过的决心,成就了不朽的作品。

以上写“举烛”的人、磨针的老太太和酒店的老板,可知道自己无意中的行为,竟能成就了别人?而他们何尝不是燕国、李白、和米开朗琪罗的贵人呢?

贵人的出现,就是这样具有意外性,也许你自己开始时都不清楚这个人会成为你生命中的贵人。

每个女人都可以遇到自己心目中的贵人,就看你是否能用心区分自己身边的贵人。有道是:有眼不识泰山。如果贵人就在你的眼前你却识别不出来,把握不住机会,那么,只能说你是一个非常不幸的人。

当然,贵人身上并没有贴商标。你要找到他就必须从内心开始,放弃世俗偏见,放开眼界,并且要有经历艰难险阻的勇气。

1947年,美孚石油公司董事长贝里奇到开普敦视察工作,在卫生间里,看到一个黑人小伙子,正跪在地板上擦上面的水渍,并且每擦一下,就虔诚地磕一下头。贝里奇感到很奇怪,问他为何如此。黑人答,他在感谢一位圣人。问他为何要感谢那位圣人。黑人说,是那位圣人帮他找到了这份工作,让他终于有了饭吃。贝里奇很为自己的下属公司拥有这样的员工而感到欣慰。

贝里奇笑了,说:"我曾经也遇到过一位圣人,他使我成为美孚石油公司的董事长,你愿意见他一下吗?"黑人说:"我是个孤儿,从小靠锡克教会养大,我很想报答养育过我的人,这位圣人若能使我吃饱之后还有余钱,我愿意去拜访他。"

贝里奇说:"你一定知道,南非有一座很有名的山,叫大温特胡克山。据我所知,那上面住着一位神,能为人指点迷津,凡是能遇到他的人都会前程似锦。20年前,我来南非登上过那座山,正巧遇到了他,并得到他的指点。假如你愿意去拜访,我可以替你向你的经理说情,准你一个月的假。"

这位年轻的黑人是个虔诚的教徒,很相信神的帮助,他谢过贝里奇就上路了。在30天的时间里,他一路风餐露宿,过草地,穿森林,历尽艰辛,终于登上了白雪覆盖的大温特胡克山。他在山顶徘徊了一天,除了自己谁也没遇到。

黑人小伙子很失望地回来了,他见到贝里奇后,说的第一句话就是:"董事长先生,一路我都处处留意,直至山顶,我发现,除我之外,根本没有什么圣人。"

贝里奇说:"你说得很对,除你之外并没有什么圣人。"

20 年后，这位黑人小伙子当上了美孚公司开普敦分公司的总经理，他的名字叫贾姆纳。

2000 年，世界经济论坛大会在上海召开，他作为美孚石油公司的代表参加了大会，在一次记者招待会上，针对他的传奇人生，他说了这么一句话："你发现自己的那一天，就是你遇到圣人的时候。"

所谓的贵人不一定要在资金上支持你，也不一定要将你引荐到成功人士中间，往往贵人仅仅是一句点拨你的话就能改变你的一生。在贾姆纳的传奇故事里，贝里奇就是贾姆纳的贵人。是贝里奇使他认识到，每个人自己就是自己的圣人。

其实，在我们人生的每个阶段，都有或大或小的借"贵人"相助，只不过自己没有觉得而已。女人要善于寻找和发现能帮助自己的贵人。

女人也要能屈能伸

现代社会的女人也都要努力赚钱承担起家庭责任，在社会上打拼，由不得你任性张狂，能屈能伸是安身立命的法宝。

女人在工作、生活中扮演着诸多的角色，想要方方面面都处理得十分妥当，舒心惬意不是易事。有时为了更长远的发展，能屈能伸在所难免。

"能屈能伸"是《史记》中的一个成语，因内含哲理，故流传久远。何谓"屈"？何谓"伸"？书中有云：屈是拉开的弓，伸是射出的箭，只有拉得紧，才能射得远。屈是伸的前奏，伸以屈作为铺垫。伸是屈的目的，屈是伸的手段。

屈伸之间彰显的是女人处世的大智慧。

屈，是一种难得的糊涂，一种“水往低处流”的谦恭；是困境中求存的“耐”，在负辱中抗争的“忍”，在名利纷争中的“恕”，在与世无争中的“和”。

伸，是以退为进的谋略，以柔克刚的内功，以弱胜强的气概；是“无可无不可”的思维，是“有也不多，无也不少”的自如心态，是“不战而胜”的上善兵法。

善于屈伸的女人，在社交中总是能够左右逢源。善屈善伸的女人能承受大喜悦与大悲哀。她们行动时干练、迅捷，不为感情所累；退避时能审时度势，全身而退，且一旦时机再现定会东山再起。真正的善屈善伸者，没有失败，只有沉默，是面对挫折与逆境积蓄力量的沉默。

大丈夫要能屈能伸，小女人同如此。很多女人正是凭借着这样的智慧，成就了非凡的人生。

武则天 14 岁入宫时只是唐太宗的一个嫔妃。唐太宗统万民，御天下的明君形象令她倾慕不已，她梦想自己有朝一日也能够像太宗那样呼风唤雨，只有像太宗那样，身居高位，手握兵权，才是法力所在，威严所在。她深知，要想实现这个目标，就必须能屈能伸，一味强来，一旦暴露了自己的目标，就必然会死于非命。于是，她把“目标”隐藏在心底，充分利用自己的魅力，投太宗所好，顺太宗所需，很快就得到了太宗的依赖和亲近。唐太宗病危之时，太宗有意让她陪葬。武则天的梦想即将破灭。面对危急，武则天委身离开宫廷，出家当尼姑。她想：“只要保全了性命，来日定能东山再起。”选择出家当尼姑是当时流行的一种悔罪修身，表示虔诚的方式。这样一来，一则对太宗表示了忠贞，二则保全了自己的生命，三则更长远的掌权目标还有希望。她在特定情况的这种选择让外人无可非议，也这是这种能屈能伸的智慧，成就了她日后一代女皇的功业。

在封建社会，一个女人要想成就一番事业，已然非常困难。更何况是要成为开天辟地的一代女皇。武则天的成就是诸多巧合下的偶然，当然，这也离不开她高深的社交情商。能屈能伸的她，在适当的时机做最恰当的事。在保全自己的同时，默默扩张自身的势力。

在现实生活中，女人要想取得不凡的成就，除了丰富的知识和其他外界因素的力量外，能屈能伸的处世智慧有时也会给予你强有力的帮助。

莎莉·拉斐尔是美国一家自办电视台节目主持人，曾两度获得全美主持人大奖，每天有八百多万观众收看她主持的节目。她被美国传媒界誉为一座金矿，无论她到哪家电视台，都会带来巨额的回报。然而，就是这样一位主持人，却曾因为不肯适应节目风格，使其职业生涯中曾遭遇了18次的辞退。

最早时候，她想到美国大陆无线电台当主持人。但是电台负责人认为她是一名女性，难以吸引听众而拒绝了她。

心高气傲的她并不以为然，她想凭她的外貌，不用费周折就一定会找到主持人的工作。她来到了波多黎各，希望会有好的运气。但是她不会西班牙语，接二连三地遭遇了拒绝。这时，她意识到，必须将自己的姿态放低，迎合不同电视台的风格，不然没人会因为你的美貌就录用你。于是，她下决心学习西班牙语。她花了三年多的时间，边学习西班牙语，边加入到一家小电视台免费实习，其间应一家通讯社的委托，到多米尼加共和国采访暴乱，搭上了二百多美元的差旅费。

在以后的几年里，她不停地工作，也不停地被辞退。但是，从这一次又一次的辞退中，她也越来越能适应不同电视台的风格了。她学到了怎样做一个合格主持人应知应会的本领。1981年，她来到纽约，向一家广播公司推销她的访谈节目策划，得到了首肯，但最后那家公司却要求她做一个政治类节目。她对政治一窍不通，为了适应政治节目需要，她放弃了休息时间，恶补政治知识。1982年夏天，她主持的以政治为主要内容的节目开播了，她凭着多年积累的经验、娴熟的主持技巧和平易近人的主持风格，让听众打进电话讨论国家政治活动，获得了无比的成功。一夜之间，她主持的节目成了美国最受欢迎的政治节目。

拉斐尔在放低自己的姿态后，开启了人生新的篇章。如若她总是因美丽而感到高傲，妄自尊大的她只会遭到更多次的淘汰。

聪明的女人在屈中处世，在伸中立志；在屈中做事，在伸中立业。女人在社会上闯荡，能屈能伸是一件法宝，有了它，所有的困难和挫折、厄运和耻辱，全都在屈伸的转换中化为追求幸福的力量。

 女人要会搞感情投资

人都是重视感情的，这是人的优点，女人更应该牢牢抓住它，将它发扬光大。

作为女人，对于感情总是格外重视，这使得她们经常感情用事。但对于聪明的女人来说，重感情是良好的品德，懂得感情投资，更是社交中的大智慧。

中国有句古语："得人心者得天下。"这句话在历史和现实中一直透出智慧的光芒。

《三国演义》中也生动地叙述了刘备的一个故事：刘备被曹操打得大败，但他不听众将的劝说，冒着被曹操追上的危险，扶老携幼带着全城的百姓出逃，甚至看着百姓落难的痛苦情景时，还惭愧地掉下了眼泪。因此，刘备虽吃了败仗，但赢得了民心，爱民如子正是这些大英雄得天下之本。

如果有人问：世界上什么投资回报率最高？你如何回答？日本麦当劳的社长藤田田所著畅销书《我是最会赚钱的人物》中谈到，他将他的所有投

资分类研究回报率，发现感情投资在所有投资中，花费最少，回报率最高。

藤田田非常善于感情投资。他每年支付巨资给医院，作为保留病床的基金。当职工或家属生病、发生意外，可立刻住院接受治疗。即使在星期天有了急病，也能马上送入指定的医院，避免在多次转院途中因来不及施救而丧命。有人曾问藤田田，如果他的员工几年不生病，那这笔钱岂不是白花了？藤田田回答："只要能让职工安心工作，对麦当劳来说就不吃亏。"

藤田田还有一项创举，就是把从业人员的生日定为个人的公休日。让每位职工在自己生日当天和家人一同庆祝。对麦当劳的从业人员来说，生日是自己的喜日，也是休息的日子。在生日当天，该名从业人员和家人尽情欢度美好的一天，养足了精神，第二天又精力充沛地投入到工作当中。

藤田田的信条是：为职工多花一点钱进行感情投资，绝对值得。感情投资花费不多，但换来员工的积极性所产生的巨大创造力，是任何一项别的投资都无法比拟的。

懂得感情投资的人，会俘获更多人的心。在危难时刻能想到以情动人，更能起到力挽狂澜的作用。

在一家工厂里，由于过去管理混乱，濒临倒闭的边缘。后来，投资者新聘任了一位能干的女经理，她到任后的第三天，就发现了问题的症结：偌大的厂房里，一道道流水线如同一道道屏障隔断了工人们之间的直接交流；机器的轰鸣声，试车线上滚动轴发出的噪声更使人们关于工作的信息交流越发难以实现。

由于工厂濒临倒闭，过去的领导一个劲地要生产任务，而将大家一同聚餐、厂外共同娱乐时间压缩到了最低线。所有这些，使得员工们彼此谈心、交往的机会微乎其微，工厂的凄凉景象很快使他们工作的热情大减，人际关系的冷漠也使员工本来很坏的心情雪上加霜。组织内出现了混乱，人们口角不断，不必要的争议也开始增多，有的人还干脆就破罐破摔，工厂的情势每况愈下这才到总部去搬来救兵。

这位女经理在敏锐地觉察到这一问题的根本之后,果断地决定以后员工的午餐费由厂里负担,希望所有人都能留下来聚餐,共渡难关。在员工看来,工厂可能到了最后关头,需要大干一番了,所以心甘情愿地努力工作,其实这位经理的真实意图就在于给员工们一个互相沟通了解的机会,以建立信任空间,使组织的人际关系有所改观。

每天中午大家就餐时,女经理还亲自在食堂的一角架起了烤肉架,免费为每位员工烤肉。一番辛苦没有白费,在那段日子里,员工们餐桌上谈论的话题都是有关组织未来的走向的问题,大家纷纷献计献策,并就工作中的问题主动拿出来讨论,寻求最佳的解决途径。

这位女经理的决定是有相当大的风险的。她冒着成本增加的危险改善了企业不良的人际关系,使所有成员又都回到了和谐的氛围中去了。尽管机器的噪声还是不止,但已经挡不住人们内心深处的交流了。2 个月后,企业业绩回转,5 个月后,企业奇迹般地开始赢利了。这个企业至今还保持着这一传统,午餐大家欢聚一堂,由经理亲自派送烤肉。

现在的企业都讲究企业文化的建设,更看重公司里的人情味是否浓厚。这一点正是重视感情投资的体现。

处于集体之中,领导者要做好感情投资的工作。在日常的社会交往活动中,多投入些感情,收获得总会更加丰富。俗话说:"人上一百,形形色色。"对于不同的人,在不同的情景下,女人进行感情投资的方式也有区别。对于细心的女人来说,她们总是会注意一些细节,体现自己对他人的关心和在意。

俗话说:"一分耕耘,一分收获。""感情投资"是缓慢见效的行为,女人在操作时要更加细致和深入。

其一,"感情投资"要雪中送炭,温暖人心。在别人危难时伸出援助之手,别人被你的行为所感动,感激之心在你们的交往中时刻存在。

其二,"感情投资"要因势利导,催人奋进。看到别人得意时要给予肯定，而不是泼冷水。同样，当她失意时，作为最好的朋友，你更要细致关心，给予鼓励。

其三，“感情投资”要不断创出新意。不要总是一成不变地用一种老套的方法给予她关心，时间长了，总会感觉十分平淡。偶尔给她个惊喜，变化下感情投资的方式和节奏，往往能收到更好的结果。

具体来说，生活中感情投资的方式很多。比如在她生日时早早地送去你的祝福。现在年轻人，特别是女人对自己的生日格外重视，哪个朋友能够铭记自己的生日，无疑是重视自己，把自己放在心里的体现。你的祝福让她感觉心里暖暖的，这份情意，她定会倍加珍惜。再有，就是在她生病时前去探望。每个人都会生病，这时候的人最脆弱但也最容易感动，特别需要别人的安慰与关切，因此，病中的一次探望，可以抵上平时的十次探望。更重要的是，这种感情培养能创造一种互助的氛围，让她感到你的忠诚和值得信赖。

感情投资不能蜻蜓点水，搞表面文章，而应真心实意，且有深度。会巧妙进行感情投资的女人，不是有心计，而是出于一颗真诚和善良的心。她们渴望结交更多的朋友，丰富自己的生活，也为人生发展推波助澜。

女人要以付出换取回报

在人际交往中有着很多女人必须遵守的看不见的定律，比如有付出才有回报。很多时候，更是百倍的付出，才能换来一倍的回报。

女人们都希望自己在社会交往中能够多获得一些回报，多得到别人的理解。然而，“将欲取之，必先予之”是我们祖先从无数实践中总结出来的得失之道，“春天播种，夏天收获”是自然界的最典型的付出与回报的规律，也就是说，任何事情，之前如果你没有所付出，后面你是不可能有所收获的。

曾经有人提出疑问：付出有规律可循吗？答案当然是肯定的，付出也因该是有所计划的，付出也是一项需要潜心学习的技能。那么，要想在社交方面有所收获，前期应该具体怎么样去有所计划的付出呢？

对待前辈，付出服务

前辈意味着走过更多的路，有更加丰富的社会阅历，为社会作了更多的贡献，有着更高的资历，这些都是后辈应该服务前辈的理由。而女人在这方面更加有优势，那就是女人更加细心。所谓细心，就是对生活的细节把握得更加到位。前辈们资历老，多数情况下岁数相对也比较大，所以一些打杂的零活就应该由晚辈来做，这是理所当然的，比如收拾卫生、端茶倒水这些力气活。女人会很容易观察到这些细节，而细节决定成败，你主动多做一些给前辈们“打杂”的活，在细节上付出的更多，前辈们自然而然会对你无微不至的服务留下深刻的印象。

小赵刚刚研究生毕业，分配到一家很有名气的出版社做编辑，跟她一同进出版社的还有来自另外一所更加出名的高校的研究生小王。两人学历都很高，自然对工作有着很高的期望值，可是，老编辑们总是让她们做打印、送稿之类的零活，顶多再让他们帮着校对一些无关紧要的稿件，这些离他们的期望值差太多了。

但是，小赵在完成这些零活之余，还主动帮着打扫编辑部的卫生，看见老编辑们杯子里面没水了，赶紧给倒上水，晚上大家都按时下班回家了，小赵还自觉留下加班。可是，小王就觉得自己是名牌高校的研究生毕业，本来工资给的就不多，还总安排一些“无关紧要”的杂活，心里很赌气，渐渐地，连领导留下来的工作也不愿意做，而只是应付差事。

一年以后，两个人实习期满，正好有一个责任编辑跳槽了，空出来一个位子，社长就征求全出版社老编辑们的意见，新来的两个人谁来担任这个职务，结果大家全票选了小赵。

从这个例子，我们可以清楚看到，对前辈们不计回报地付出是多么重要。同样的学历，同样都是新来的研究生，就是因为对待付出这个问题，两个人有着不同的态度，最终导致他们收到了不同的回报。所以说，女人一定要懂得，在付出上要多多益善，在回报上要尽量看淡的道理。

对待同辈，付出关心

同辈，意味着大家面对同样的挑战和问题，比如前面举的例子，小赵和小王是同辈，他们两个人都要面对如何把工作干好，如何令领导对他们的工作感到满意等一系列相同的问题。在升职的问题上，两个人是竞争对手，要分出高低，比出输赢，但是，如果我们从另一个角度考虑问题，他们两个也是合作的"战友"。如果他们平时在工作上互相帮助，共同想着如何把工作做好；在生活中，彼此关心，多替对方考虑，多为对方付出一些，这样即使小赵后来升职了，可是因为平时小赵对小王付出了更多关心，付出了更多友谊，这样，小王也会真心地为小赵感到高兴，把她看成是自己努力的榜样，向她多学习。这种由衷的高兴，在小赵的角度看来，就是她平时对小王付出的关心的回报。

都说女人之间充满了斤斤计较，其实，这是因为她们没有把对方看成是自己的伙伴，只看成了是同辈的竞争对手。这是不对的，女人应该学会对同辈也不计回报地无私付出：在她生病时，多一句关心的话语；在她开心时，多一句由衷的鼓励；在她失意时，多一句真诚的安慰；在她得意时，多一句开心的赞美。这些平时点点滴滴的付出，不用你刻意花费什么精力，只是需要你养成这种对同辈付出的习惯，你也一定会收获来自同辈的真情回报。

3. 对待后辈，付出照顾

女人在面对同后辈交往这个问题的时候，同样应该有所付出。想想自己当年也是从后辈一点点熬过来的，那种初来乍到的懵懂无知，任谁都不好过，自己当时是多么希望能够有一位前辈给自己哪怕一句话的简单指点，诸如周围去哪吃饭便宜方便，公司中有什么“潜规则”需要遵守，这些看似与工作无关紧要的信息，对于一个新手来说是何其重要。所以，女人在面对自己的后辈时，主动表示一下关心，这种几乎不能算是“付出”的付出也是应该的。

郭先生现在已经是一家网络游戏开发公司某部门的经理了，其实从进公司到现在也才短短3年的时间，说到为什么升职这么快，郭先生自己也很感慨。

当初他来公司半年以后，才逐渐对公司的环境熟悉了，可是这半年来可着实受了不少苦，由于刚来的时候资历低，工作中同事的排挤、领导的训斥，都是家常便饭。当时又来了一个新职员，也像没头苍蝇一样到处乱撞，四处碰壁。这时候，郭先生想到自己当时的滋味，就主动跟新来的同事打招呼，带他到公司周围熟悉环境等。没想到，这个新来的同事是公司一位董事的孩子，结果他回去跟他爸爸说了很多郭先生的好话，对自己如何照顾云云。那个董事很高兴，就对郭先生有所注意了，发现郭先生业务也很熟练，就直接跟人事部门打招呼，提拔郭先生做了部门经理，他的孩子就在郭先生的手下做了副经理，两个人工作之余，还建立了很深厚的友情。

这虽然是一个个案，现实当中并不常见，但是重要的是，这个例子说明了一个道理，那就是无论什么时候，在任何社交场合，人人都应该本着不图回报的付出原则来与周围的人相处。对于女人来说，则更应该有意识地培养这方面的能力，因为这不但是社交情商的体现，也是人格魅力的一部分，可以增添你的亲和力。

女人表现自己而不贬低别人

人都喜欢自我表现，被人夸奖，尤其是女人，领导随意的几句夸奖、男朋友或者老公肉麻的奉承、路人投来的羡慕的目光，这些都是能够满足女人虚荣心的绝招，当然更是对女人表现的肯定。

女人身处竞争的时代，在自我表现的同时，本身就在超越别人，甚至击败对手，而被比下去的一方自然就成了陪衬品，脸上无光，受到贬低。那么女人怎样才能既表现自己，把一个最好的自己呈现在别人面前，又不不让别人丢脸，不贬低别人呢?

长辈面前，得宠但不要争宠

家里面，女孩子在别人心里永远是以弱者的身份存在的：在哥哥眼里，妹妹永远是应该给予疼爱的小丫头；在弟弟眼里，姐姐永远是应该学习的榜样；在父母眼里，女孩子永远是长不大的小公主。总之，在家里天生得万千宠爱于一身的女孩，其实更应该学会如何在得到亲人认可的同时，也让你的同辈感到高兴，否则日子久了，你会与同辈之间产生矛盾。

领导面前，得便宜不要卖乖

在职场中，女人跟男人一样，天生就有表现欲。表现欲是人们有意识向领导展示自己才能、学识、成就的欲望。表现欲是人竞争的必备品质，实践也证明，积极的表现欲是一种促人奋进的内在动力。女人拥有它，会争得更多的机会发展自己，接近成功的彼岸。但是，在职场中增强自己积极的表现欲固然重要，更加重要的是在得到表扬的同时，能够意识到自己的不足，看到别人的优点，并且向他们诚心的学习。因为今天他们是你的竞争对手，明天也许你们就是合作的伙伴。

有位女青年教员新到一所学校时，经验不足，情况不熟，但是她并不自卑，因为有着强烈的表现欲，自信自己有打开局面的能力。于是她主动要求担任差班的班主任，认真备课，常常加班到深夜，上课时非常投入，倾尽全力，因而受到领导和学员的好评。可是，比她早来的资历深的老师们，面子上自然挂不住了，常常会有意挤对她，说一些挖苦的话，但是这个女教员从来不生气。终于有一回，领导又一次当着很多同事的面夸奖她，她在领导讲完话以后，适时地将功劳归功于同办公室的其他教员们，说他们给予她很多帮助，传授了很多经验，领导自然也对他们大加赞赏。从那以后，同事们真的像她说的那样，真心实意地帮助她解决困难。这个女教员深有体会地说："积极的表现欲是个好东西，它给人自信，给人激情，给人力量，但是谦逊的学习态度更是个好东西，因为它带来的是也团结。"

可见在职场中，一个真正的女强人，不但自己各方面都是优秀的，更重要的是，在表现自己的同时不贬低其他同事，并且能够挖掘其他人的优点，把大家团结起来，共同使企业或者单位更强大。这样，同事们才会真正佩服她，领导才会真正赏识她，她的表现才真正有意义。

家庭和职场是一个女人表现自我的绚丽舞台：在家庭中，女人的角色是懂事的女儿、贤惠的老婆和伟大的妈妈；在职场中，女人的角色是勤奋的下属、能干的同事和干练的领导。无论是哪一种角色，得体的打扮、温文尔雅的举止、渊博的学识、能言善辩的口才，都会给一个女人带来理想的交际印象，是表现自己的最佳手段。但是女人一定要清楚，为了表现自己就不管不顾身边人的感受，旁若无人的高谈阔论，矫情的夸张的举动，这些都会适得其反甚至让人厌烦。著名的人际关系学家，卡耐基曾经就指出，如果我们只是要在别人面前表现自己，使别人对我们感兴趣的话，我们将永远不会有许多真心称赞我们的朋友。

 懂得幽默的女人事事轻松

有句谚语说:“笑是力量的亲兄弟。”而幽默的笑则是有趣的意味深长的笑。“幽默是一种优美的、健康的品质。”幽默也是一种修养,一门知识。

女人大多是开朗和乐观的,即使是在强大的压力下,这种性情也会使她们更容易与周围的人相处。在社会交往中,一个懂得幽默的女人,无疑会更加受人欢迎,做起事情来,也会得心应手。幽默能够舒缓人们的情绪压力,甚至有时候,简单的几句话,就可以轻松消除许多无谓的纷争,缓和紧张气氛,减少人与人之间的摩擦。

在一列拥挤的纽约地铁班车上,有一个壮汉用极其不雅的坐姿,坐在座位上。虽然他正在专心阅读自己手上的小说,但是,他坐立的姿态却让旁边的女士感到十分不自在,那位女士对壮汉好言相劝,希望他能够更换一种比较优雅的坐姿,至少让她能够坐得舒服一点儿,而不是整个人活像被他魁梧的身材给压迫着一样。但是,壮汉对女士的要求根本不予理睬,他假装什么也不知道,只是继续专心地看他的小说。

旁边的另一位女士非常勇敢,且富有智慧。她对壮汉说道:“先生,能打扰你一下吗,可不可以麻烦你坐端正一点?你已经影响到其他人了。”

壮汉闻言,有点不悦地说:“我就是习惯这样坐着看书,你管得着吗?你想要跟我打架吗?”

此话一出,车厢内的气氛顿时有点紧张了。大家虽然都没有开口说话,不过个个在心里都感到有一些担忧、不安。只见这位女士冷静地说:“先生,请你坐得端正一点,否则的话,我可要……”壮汉放下手上的书,挑衅地望着

她说："否则你就要怎样？"那位女士缓缓说道："否则的话，我就要剥夺一个读者的乐趣，立刻将那本小说的结局告诉你！"壮汉愣了一下，随后便和那位女士相视而笑，说道："好吧！算是你的幽默感赢了，我坐好就是了。"

每个人都会遇到令人不快的事情，但是与你的整个生活相比，它们常常显得微不足道。如果你能够幽默地处理这些问题，就能够使这些烦心的琐事不会干扰你的情绪。

有一个小故事这么说道，如果有人在餐厅里点了一杯啤酒，却赫然发现啤酒中有一只苍蝇的时候，英国人会用绅士的态度，请侍者为他更换一杯啤酒；法国人会将杯中物倾倒出去；西班牙人则不去喝它，但留下钞票，然后一声不响地离开餐厅；至于日本人，就会将经理叫来训斥一番。有趣的是，阿拉伯人则会把侍者叫来，把啤酒递给他，然后说道："我请你喝。"美国人就更幽默了，他会向侍者说："以后请将啤酒和苍蝇分别置放，由喜欢苍蝇的客人自行将苍蝇放进啤酒里，你觉得这样是不是会比较好呢？"

人们虽然对于"幽默"一词的定义各有不同，但是能够确定的是：幽默的人必定有开朗、豁达的心境，因此无论遭遇到了什么难以解决的事情，常常都能够游刃有余地加以处理。

有一个女孩子正在缓坡上练习骑脚踏车，由于她刚刚学会了骑车，心中难免有点紧张、害怕。没有想到，当她顺着坡往下骑的时候，却突然出现了一个散步的老伯伯，这下子可糟糕了！女孩子担心万一她无法控制住脚踏车，会撞上老伯伯，可是她越担心越是慌了手脚，只能一边摇摇晃晃地骑车，一边对老伯伯大声喊叫："您不要动啊！不要动！"说时迟，那时快，女孩已经连人带车撞向了老伯伯！

幸好老伯伯只是受到了一点儿皮外伤，于是，老伯伯先将女孩子从地面上扶了起来，再帮助她把脚踏车扶起来，并且说道："小姐，你要练习骑车也要找个安全的地方啊！你刚刚一直叫我不要动、不要动，那是不是我变成了石膏像，你就不会撞倒我了？"

女孩除了连忙道歉，也不知道该说些什么才好。

老先生接着又说："好啦！没事了！幸好我们都没有受什么严重的伤，这也算是不幸中的大幸了，总比前几天我在街上被一个男骑士撞倒要好！那个男生撞倒我，居然还跟我说真是抱歉，因为街上的人太多，一下子不知道要撞倒哪一个比较好，只好挑一个动作比较慢的人撞！"

试想，如果你是那位女孩，是否也会因为老先生的一番幽默，而减轻许多心理上的压力呢？幽默具有神奇的力量，一个懂得幽默的女人，也会因此具有非凡的魅力。

在现实生活中，高情商的女人都有意地培养自己的幽默感。她们平常会多留意一些有趣的人、事、物，或者多方涉猎使人愉悦的书籍和信息，她们的性情由此自然就会增添几分豁达和乐观，在言谈之间也会多点儿风趣，如此一来，不管是在哪一方面，她们都能够带给他人欢乐，同时也能够为自己赢得诸多的友谊和掌声！

女人要懂得因时而异

对女人来说，凡事不慌张并且保持冷静，根据当时的具体情况果断采取行动，当机立断，这就是因时而异。

这个世界上的人和事，就像是同一棵参天大树上数不清的树叶一样，乍一看没什么区别，但是如果捧在手里仔细观察，就会发现有很多的不同点，并且越是观察得仔细，不同点就越是会被无限放大。所以，女人要想尽量把每件事情都处理好，一定要学会因时而异。

这里我们所讲的因时而异中的“时”，有两层含义，即不同的人和不同的事情。所以将因时而异的概念展开讲就是要因人而异与因事而异。下面就具体讲一下因人而异与因事而异。

女人要学会因人而异

在教师行业中有这样一句话：“一等人用眼教，二等人用嘴教，三等人用鞭教。”虽然说的是不同的学生存在个性上的差异，所以教师应该因材施教的道理。但是如果你仔细品味，就会发现其实这句话适用于所有场合。如果对待所有的人都采取一样的处世方式，则无异于是死脑筋，不懂得灵活应变。既然人各不相同，那么我们办事的方式也就应该千变万化，因人而异。

露丝是美国纽约某大银行的职员。某公司向该银行申请贷款，银行对该公司的信用有怀疑，银行经理把露丝叫去，让她对这一公司进行调查核实。露丝来到该公司，刚刚坐定，董事长的女秘书忽然从门后探进头来，说了一句“真抱歉，今天没有什么邮票送给您。”随即发现认错了人，忙把头缩了回去。董事长恰巧听到了，有些不好意思，连忙解释说：“我有个 12 岁的儿子，特别爱好集邮，正在收集邮票。”露丝直接说明来意，董事长对银行的怀疑有些反感，故意不回答问题，露丝无可奈何。

回到家中，露丝感到十分丧气，心情久久不能平静，任务没完成，如何交差呀？露丝陷入了沉思之中……当天的情景再次在她的脑海中浮现：“今天没什么邮票送给您。”女秘书的话响在耳边。邮票！对，是邮票。董事长不是说他的儿子正在收集邮票吗？银行里每天都有来自世界各地的邮件，世界各国的邮票都有，为什么不在邮票上做文章呢？露丝灵机一动产生了一个新的念头。

第二天，露丝带着数十枚精致的邮票来到董事长办公室。董事长接过邮票，喜笑颜开，热情地接待了露丝，两个人从眼前的十几枚邮票谈起，一直谈到最早的“黑便士”。董事长还兴奋地把爱子的照片也拿出来让露丝观看。二人越谈越投机，最后不等露丝开口，董事长就滔滔不绝地把公司的情况向她作了介绍，并且叫会计拿来报表、账簿让露丝查看。

在这个例子中，聪明的露丝用小小的邮票给她解决了大难题。那么女人要怎样做才算是因人而异呢？按照著名的心理学家马斯洛的观点，人有生理、安全、群属、尊重和自我实现这五个层次的需要。所以，女人在面对不同的人时，要从这五个方面分析对方，哪怕是一个初次见面的人，也要从对方的细节中搜寻情报。比如：看对方穿着的服装可以反映其贫富，说话的方式可以反映是哪里人，走路的快慢可以看出其性格。还有很多类似的细节，要在具体的经历中注意不断总结。

女人要学会因事而异

前面讲到的是因人而异的重要性，因事而异也是同样重要的。具体说来，同一件事情，时间不同，场合不同，参与者不同等一些因素的变化，都会导致处理这件事情的方式做出调整。

余小姐是某出版社的责任编辑，社长很器重她，因为余小姐办事能力很强。其中给社长印象最深的一件事是这样的：一次该出版社策划一本畅销书，一经出版，果然销量不错，为了趁机造势，能够扩大出版社的知名度，社长决定找作者搞一次签名售书活动，而这件事就由这本书的责任编辑，也就是余小姐全权负责。

活动头一天，余小姐就和作者商量好了，每位读者可以带十本书来找作者签名，人数也没有具体限制，谁知道，活动当天，余小姐同作者一行人来到活动地点，即当地的一个不是很大的礼堂，发现门口等待签售的读者人数远远超出了预计，再看看礼堂的空间，很有可能造成拥堵踩踏事件，当即余小姐决定让读者在礼堂外面排队，以20个人为单位进入礼堂找作者签名，由于天气很热，余小姐还自掏腰包请在外面等候的读者喝水，最终活动圆满结束，并且反响很热烈，领导也对余小姐更加欣赏。

凡事不慌张并且保持冷静，根据当时的具体情况果断采取行动，当机立断，这就是因事而异。而且因事而异同因人而异是一样需要去学习、去体会的,不是一朝一夕就可以掌握的技巧,所以我们要有意识地培养这方面的能力。

因人而异+因事而异=因时而异。只要记住这个公式,在实践中不断去体会,一定可以把事情处理到最好,让自己的生活和事业都得到长足的进步。

聪明女人不要透支人情

俗话说,欠什么别欠人情。人情债还清了则已,还不清,往往会给自己带来无穷的麻烦。

女人要明白,身处在这个社会,人是不可能独立存在的,任何人肯定要同别人产生这样或者那样的联系,我们称之为人情。人情是人与人之间相互联系的纽带。

生活中我们经常会碰到这样一种人,他们在帮别人忙的时候十分热情,可是帮了别人的忙,就觉得自己有恩于人,在那个接受了他的人情的朋友面前高高在上,不可一世。这种态度是很不可取的,即便别人欠了你的人情,人家以后也会还你的。可是如果你是这种态度,人家不但不会还人情给你,反而会觉得你这种人不可交,渐渐地会疏远你。看看下面这个例子:

王小姐是一名医生,早在两年前曾因自己孩子转学一事求过教委的一个同学,而且也送了些人情钱,可对方没要。这下可好,在接下来的两年内,那位同学多次带着亲朋好友来医院找王小姐帮忙,有些事根本不能办,像半价 CT、婴儿性别鉴定、高价病房算低价等,着实给王小姐出了不少难题。还了人情的王小姐，后来就想办法渐渐疏远这位同学，再后来两人之间的交往就很少了。

可见，依靠人情办事是有一定限度的，强行透支了人情反而会令人陷入很尴尬境地。

到底我们应该怎样动用人情这比存款呢？具体说来，有以下几点需要注意。

首先，弄清楚自己与对方的交情究竟有多深，需要办的事情是不是很麻烦，人家要花多大的心思来帮助你，找对方帮忙合不合适，千万不要抓个人就张嘴求人，也没个轻重缓急，甚至有些冒失。

其次，我们应该懂得动用人情的次数要尽量少，以免提早把人情储蓄都用光，避免不必要的人情透支。如果对方欠你一些人情，切不可抱着让人家还你人情的心态去要求对方帮忙，这样很可能引起对方的不快和反感，反而得不偿失。

最后，千万不要什么好处都只想着自己，在能帮助别人的情况下，一定不要吝啬，要让人家觉得你有人情味。例如主动去帮对方做一些力所能及的事情。总之，不要总是认为人家帮你忙是应该的，一定要本着有借有还、再借不难的态度去对待和处理。人情上的这种回馈是很有必要也十分重要的。

总而言之，女人一定要明白：人际间的人情往来，要本着"受人滴水之恩，应当涌泉相报"的原则去对待，我们要珍惜人情，不能不把人情当回事。只有这样，人情才能持久。

智慧女人得理也要让人

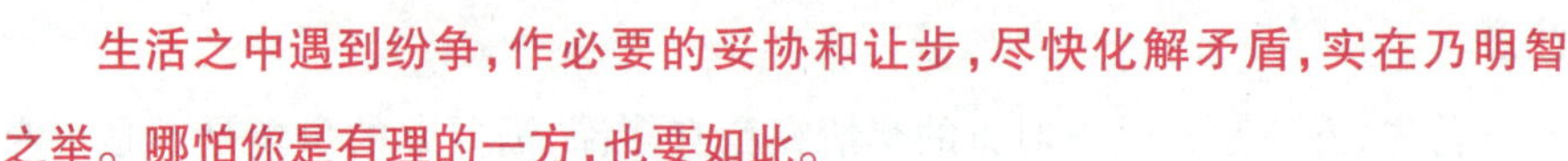

生活之中遇到纷争，作必要的妥协和让步，尽快化解矛盾，实在乃明智之举。哪怕你是有理的一方，也要如此。

生活中，我们常常会遇到这样的女人，他们一旦在人际交往中得了理，就气势汹汹、不可一世，摆出一副“吃人”的架势，结果导致有理也变成了无理。我国有一句老话：“高一步立身，退一步处世。”而得理让人正是体现了这样一种为人处世的睿智和豁达，并且宽容永远是女人应该学习的传统美德。

在国外有这样一个母亲，他的儿子是消防员，在一次火灾抢险中不幸牺牲了。而故意纵火犯是两个少年，全市的市民和该市市长都说要严惩这两名故意纵火犯。但这位伟大的母亲在电视讲话中却是这样说的：“我很伤心地看到我的儿子离开了我，但我现在只想对制造灾难的两个孩子说几句话——你们现在一定活得很糟糕，很可能生不如死。作为这个世界最有资格谴责你们的我，此刻只想说，请你们回家吧，家里还有等待你们的父母。只要你们这样做了，我会和上帝一道宽容你们……”在这位宽容的母亲发表电视讲话前，两个孩子因为承受不了巨大的社会压力而买了大量的安眠药，两个人准备一起离开这个世界。但就在这时，他们从电视里听到了这位宽容的母亲的声音，他们顿时泪如雨下，而后向警察局投案自首。

时过境迁，这两名当初很鲁莽的少年，如今都已经身为人父，并且事业上都已经取得了很大的成就。他们会时常带着自己的孩子去看望那位年迈的老母亲，在他们心中，她已经是他们心灵上的一位伟大母亲。如果这位母亲当时得理不让人，一定要他们偿命，那么这两个男人再也没有重新做人的机会了，而这个母亲也将永远沉浸在丧子之痛中，孤独地度过余生。

中国还有一句俗话说："让人非我弱，退步自然宽。"此话不无道理。人在这个复杂的社会上生存，难免遇到这样或那样的纠葛，这是很正常的。但是难得的是，我们在自己得理之时，还能不"得寸进尺"，还能宽容大度地对待别人——以理相让，以德服人。

当然，女人在面对蛮横无理和不讲道理的人时，必要的理直气壮是对自己的保护和对尊严的维护，但是重要的是不能不注意区分对象和场合，不能因为自己"理直"就一味地"气壮"。然而，时下不少人却是抱着得理不让人的高傲心态，若得了理则盛气凌人、咄咄相逼，非要别人低头求饶方熄心头之火，好像不如此就有损于自己的颜面和尊严。看看下面这个例子：

一次在一辆公交车上，由于是下班高峰，车上的人很多，又是夏天，正值7月，难受的程度可想而知。这时，一个男的和一个女的吵了起来，让本来就燥热难耐的人群，更加沸腾了。起因是，这个男的刚从上一站上车，由于人太多，没办法只能站在门口，后面的女乘客好不容易上来，车启动的时候，由于惯性，这个男人一不小心用胳膊碰到了这个女人的胸部，导致这位女士直接爆发，对着这个男士破口大骂，而这个男士只是一味道歉，害怕造成不好的影响。谁曾想，这个女士得理不饶人，越骂越凶，越骂越难听，结果这位男士忍无可忍，抬手就是一巴掌，而车上的人甚至还有人说"打得好"、"泼妇"，这个女士一看自己没理了，也就闭嘴了，在下一站怏怏地下车了。

通过这个例子，我们应该明白，即便我们在一些纠纷中得理，也应该得饶人处且饶人，千万不能欺人太甚，否则，为了逞一时之快，不但得不到好处，还会变成没理的一方。生活中的一些纠纷，本来都是芥蒂之事，双方若能平心静气地讲明道理，相互谦让，一定可化干戈为玉帛。

我们的先圣前贤从来都倡导以和为贵。孟子讲："天时不如地利，地利不如人和。"孔子则十分推崇"恕"的精神，告诫人们要学会理解、换位思考、宽容别人。

《史记》中记载的“将相和”的故事，是人们耳熟能详的。假如蔺相如不以国事为重，忍辱相让，那势必与自恃功高的大将廉颇发生激烈的冲突，这不仅伤及两人的私交，更于赵国不利。正如其所言：“吾所以为此者，以先国家之急而后私仇也。”廉颇闻此，自感惭愧，主动登门“负荆请罪”，两人言归于好，成了生死之交。

通过蔺相如的处世智慧，女人应该更加明白，得理不让人不利于自身的发展，也不利于人与人之间的和睦相处。世上的一切事物都是相对的，都有一个度，得理也是如此。如果总是为区区小事争执不休，甚至大动干戈、大打出手，那实在是愚蠢至极的行为。生活之中遇到纷争，作必要的妥协和让步，尽快化解矛盾，实在乃明智之举。

总之，女人要学会得理也让人，理直气也合。因为面对对手，得理让三分是一种策略和风度；因为面对朋友，得理让三分是一种理解和谅解；因为面对年幼无知的少年，得理让三分是一种宽容和同情；因为面对长者，得理让三分是一种尊崇和谦让。家和万事兴，人合天下平。

女人要把握交际的距离

远近亲疏是社交中最难把握的一个问题，特别是在处理和异性或领导的关系时，女人更需要多加入智慧的因素。

女人经常会为人际关系而感到苦恼。我们经常会听到，女人总抱怨说，今天A君和C君一起去逛街了，明天A君又和C君大吵了一架等。其实，之所以频频出现这种交际之间的难题，就是因为女人不懂得把握交际的距离，女人是很有必要学会把握交际的距离感的。

正确处理同事之间的交际距离

女人天生就喜欢拉帮结派,这其实是很不好的一种习惯,尤其是工作以后,跟同事拉帮结派更是大忌。其实,同事之间的距离感相对而言是比较容易把握的。在工作中,不管你跟哪个同事有多谈得来,不管你们在工作中相处得多么融洽,就是应该保持同事的关系,所有的联系都仅限于白天的工作,下了班,放了假,尽量不要联系,除非因为工作上的事情。也许有人会说这样是不对的,太不近人情。

同事就是同事,本来彼此之间就存在着一定的竞争关系,如果是单纯的同事关系,就是只限于公平的竞争,可是如果是对待同事不一视同仁,跟这个关系好,又跟那个闹僵了,就会破坏整个工作环境。所以说,女人应该明白,同事之间一定要保持一定的交际距离。

正确处理朋友之间的交际距离

中国有句极富哲理的话叫"物极必反"。在生活中,任何事情如果太过偏向一方,其结果都会走向这一方的反面。朋友之间的交际也是如此,如果你跟朋友太过亲密无间,反而容易出现裂痕。人在社会中,但凡能够成为朋友者,必定是志同道合者。有的是趣味、性格相投,有的是抱负相仿,有的是文化层次相近,有的是人格、心灵相通等。但是,无论什么原因而成为的朋友,在经过一段时间的交往后,你都应该对其归类,也就是应该有亲有疏。比如,有的朋友情感诚挚、冰清玉洁,这样的朋友自然可以真诚深交;但也有的是出于某种功利目的而投向你的,一旦他的目的达到了或是发现你根本不能满足他的目的,他便离你而去,像这样的朋友自然是不可深交的。

其实,朋友应该算得上除了至亲的亲人以外,关系最近的人了。但是,这种"近"也不意味着零接触,虽然朋友是交际圈子里最为友好和可靠的交际对象,但是也要保持一定的距离,给对方、也给自己留有个人的空间。这是因为,人与人是不同的,即便是双胞胎长得一模一样,性格志趣也是有所区别的。每个人无论在文化、道德、性格、处世态度、做事潜能，及至家庭情况等方面都会存在差异，而这种差异是先天的，并不是一个朋友就可以改变的。尽管朋友跟你气质相仿、兴趣相近、性格相投，但朋友毕竟是个活生生的人，跟你总会有些不同之处，总会有这样那样的不足，总会有自己不愿人知的秘密。所以，跟朋友交际，不要将朋友理想化，不可把朋友的一切言行都以“我”为参照物。

具体而言，有三个方面需要特别注意

首先，要学会容忍朋友的缺点。这个世界上没有什么是完美的，人也是一样，任何人都会有这样那样的缺点。所以，我们要能够容忍朋友的缺点，并选择合适的时机和方法善意地帮助他克服缺点。

其次，要让朋友保留“自我”。人与朋友交际，是为了友谊，但朋友除你之外还可能另有交际圈。如果你发现朋友另外所交的那个朋友，正好是跟你持相反观念的那个人，这时候你应该宽宏，不要限制你朋友的个人意愿，倘若你眼里容不得沙子，去责怪朋友，那么你的朋友会左右为难。因此，要学会接受朋友跟与你意见不合的人交往，千万不可将朋友的交际半径仅仅局限在你的空间里，如果你不管别人乐意不乐意，客观上允许不允许，都把朋友“束缚”在你的身边，只能适得其反，你的朋友多半会由此而讨厌你，最终离你而去。再进一步说，你与朋友交际，不可强求朋友必须是你的“翻版”。要让朋友拥有自己的爱好、自己的个性。

最后，要懂得尊重朋友的隐私。女人不要觉得应该让朋友事事都向你报告，而一旦某件事情朋友没有告诉你，有事不跟你提前“通气”，你就觉得这是对你们友情的不忠，就不够朋友。如果你如此专横，用这种很理想化的标准去要求你的朋友，那么你的朋友就会觉得自己的空间被人家“侵犯”了。试想，连父母都会给孩子足够的空间，允许有隐私，朋友有什么资格去打探人家的隐私呢？除非你发现你的朋友正在误入歧途，走上邪路，那就另当别论了。但是，多数情况下，朋友之间是需要尊重对方隐私的。

总而言之，女人不论对待同事还是面对朋友，都应该有意识地保持一定的交际距离，这样你与同事的关系才会融洽，与朋友的关系才会友谊地久天长。

女人要学会对人说“不”

女人天生心太软，如果别人有事相求，本来是力所不及的事情，却糊里糊涂地答应了，最后发现自己办起来很麻烦，甚至根本就办不到，最后弄得进退两难。

孔子在《论语》中提道：“言未及之而言谓之躁，言及之而不言谓之隐，不见颜色而言谓之盲。”意思是，不该说话的时候说了，是犯了急躁的毛病；该说话的时候却没有说，从而失去了说话的时机；不看对方的态度便贸然开口，叫做闭着眼睛瞎说。所以，女人一定要掌握好说话的时机，懂得对别人说“不”。

对父母说“不”

首先，女人要学会对父母说不。所谓对父母说不，不是反抗父母，惹父母生气，而是不要对父母言听计从，任凭父母安排你的人生。

在小的时候，父母都希望自己的女儿能够长大了多才多艺，能歌善舞，所以就会想尽办法让女儿培养各种兴趣，什么舞蹈啊，钢琴啊，书法等。父母本来的初衷是好意，为了自己的女儿将来长大了才貌双全、人见人爱。但是，这种不顾女儿感受，不考虑她们自身愿望的“填鸭式”的兴趣培养方式，是很不可取的，最后很可能导致女儿产生逆反心理，不但消耗时间，还耽误了正常的学业。

现在，我们长大了，可是父母还是喜欢安排我们的生活。他们喜欢左右我们的恋爱，频繁给我们安排各种相亲。当然，他们是觉得自己是过来人，比我们阅历丰富，看人比我们看得准，希望我们可以找到最好的归宿。再有就是父母总是喜欢给我们安排工作。他们觉得作为女人，就是应该做一些稳定的工作，而且，他们总是觉得他们给我们找的工作就是最适合我们的，不在乎我们自己是不是喜欢干这份工作，我们自己对人生有什么规划。

在这种情况下，我们应该毫不犹豫地、大声地对父母说“不”。千万不要因为这样反抗父母的意愿会使他们生气，觉得是对他们的不尊敬，甚至是不孝顺。我们应该拒绝让父母为自己设计人生的轨迹，并且让父母明白我们自己真正的兴趣爱好是什么，这样才能健康地成长。

对好友说“不”

很多女人在面对朋友提出帮忙的请求，而自己又做不到时，都很苦恼。如果答应帮忙，可能自己也不能担保一定可以把事情办成，即便办成了，自己也付出了很大的代价，可是如果拒绝，又怕破坏友情。所以，常常处于这种进退两难的局面。

著名笑星郭冬临、买红妹和李文启在 1995 年有个小品叫作《有事儿您说话》，讲的是郭冬临是一个热心肠的年轻人，平时有事没事总爱把“有事儿您说话”挂在嘴上，朋友们也都喜欢找他帮忙，一次郭冬临答应帮助李文启买两张卧铺票，可是火车站人很多，票不好买，但是又答应人家了，买红妹饰演郭冬临的媳妇，她让郭冬临直接告诉李文启买不到，可是郭冬临觉得答应了不好再拒绝，最后自己扛着行李去火车站排了一宿，票是买到了，可是自己没少受罪。

从这个例子我们应该懂得对朋友说“不”。其实朋友之间有事相求，互相帮忙是正常的。但是，当朋友求你的事情已经超出你的能力范围，是你无能为力，或者违背你的主观意愿的，你就应该果断地说一声“不”。千万别觉得这样会影响你们之间的友谊，真正的朋友是会彼此体谅的，只要你是真心诚意地对待他们，能就是能，不能就是不能，不拐弯抹角，朋友就会理解你。所以，要学会拒绝朋友，不要害怕他们会因为你确实办不到的拒绝而离你而去。

对男人说“不”

对待男人，女人同样不能心软或者害怕就放弃拒绝的权利。比如，当有男人喜欢上你，对你展开“狂轰滥炸”的攻势时，你如果不喜欢他，就应该果断地做个了断，不要觉得怕拒绝了人家，就会让他难堪，或者是平时收了人家很多礼物，吃了人家很多次饭，就觉得欠人情而不忍心拒绝。如果这样，最后的结局往往是让这个男人觉得你是在玩弄他的感情，反而会由爱生恨。所以，在对待与男人之间的感情纠葛时，千万要快刀斩乱麻，该拒绝的时候就果断地说“不”。

即使是夫妻之间，在面对自己的丈夫时，女人也要学会拒绝。生活中，夫妻经常会因为一些琐事大吵一架。比如，下班以后谁回家做饭，做完饭谁来收拾残局；又或者是丈夫想要看足球，自己想看韩剧，而电视只有一台，为看电视争执不休。这种情况，女人应该敢于提出要求，跟丈夫公平解决，单号他干，双号你干，一三五他干，二四六你来，周日一起做家务，等等。千万不要怕丈夫生气，就接受他的无理要求，否则，时间长了，你会越来越不敢拒绝。

有人说过，善于拒绝的女人是足以让爱她的男人放心、舒心的女人，是为大家所欣赏的女人；善于拒绝的女人必定是勇敢的女人，兼具勇气和智慧；善于拒绝的女人是有思想的女人，她喜欢独立思考，对世间万象都有自己独到的看法；善于拒绝的女人是可以独当一面的女人，无论是工作中的重大决策，还是生活中的十字路口，她们都可以作出正确的选择。

总而言之，善于拒绝的女人真的很了不起，很难得，她们值得每一个好男人去认真地爱，也为她们的女性朋友所欣赏，更是她们父母的骄傲。

 幸福女人给自己多留后路

法国哲学家罗西法古说过:“如果你要得到仇人,就表现得比你的朋友优越吧;如果你要得到朋友,就要让你的朋友表现得比你优越。”

我们所处的社会是一个时时刻刻充满竞争的社会,达尔文的物竞天择、适者生存的八字真经应该说是亘古不变的生存守则。而且,时代在发展,如今的竞争已经不是争一时之胜、逞一时英雄了,因为现在的竞争没有一局定输赢、一战定生死的结局,而是一场持久的博弈,任何人都不能做常胜将军。所以,身为一个聪明的女人,一定要懂得“得便宜卖乖”,为自己留一条后路。

工作中,抬高自己却不贬低别人

女人天生就有虚荣心,喜欢得到别人赞许的目光,所以所有女人都希望抬高自己,尽量把自己的长处呈现在领导面前,这是人之常情。在工作之中不会抬高自己,必然难以获得高质量的预期效果。但是更高的境界是,一个女人应该懂得在抬高自己的同时,又不贬低别人,这样才能在工作中为自己留条后路。

孙小姐是某县人事局调配科的干部,按道理说,搞人事调配工作是很难做到不得罪人的,可她却是个例外。在刚到人事局的那段日子里,孙小姐几乎在同事中连一个朋友都没有,因为当时正春风得意,对自己的机遇和才能满意得不得了,因此每天都使劲吹嘘自己在工作中的成绩,炫耀每天有多少人请求帮忙,哪个记不清名字的人又硬是给她送了什么大礼啊等类似的“得

意事”，但同事们听了之后不仅没有人分享其“成就”，而且还极不高兴。后来还是由当了多年领导的老父亲一语点破，孙小姐才意识到自己的症结在哪里。

从此，她开始很少谈自己而多听同事说话，因为他们也有很多事情要吹嘘，让他们把成就说出来，远比听别人吹嘘更令他们兴奋。后来，每当她有时间与同事闲聊的时候，总是先请对方滔滔不绝地把他们的欢乐炫耀出来，与其分享，而只是在对方问她的时候，才谦虚地说一下自己的成就。

一个女人在工作中不论是领导或是员工，年长还是年少，都希望能得到别人的承认和夸奖，都在不自觉地强烈地维护着自己的形象和尊严，如果一个女人的谈话对手过分地显示出高她一等的优越感，这在无形之中便是对她自尊和自信的一种挑战与蔑视，理所当然会产生排斥感甚至是敌意。孙小姐的经历就是一个很好的例子，由于初来乍到，年轻气盛，自然而然喜欢炫耀一下自己的“小成就”，本意是没有想故意说给谁听、做给谁看的，但是无形当中却引来了同事们的反感，多亏经验丰富的老爸一语点醒。所以女人一定要切记，无论什么时候，工作上的优越感和骄傲自满都是要不得的。学会聆听别人的炫耀，分享别人的成就带来的喜悦，时间长了，别人也自然会发现你的优点。

交往中，发现并赞扬朋友的优点

俗话说：女人多的地方是非多。然而，要想在与朋友的交往中得到真正的友谊，能够在日后有难时多几条路可走，多几个人帮助，女人就要学会发现并且真诚地赞扬朋友的优点。

法国哲学家罗西法古说过：“如果你要得到仇人，就表现得比你的朋友优越吧；如果你要得到朋友，就要让你的朋友表现得比你优越。”这句话尤其适用于女人，当一个女人的朋友表现得比她优越时，这个朋友就有了一种满足感，但是当这个女人表现得更优秀的时候，这个朋友就会产生一种自卑感，导致羡慕和嫉妒。

家庭中，学会宽容对待心爱的人

在生活中，那些谦让而豁达的女人们总能赢得心爱的男人、甚至更多男人的欣赏；相反，那些心胸狭隘，斤斤计较的女人慢慢就会引起爱人的反感，最终在生活中使自己走到孤家寡人、众叛亲离的地步。前者是在不断地拓宽自己生活的后路，后者则是亲手堵住生活之路。

某位已婚女士这样说：我总是认为夫妻之间关起门来，说什么都可以，但是在外面，一定要控制好自己的脾气，所以不管是在长辈还是朋友面前，我都会给老公留足面子，结婚几年，我们也经常会吵架，但是绝不会在别人面前吵，与他出外和朋友吃饭时，我总会装出一副淑女的样子，男人都喜欢吹牛，我老公也不例外，我都是微笑地看着他眉飞色舞地表达。记得有一次，有个朋友开玩笑说，看到老公带另一个女人出现，我就说，那说明我老公有魅力，之后那个朋友对我老公说，你这老婆真不错。

这就是聪明的女人所必须学会的——心胸豁达、包容乃大。因为谁也不能保证不犯错误，你对爱人包容，日后爱人也会在你有困难的时候更多地替你考虑。这才是解决家庭矛盾的正确方式，也会使你的生活更幸福。

古人说得好，物极则必反，否极而泰来。行不可至极处，至极则无路可续行；言不可称绝对，称绝则无理可续言。做任何事，进一步的同时，也应退让三分，这是为人处世的高水准。无论在什么时候，女人做任何事情都要留有回旋的余地，学会给自己留条后路。不要把什么事情都做绝，不把事情做到极点，于情不偏激，于理不过头。这样，才能使自己完美无损地得到保全。

上篇：情商与女人的幸福共舞

{Chapter 5}

情绪红绿灯：管理情绪尽情享受惬意生活

所谓情绪情商，就是认识、管理自己情绪的能力。如果一个女人能把自己的情绪管理得很好，那么她的生活必然会阳光明媚。良好的情绪不仅对身体健康有益，同时，还会使女人的工作效率相应提高。聪明的女人能够及时化解和排除不良情绪，使自己始终保持良好的心境，精神饱满地面对生活中的重重困难，冲向幸福的目的地。女人的情绪犹如一盏红绿灯，当自己正在情绪波动时，就如遇到红灯，此时应当停止行动，让自己深呼吸或放松，不要采取任何行动；等情绪反应不强烈时意味着黄灯亮了，此时可以开始思考看看自己为何有这样的情绪。等思考好了，情绪也稳定了，就像绿灯亮了一样，就可以采取行动。

女人的情绪影响力

女人的情绪有时波动很大，高情商的女人大多掌握比较有效的放松策略，在争吵过后，她们会寻找与女友谈心或者其他途径来消除自己的紧张情绪。

心理学家告诫女人，情绪具有很强的影响力，它可以像传染病一样迅速扩散和蔓延。在你与人打交道的过程中，在不断地传递着情感信息，影响着周围的人，你的情绪状况常常会影响到对方的情绪状况。当你对别人微笑时，别人也会对你微笑，而你的坏情绪也会使得对方的情绪变得糟糕。

无论是在工作中，还是生活中，情绪的好坏都会造成连锁反应。好情绪能感染人，给别人带去快乐，而坏情绪也会让周围的人感到不快。例如，当你高高兴兴地去上班，却发现办公室的气氛压抑，所有人都闷闷不乐时，你的心情就会立刻紧张起来。而当你带着烦恼回到家里，见到孩子的笑脸，就会暂时忘了烦恼，跟着快乐起来。

这就是心理学上说的情绪效应，即情绪会通过你的姿态、表情、语言传达给对方一些信息，在不知不觉中感染到对方。心理学家研究发现，将一个乐观开朗的人和一个郁郁寡欢的人放在一起，不到半个小时，这个乐观的人也变得郁郁寡欢起来。因此，女人需要正确利用情绪效应，让它为你所用。看到别人表达情感就会引发自己产生相同的情绪，这种情绪的传递时时在进行。如果你能使他人情绪顺应你的步调，必然能够提升影响力，并建立良好的人际关系。

高情商的女人往往是情绪的主导者，她会把情绪传导给周围的人。在工作中，高情商的人能够使别人处于积极、兴奋的情绪状态中，从而产生更好的工作绩效。

黄莺是某公司的经理，她对情绪的影响力有颇深的感触。一次，一名优秀的技术人员因为前一天工作到凌晨，第二天就迟到了，结果影响了整个工程的进度。正好那天她的情绪很糟糕，于是就狠狠地批评了那位员工。结果没过多久，这名员工就跳槽了。由于她当时没能控制好她的情绪，结果给公司造成了人员损失。不同的情绪会使自己和团队的工作效率不同。身为公司总监的马丽坚持只将自己的积极情绪带进办公室，不仅自己工作起来很放松，还感染了下属，让他们也快乐地工作，使得她在下属中有很高的人气。同时她也将工作上的快乐的情绪带回家跟家人分享，家里人也因此而感到快乐。

情绪会影响一个人工作的积极性，如果你能让别人觉得心情愉快，充满自信，就会感到这是很好的一个团队，面对困难大家会积极努力地协调解决，内心会有成功感，会把这种情绪带给自己的亲人和朋友。而当不良的情绪在工作中扩散开来，不仅会使事情无法解决，也会使你的人际关系出现问题，你的工作情绪也会受到影响。

不仅仅是在工作中，生活中我们也要用自己的积极情绪去感染人，让你的朋友家人因为你的快乐而快乐。著名教育家马卡连柯教育父母说："你们怎样穿衣服，怎样跟别人谈话，怎样谈论其他的人，你们怎么表示欢欣和不快，怎样对待朋友和仇敌，怎样笑，怎样读报……所有这些对儿童都有很大的意义。你们态度神色上的一切转换，无形中都会影响儿童。"如果母亲在家里表现出不好的情绪势必会影响到孩子，所以你要注意自己在孩子面前的情绪，尽量将自己的快乐情绪传达给孩子，为孩子营造一个温馨愉快的生活氛围，使得孩子能够快乐地成长。要为孩子树立最直接的榜样，使孩子在潜移默化中养成自信、豁达、开朗的性格。

快乐的女人要懂得以微笑去面对每一个人，将你的笑容与快乐传递给别人，让他人也绽放出笑容，你会发现你收获的是更多的快乐。

女人要做自己情绪的调节师

心理学家建议说，人在生气的时候，可以找一面镜子，对着镜子努力做出笑容来，持续几分钟之后，你的心情或许就会变得好起来。

亚里士多德曾说，任何人都会生气，这没什么难的。但要能适时适所、以适当的方式对适当的对象恰如其分地生气，可就难上加难。

哲人说，快乐的女人都具有对情绪的调控能力，她们的情绪情商比那些总是愁苦的人高很多。你是否研究过，人的情绪是怎样变化的呢？有些日子我们感到精力充沛、心情愉快，有些日子我们的自我感觉变得特别不好，心情容易烦躁，会莫名其妙地发火，情绪低落，心情抑郁。压力变大时，我们的心情似乎就变得特别不好，因为出门的一场大雨而心情低落，因为工作的繁重而倍感郁闷，不顺利的事情似乎一件接着一件，你对生活失去兴趣，也打不起精神来工作。

情绪具有波动性和感染性，糟糕的情绪总是会不自觉地蔓延得很快，使你一整天都感觉失落。心理学家说，不同的人对情绪的把握能力有差别，如果你的心是积极的，你就能更好地调控情绪。

莉莉最近总觉得老板针对她，总是有一大堆策划要她做。莉莉本来手上就有一大堆活儿，已经很忙了，上司说话还没个好脸色，她的情绪很低落，干活儿也没有精神。回到家，莉莉的消极情绪才能稍稍缓解。可第二天回到公司，看见上司的黑脸，莉莉无形中又受到了感染，在办公室里小心翼翼，唯恐被上司臭骂一顿。莉莉认为自己没有做错什么，无缘无故看上司的冷面孔很无奈。随之，工作的情绪也消失了，在办公室待着的时间也变得漫长而难以忍受。

对事物认识的不同会使我们的情绪有很大的不同。例如，不同的员工受到老板批评的时候，往往会有不同的反应。有些人认为老板是在和他作对，故意刁难他；而有些人认为老板是在帮助他认识到自身的不足。正是因为这些认识上的不同，人们才会产生不同的情绪。前者会对老板产生厌恶甚至对立的情绪，而后者会觉得和老板的关系更为亲密。所以情绪的变化有时取决于对事物的不同看法。同样是半杯水，当心境被积极情绪占据的时候很可能认为它是“半满”的，而当我们被消极情绪占据的时候却可能说它是“半空”的。

心理分析大师 Freud 曾用水库来比喻人类情绪的处理过程，他认为每个人都仿佛有一座情绪水库，如果情绪水位超过警戒线，就会出现无法控制情绪的状态，甚至有可能会出现水库崩溃的情形。所以我们不能积累太多的情绪，要及时排解。我们可以有意识地来调整自己的情绪变化，尽快地将消极情绪转化为积极情绪，避免因为情绪变化而影响到自己的生活。

首先，要控制消极情绪。喜怒哀乐是人之常情，可是消极情绪常常会使你无心学习和工作，也会使你没有好的生活，失去和谐的人际关系。人是一定会有情绪的，有时候压抑情绪反而带来更不好的结果，要学会体察并控制自己的情绪。无法控制消极情绪时，我们要想办法转移一下，比如换个环境，出去走走，呼吸新鲜的空气。只要稍微转移一下，我们的消极情绪就可能缓解一点。

其次，在受到情绪困扰的时候，我们可以通过调节自己的认识方式来调节情绪。例如，没做好工作的时候，可以问自己：“别人也有不成功的时候，为什么我不能有呢?”每个人都会遭到不同程度的失败,你当然也不例外。有时候我们也要以适当的方式表达自己的情绪。例如,在和朋友生气时,明确地告诉对方,你为什么不高兴,而不是自己闷在心里,影响以后的心情。

心理学家建议说,人在生气的时候,可以找一面镜子,对着镜子努力做出笑容来,持续几分钟之后,你的心情或许就会变得好起来。当然,每个女人调控情绪的方法不同,但你首先要提高对情绪影响力的认识,提升自己的情绪情商。由此,借助最适合自己的方法,控制情绪的变化,保持良好状态,从而创造美好的生活。

为不良情绪找个出口

人生不如意的事十有八九,这些不如意的事必然导致消极情绪的产生,像焦急、恐惧、愤怒、内疚等。不善于处理、化解这些不良情绪的女人,难免会被消极情绪折磨得苦不堪言,影响幸福的感觉。

聪明的女人懂得为自己消极的情绪找个出口,不要让它囤积在内心,贻害身心。她们总会首先找出使自己情绪不好的原因,默默地问自己,是什么使自己不高兴?这件事是否的是那么重要?当我们以积极的心态面对发生的事情时,更容易看透事情的本质。你要告诉自己事情并没有那么糟糕,用语言暗示来调整和放松,使不良情绪得到缓解。例如,在你要发怒的时候,你可以在心底告诉自己:发怒其实于事无补,不仅伤害别人,自己也不好过。这样自我提醒一下,你的心情就会缓和一些。

如果你遭遇失败，觉得沮丧，请学会自我鼓励。要相信每一天都是新的一天，每一天的太阳都是新的太阳，明天的你会比今天的你更好。不要沉溺于今天的失败，一次的失败又能代表什么呢？接受现在的失败，然后进行自我调节，把你的自信带回来。要向乐观者学习，与快乐者为伍。在遇到困难、挫折、打击、逆境、不幸时，要坚定信念，学习生活中的榜样，用正面积极的生活哲理来安慰自己，使自己勇敢地与不良情绪消极情绪作斗争。

遇事情不要钻牛角尖，不要因患得患失而焦虑不安，正确的做法是适时放下，让自己整个人变轻松。有这样一则故事，从前有个富翁，他富可敌国却并不快乐。为了寻找快乐，他背着许多金银珠宝上路了，然而一直也不见快乐的踪影。有一天，他看见一位衣衫褴褛的农夫唱着山歌走过来，于是便向农夫讨教快乐的秘诀。农夫笑笑说："哪里有什么秘诀，只要你把背负的东西放下就可以了。"富人这才醒悟过来，自己背着的金银珠宝，既怕被偷又怕被抢，成天忧心忡忡，怎么能快乐呢？

想得开的女人能够换一个角度看待整个事件。就如哲人说的那样："我们没有办法阻止事情发生，但我们可以决定这件事带给我们的意义。"任何事情都有两面性，关键在于你怎么看。就好像我们如何对待失恋，悲观的人会认为，她失去了一次爱情，或许再也没有机会爱了。但是乐观的人则认为，这次失恋让她明白了下一次该如何爱。

聪明的女人总有自己的方法，将不良情绪和消极情绪转化为积极的情绪，为自己的前进找到力量的源泉和动力。

聪明的女人在咆哮面前做聋子

面对别人对你的指责、咆哮、叫嚣，如果你无法做情绪的主人，在某些时候，你最好学会做个聋子。

美国芝加哥的一家大百货公司在前台设立了咨询处，其中的一项主要任务就是受理顾客提出的问题和抱怨。每天，都有许多女士排着长长的队伍，争着向柜台后的那位年轻小姐诉说她们所遭遇的困难，以及这家公司不对的地方。

在这些投诉的妇女中，有的十分愤怒且蛮不讲理，有的甚至讲出很难听的话，柜台后的这位年轻小姐，接待了这些愤怒的妇女，丝毫未表现出任何憎恶。她脸上带着微笑，指导这些妇女前往相应的部门，她的态度优雅而镇静。

站在她身后的是另一位年轻女郎，她在一些纸条上写下一些字，然后把纸条交给站在她前面的那位年轻小姐。这些纸条很简要地记下妇女们抱怨的内容，但省略了这些妇女原有的尖酸刻薄的话语。

原来，站在柜台后面带微笑聆听顾客抱怨的这位年轻小姐是位聋子，她的助手通过纸条把必要的事实告诉她。

这家百货公司的经理之所以挑选一名耳聋的女士担任公司中最艰难而又最重要的一项工作，主要是因为他一直找不到其他能够面对别人的抱怨甚至是咆哮时，仍能镇定自若、面带微笑的人。

柜台后面那位年轻小姐脸上亲切的微笑，对这些愤怒的妇女们产生了良好的影响。她们来到她面前时，个个像是咆哮怒吼的野狼，但当她们离开时，个个却又像是温顺的绵羊。

事实上，她们之中的某些人离开时，脸上甚至露出了羞怯的神情，因为这位年轻小姐的好脾气已使她们对自己的作为感到惭愧。

在别人的咆哮面前做一个聋子，使你不至于失去对情绪的控制力，像一个没有罗盘的水手，每次激情澎湃的风暴，都会改变心情的方向，让你疲惫不堪。

但对于幸福的女人来说，只是沉默地对待别人的坏情绪还不够。心理学家分析说，人的情绪的好坏和人的性格有关，而人的性格又和人的德行有关，而德行是不可能装出来的，德行是要靠自己一点一滴去修炼养成的。只有似海洋一样心胸广阔的人，才能容忍生活中那些看似不公平的事情，守住内心的平静，不让别人的坏情绪摧残自己。

一天，一位德高望重的法师吃完午饭，正要开门出来，不料，迎面撞进一位身材肥胖的妇女，说时迟，那时快，只听得“砰”的一声，刚巧撞在法师的眼镜上，眼镜戳青了他的眼皮，然后跌落在地上，镜片摔得粉碎。

此时那位胖妇女毫无愧疚之色，反而理直气壮地说：

“你出门怎么不注意点，还戴眼镜？”

法师此时心想：世间法多由因缘合和而生，有善缘，亦有恶缘，解决恶缘之道，唯以慈悲待之，因此便以豁达的心胸来接受这项事实。

肥胖的妇女见法师以微笑慈容回报她的无理，颇觉讶异地问：

“喂！和尚，为什么不生气？”

法师借机说：“为什么一定要生气呢？生气既不能使破碎的眼镜重新复原，又不能使脸上的淤青立刻消失，苦痛解除。再说，生气只会扩大事情，如果我生气，对您破口大骂，或是打斗动粗，必定造下更多的恶缘，甚至伤害了身体，仍不能把事情化解。

“以世间因缘果报来看这件事情，我早一分钟或迟一分钟开门，都可以避免相撞，而我们却撞在一起，或许这么一撞化解了我们过去的一段恶缘，因此，我不但不生气，反而还要感谢您助我消除障碍呢！”

胖妇女听后十分感动，她问了许多佛法和法师的称号，然后若有所悟地离开了。

这位法师面对别人的咆哮仍然心平气和，普通人恐怕没有几个能够做到。

人与人之间相处，当矛盾当头时，往往以嗔恚、愤怒相向，殊不知“生气是不能解决问题的”。法师以豁达的心接受横逆，不但化解了一段恶缘，并且点醒了妇人，令她知道忏悔。

易发脾气是很多女人自己都莫名其妙的事情，心情烦躁、情绪不宁在她们的生活中是常有的事情。当被人招惹，脾气上来时，沸腾的血液在女人狂热的大脑中奔涌时，控制自己的情绪是多么困难的事。但女人们更要清楚，让情绪左右你的情感和生活，让自己成为情绪的奴隶是危险和可悲的。你的工作、爱情、亲情等也可能由此陷入尴尬的境地。

对于女人来说，在别人对你咆哮时，人有五种处理升腾起来的怒气的方法：一是把怒气压到心里，生闷气；二是把怒气发到自己身上，进行自我惩罚；三是无意识地报复发泄；四是发脾气，用很强烈的形式发泄怒气；五是转移注意力以此抵消怒气。其中，转移是最积极的处理方法。当怒火中烧时，你最好先“三十六计，走为上策”，迅速离开使你发怒的场合，做些能使自己高兴的事情，如逛街、吃小吃、听音乐等，让情绪渐渐地平静下来。我们经常有这样的体验，很多时候，过后一想，事情根本就没有那么糟糕，自己的怒气是多么的小题大做。

对于很多女性来说，怒气冲上心头，特别是面对别人的欺负、挑衅时产生的愤怒是很难控制的。但我们仍要切记，忍字头上一把刀！在想发脾气的时候飞快地在心里给自己按一个“暂停键”，在脑子里过一下发脾气过后的自己要承担的后果和是否会后悔，然后再决定怎么做。

在日常生活中尽量避免生气，用宽大的心胸容忍别人的错误，在提升自身修养的同时，对自己的心情和面容也是一种滋养。

 女人愤怒时，给心一道泄洪渠

当女人生气时，要找到最佳的释放途径。有的女人认为愤怒时把怒气发泄出去会比较好，因为生闷气，容易把怒气淤结在心，容易导致疾病。

在日常生活中，也许你也看到过这样的现象：在公车上，常常听到有人争吵，原因不是被挤了，就是被踩了，虽说拥挤时这些都是难免的事，但还是有人为此大为生气。有时候，努力工作却还是会被上司批评，或者遇到不公平的对待也会感到委屈，然后生闷气或者感到异常愤怒。

记得一位哲人说过，女人不能不生气，这就跟让她们改掉爱抱怨的习惯一样困难。在现实生活中，产生愤怒的原因多种多样，女人因为受诽谤而愤怒、不被人理解而愤怒。心理学上认为生气的表现是一种遭遇挫折时的情绪反应。美国心理学家戴埃就在《你的误区》中称，愤怒是指当某人事与愿违时作出的一种惰性反应。

生气是一种正常的情绪反应，却也是一种不良的情绪，所以，如何化解愤怒就成了重要问题。怎样才能达到调节情绪的良好效果呢？心理学家给了几点建议。

离开让你感到愤怒的人和事。从让你感到愤怒的环境中走开一会儿，恢复自己的自制力。如果你与同事发生了争吵，最好尽快地回避，因为大家都在气头上，就容易引起更深一步的争吵，最好暂时回避一下，然后让自己的情绪平静下来。有研究表明，多数发怒的持续时间是一分钟到两天，平均为十五分钟。因此，要离开那个环境想想，事情是否真的值得你这么愤怒。

要控制住自己，不能感情用事，要记住“小不忍则乱大谋”。当双方心平气和时，聊聊天，坦诚地说出自己的意见，也听听别人的看法，或许你会发现你们之间并没有什么重大的矛盾。

对于家里的人和事也是一样，生活中难免会有矛盾，也会有许多不如意的事。当起争执时，不容易分辨谁对谁错，所谓“公说公有理，婆说婆有理”，因此不要真的动怒，互相之间要多谅解。在生气的时候，你要想清楚究竟是什么事情让你愤怒，然后想办法去解决。如果说你疲劳时更容易生气，那么你就不要在那时和你的丈夫讨论重大问题，从而避免起冲突，也更有利于解决问题。

如果始终想着让你愤怒的事情，只会越想越生气，越想越难过。心理学上有一种“移情”的理论，即随着注意力的转移，一种心理状态就会被新的心理状态所取代。因此愤怒时，改变你的关注点，把注意力转移出去。可以做一些自己真正喜欢、感兴趣的事情，因为是自己爱做的事情，便会从中得到满足，感到愉快，让自己尽快地恢复平静，这样就能够阻止愤怒情绪的滋生和蔓延。

你也可以把心中的愤怒对你的亲朋好友诉说，让他们开解你，化解心中的愤怒。如果你不想告诉别人，那么还有一个方法，就是把事情写下来。你可以写你为什么发怒，原因是什么，你甚至可以把你的不满都写上。之后，你回过头看，会发现自己的心情平复了很多。

有这样一个故事，或许能给你启示。

从前有一个妇人特别喜欢为一些琐碎的小事生气。她也知道自己这样不好，便去求一位高僧为自己说禅解道，开阔心胸。

高僧听了她的讲述，一言不发地把她领到一座禅房中，落锁而去。妇人气得跳脚大骂，高僧也不理会。妇人开始哀求，高僧仍置若罔闻。妇人终于沉默了，高僧来到门前问她还生气吗。

妇人说：“我只为我自己生气，我怎么会到这地方来受这份罪。”“连自己都不原谅的人怎么能心如止水?”高僧拂袖而去。

过一会儿,他又问她还生气吗,妇人说:“不生气了,气也没有办法。”“你的气并未消失,还压在心里,爆发后将更加剧烈。”高僧又离开了。

高僧第三次来到门前,妇人告诉他:“我不生气了,因为不值得气。”“还知道值不值得,可见心中还有衡量,还有气根。”高僧笑道。当高僧的身影迎着夕阳立在门外时,妇人问:“大师,什么是气?”高僧将手中茶水倾洒在地。妇人视之良久,顿悟,叩谢而去。

当女人生气时,要找到最佳的释放途径。有的女人认为愤怒时把怒气发泄出去会比较好,因为生闷气,容易把怒气淤结在心,容易导致疾病。但是把怒气发泄出来,却常常会使自己因为给别人带来不快,而使人际关系受损,给家人、朋友带去伤害。愤怒并不能使问题和矛盾得到解决,反而常常会因为愤怒把事情搞砸。愤怒会使不足挂齿的小事情闹成大事,甚至不可收拾。如果愤怒无法自然地排解,那么让它在可以控制的范围内发泄,是最好的办法。最好的宣泄方式是运动,跑步、骑车、游泳都可以,运动时,你会释放能量,消耗体能,你的愤怒可以得到有效的发泄。

毕达哥拉斯说过:“愤怒以愚蠢开始,以后悔而终。”因此,高情商的女人要学会给自己的心灵一道泄洪渠,把愤怒化解掉,排出去。

女人不要因嫉妒而毁了生活

巴尔扎克说:“嫉妒者受到的痛苦比任何人遭受的痛苦更大,他自己的不幸和别人的幸福都使之痛苦万分。嫉妒心强的女人,往往以恨人开始,以害己而告终。”

相比于男人，女人的嫉妒情绪更加严重。嫉妒是一种负面、消极的情绪。虽然不同的嫉妒心理会有不同的嫉妒内容，但是在荣誉、地位、钱财、爱情四个方面最为明显。

莎士比亚把嫉妒比作爱情的卫道士。很多女人用恋人的吃醋程度来确认他对自己的爱。如果恋人从来不为自己和异性接触交往而吃醋，就会认为他还不够爱自己。莎士比亚的戏剧《奥赛罗》中的奥赛罗，因为伊阿古的阴谋诡计而怀疑妻子对他不忠，并亲手扼死他至爱的苔丝狄蒙娜，被后人认为是嫉妒的代表。因此，嫉妒情绪在爱情中是危险的。而如果能够因为嫉妒而使对方发现他有多爱你，那么嫉妒能够转化为爱情的推动力，就会有一定的积极意义。

但是嫉妒更多的时候表现为消极的色彩。嫉妒常常会使人对别人有一定的抵触和对抗，爱攻击别人和挑人毛病，也会造成中伤别人、怨恨别人和诋毁别人等行为。容易嫉妒的人往往被认为是心胸狭隘的人，也会造成人际关系紧张。

罗素在《快乐哲学》中说："嫉妒尽管是一种罪恶，它的作用尽管可怕，但并非完全是一个恶魔。它的一部分是一种英雄式的痛苦的表现。人们在黑夜里盲目地摸索，也许走向一个更好的归宿，也许只是走向死亡与毁灭。要摆脱这种绝望，寻找康庄大道，文明人必须像他已经扩展了的大脑一样，扩展他的心胸。他必须学会超越自我，在超越自我的过程中，学得像宇宙万物那样逍遥自在。"

要给自己一个正确的自画像。正确地认识自己，既不要妄自尊大，也无须妄自菲薄。你要认识自己的长处，也要正视自己的短处。如果你不能正确地评价自己，就会一直把自己和别人进行比较，更可怕的是，你拿自己的短处和别人比较。所有的自卑与嫉妒，都来源于此。漫画大师朱德庸这样说，女人如果没有性感，就要有感性；如果没有感性，就要有理性；如果没有理性，就要有自知之明，如果连这个都没有了，她只有不幸。因此有自知之明是很重要的。

不要和别人比较,俗话说:“天外有天,人外有人。”这世界上比你有钱,比你有地位,比你美的人,多得数也数不清,你难道还能都比得过来吗?社会上衡量人的种种标准,都是变化的,“三十年河东,三十年河西”;是贫穷还是富有、是成功还是失败、是美丽还是丑陋,也没有一定的标准。你实在没必要对各种衡量标准在意。

嫉妒有时还是因为虚荣心作祟。要面子,不希望别人超越自己,通过贬低别人来抬高自己,羡慕别人所拥有的你所没有的一切,想方设法地打击别人。但是通过这些你能得到什么呢?人的欲望总是无限的,而你的生命、能力是有限的,你不可能把所有的一切都抓在手里。

要学会珍惜自己所拥有的。不要一直往前走,不记得回头。回过头看看你所拥有的,在你手中握着的那些东西要好好利用。嫉妒的情绪只能阻碍自身发展,并使个人间的差异感不断加深。对于绝大多数人来说,要想过上比较合适的、自己向往的生活,只能靠刻苦努力,不断提高自己的生存能力,才能抓住发展机遇。

佛教中有一种修行叫随喜。随喜主要是指见他人行善、修行有所成就或者离苦得乐,心中升起欢喜心。简单说,就是为了别人取得的成就感到喜悦。当别人的生活境遇比你好的时候,要为别人的安乐感到欢喜,不要想着“他比我过得好,上天不公平”。当别人取得成就时,也为他人感到欢喜,而不是想着“他取得成功完全是侥幸”。

巴尔扎克说:“嫉妒者遭受的痛苦比任何人遭受的痛苦更大,他自己的不幸和别人的幸福都使他痛苦万分。嫉妒心强的女人,往往以恨人开始,以害己而告终。”嫉妒的情绪只能阻碍自身的发展,如果要过自己向往的生活,只有不断提高自己,而不是在那里对着别人的成就眼红。

坏情绪不是发脾气的理由

女人往往很容易被情绪左右思考能力，在情绪的干扰下，思考产生偏激或受到限制，不利于原本就感性的人做出正确的判断。

女人是感性动物，是世界上情感最丰富的人，而女人的情绪化也是出了名的严重，往往因为一些莫名的小事就搞得自己心情不好。但是你有没有想过，在你心情不好的时候可能会乱发脾气，做出一些伤害别人的事，这不仅影响你与对方之间的关系，也会失去你已经拥有的快乐。

有一个女孩，她很容易因为一些小事而情绪波动，生气和发脾气也是常事。虽然她心地善良，待人真诚，但因为易生气的毛病，使她失去了很多好朋友。她也为此很是苦恼。

这一天，父亲给了她一袋钉子，并且告诉她，每当她情绪不好的时候就钉一颗钉子在后院的围栏上。第一天，这个女孩钉下了37根钉子。慢慢地，每天钉下的钉子数量减少了，她发现控制自己的情绪要比钉下那些钉子容易。终于有一天，这个女孩没有失去耐性、乱发脾气，她告诉了父亲。父亲又说，从现在开始，每当她能控制自己情绪的时候就拔出一颗钉子。一天天过去了，最后女孩告诉他的父亲，她终于把所有钉子都拔出来了。

父亲握着她的手，来到后院说："你做得很好，我的好孩子，但是看看那些围栏上的洞，这些围栏将永远不能恢复到从前的样子了。你生气的时候说的话，就像这些钉子一样留下疤痕。每当你和朋友吵架，说了些难听的话后，你就在他心里留下了伤口，像那个钉子洞一样。插一把刀子在人家心里，再拔出来，伤口就难以愈合了。无论你怎么道歉，伤口总在那儿。要知道，心灵上的伤口比身体上的伤口更加难以恢复。”

这个女孩在听了父亲的教诲后，很少乱发脾气，因此，她身边的好朋友也随之多了起来。

心理学家说，女人往往很容易被情绪左右思考能力，在情绪的干扰下，思想产生偏激或受到限制，不利于原本就感性的人做出正确的判断。一个处于失控状态的人，很容易被情感左右而做出激烈的、有破坏性的动作或者说出让人心情低落的话来。

因此当你发脾气、生气时，你周围的人也会跟着你而紧张和情绪低落，这种负面情绪的影响和扩散就像泄漏了的煤气一样，很快会充满整个房间，充斥于你的周围。而一旦你把这种情绪爆发出来，可想而知，它的后果会有多么糟糕。被怒气冲晕头脑的人，即使平时多么善良和会说话，此时也难免说出一些伤透人心的难听的话来。而这些话就像钉子一样刺进了和你争吵的人的心中。当你时候反省过来，真诚地向他道歉时，虽然他能够原谅你，但这道伤疤会永远留在他的心里。

古人说“三思而后行”，就是告诉我们做事不能只凭一时的冲动，要考虑到后果。作为一个女人，每天接触的人无非是家人、朋友和同事，这些都是和你的生活息息相关的人，如果因为自己的坏情绪而向她们发脾气，不但会使自己失去生活的伙伴，也会让周围的人对你感到失望。人与人之间的感情是相互的，只有你顾虑到别人的处境和感受，别人才能从心底真正地喜欢你、认可你。

两个水桶一同被吊在井口上。其中一个对另一个说：“你看起来似乎闷闷不乐，有什么不愉快的事吗？”

“唉，”另一个回答，“我常在想，这真是一场徒劳，好没意思。常常是这样，刚刚重新装满，随即又空了下来。”

“啊，原来是这样，”第一个水桶说，“我倒不觉得如此。我一直这样想：我们空空地来，装得满满地回去！”

生活中的我们就像这两只水桶，即使是在同样的境遇、同样的环境中成长，有人觉得幸福，有人深感不幸；两人同时望向窗外：一人看到星星，一人看到污泥。这代表着两种截然不同的态度。女人的坏情绪经常是庸人自扰，那么就更不要把这种烦恼带给身边的人了，凡事往好的那方面看，时间久了，心中自然装满了美好。

女人的情绪化让她们感性，女人的小脾气让她们可爱，偶尔的感性和可爱是对平淡生活的一种调剂。然而任何事情过度了就会变成灾难，时常注意自己的行为和态度，不要因为自己的反复无常而给他人造成困扰；世界上大部分女人都是善良的，只是如果能更好地控制自己的情绪和脾气，你会变得更有魅力，你的生活才能快乐而美好！

女人要会赶走坏情绪

情绪就像一道菜，酸、甜、苦、辣、咸，全由自己来调。

人一生中难免会遇到不顺心的事，如不能宽容待之，一时情绪激动，甚至暴跳如雷，大发脾气，会严重危害自身健康。心理学家研究表明，情绪对人的能量消耗特别大，很多癌症患者就是因为长期积累的怨恨、压抑情绪得不到发泄，才身患绝症。

作为感情丰富、情绪起伏较大的女人，更应该加倍注意爱护自己，不要轻易激动、发怒。俗话说："笑一笑，十年少。"只有经常保持快乐的心情，才能越活越年轻。

最近美国一些心理学家做了一项实验，他们把生气时人的血液中含的物质注射在小老鼠身上，以观察其反应。初期这些小鼠表情呆滞，胃口尽失，整天不思饮食，数天后，小老鼠就默默地死去了。美国生理学家爱尔马不久前也做过实验，他收集了人们在不同情况下的“气水”，即把有悲痛、悔恨、生气和心平气和时呼出的“气水”做对比实验。结果又一次证实，生气对人体危害极大。他把心平气和时呼出的“气水”放入有关化验水中沉淀后，则无杂无色，清澈透明，悲痛时呼出的“气水”沉淀后呈白色，悔恨时呼出的“气水”沉淀后则为蛋白色，而生气时呼出的“生气水”沉淀后为紫色。把“生气水”注射在大白鼠身上，几分钟后，大白鼠死了。由此，爱尔马分析：人生气10分钟会耗费人体大量精力，其程度不亚于参加一次3000米赛跑；生气时的生理反应十分剧烈，分泌物比任何情绪的都复杂，都更具毒性。

因此，动辄生气的人很难健康、长寿，很多人其实是“气死的”。由此可知，一个人大发脾气或生闷气时会对人体生理上产生一系列变化和反应，致使人体各部损伤，甚至危及生命。

同样，在日常生活中，女人心思细腻、比较敏感，所以牵挂的太多，在意的太多，情绪更容易起伏无常。所以在你生气之前，是不是应该仔细想一想，为这件事发脾气或者影响自己的心情到底值不值得呢？

某乡村有一对清贫的老夫妇，有一天他们想把家中唯一值点钱的一匹马拉到市场上去换点更有用的东西。

老头子牵着马去赶集了，他先与人换得一头母牛，又用母牛去换了一头羊，再用羊换来一只肥鹅，又由鹅换了母鸡，最后用母鸡换了别人的一大袋子烂苹果。

在每一次交换中，他都想给老伴一个惊喜。当他扛着一大袋子烂苹果到一家小酒店歇息时，遇上两个英国人，闲聊中他谈了自己赶集的经过，两个英国人听得哈哈大笑，说他回去准得挨老婆子一顿揍。

老头子坚称绝对不会，英国人就用一袋金币打赌，如果他回家未受老伴任何责罚，金币就算输给他了，于是三人一起回到老头子家中。老太婆见老头子回来了,非常高兴,又是给他拧毛巾擦脸又是端水解渴,一边还听着老头子讲赶集的经过。

每听老头子讲到用一种东西换了另一种东西,她都十分激动地予以表扬:

“哦,我们有牛奶了”,

“羊奶也同样好喝。”

“哦,鹅毛多漂亮!”

“哦,我们有鸡蛋吃了!”诸如此类。

最后听到老头子背回一袋已开始腐烂的苹果时,

她同样不愠不恼,大声说:“我们今晚就可以吃到苹果馅饼了!”

不由地搂住老头子,深情地吻他的额头……

其结果不用说,英国人就此输掉了一袋金币。

或许很多人看到这个老头子的行为,都会觉得他傻,觉得他吃了亏,当然,肯定他妻子也是知道的,然而他聪明的妻子不但没有责怪他,反而很开心地赞扬他的举动,只因为她懂得,两个人的快乐比一匹马、一头牛更重要,有了快乐,何必去计较那些快乐之外的东西呢?何不让一些已经无法挽回的事实破坏自己的好心情呢?

快乐就像缓缓流淌的小溪,可以永远延续下去,而坏情绪就像是污泥或者石子,不但会把清澈的溪水弄浑浊,还会减缓流水的速度。坏情绪多了,溪水可能会停止流淌,也可能会变成污浊的臭水沟,完全失去它本色的美丽。因此,当你因小事而生气的时候,学会换一种心情,让自己开心地生活,于人于己都有益处。

快乐、宽容、坚韧、恬静、感激、自信、勇敢是我们克服情绪低落、战胜困难的法宝,我们必须学会在逆境中寻找力量,并牢记就算是生气也无济于事,不如培育信心,把握好航向。就像有人曾经说过的一句话:“情绪就像一道菜,酸、甜、苦、辣、咸,全由自己来调。”让我们用平和的心态去对待每一件事，用“最本质的心情”去思考我们的行为，用快乐装满我们的生活！

换一种心情，换一种生活

有什么样的情绪，就拥有什么样的生活。女人生活的天空拥有丰富多彩的颜色，哪抹最亮丽，由女人自己决定。

或许生活中有许多令你不开心或是非常担心的事，或许你觉得上天不公，把所有痛苦和不美好都给了你，又或者你的人生从一开始便有一丝缺陷，你觉得自己天生比别人差一些……但是世界上没有不弯的路，人间没有不谢的花，哪个人的生命旅途是一帆风顺的，没有丝毫风雨的呢？生活是艰难的，你无法逃避，积极面对才是解决问题的真正办法。然而，当挫折和逆境让我们感到无能为力时，换一种心情，换一种思考方式，该在意的要在意，该放下的就放下，或许问题便迎刃而解了。

从前有一个老太太，没有儿子，只有两个女婿，大女婿是个开染坊的，二女婿是个做油伞（古时候的伞是木杆布面的，在布面上刷上油，一般只在下雨遮雨用）的。这个老太太整天愁眉苦脸的，总是忧心忡忡。

这天有个货郎路过，见到她整天忧心的样子，就好奇地打听原因。

老太太说：“我没有一天不发愁，我为女婿的生意担心啊。晴天我惆怅，我二女婿的油伞卖不出去，他不能开张；雨天我也发愁，你看，我大女婿的染坊晒不成布他也不能开张。愁啊！”

货郎听后，哈哈一笑，“您为什么不换个角度想呢？晴天，你应该高兴，你看，你大女婿的染坊生意红火了；下雨天，你也应该高兴，你二女婿的油伞

都卖出去了。”

老太太一听，对呀，是这个道理。从此，她天天快乐，精神好了，日子也红火了。

生活中像这个老太太一样想问题的女人着实不少，她们希望自己的老公有本事多赚钱，又怕老公有钱了就去外面拈花惹草；她们想减肥又怕自己吃太少营养不良；想吃红烧肉又怕热量太高会长胖……整天这样忧心忡忡的，怎么可能过得开心呢？其实，像那个货郎说的那样，换个角度想问题，让自己的思想彻底解放，你想美好的事，生活便是美好的，心情也会舒畅很多；你想发愁的事，你的困难也不会减少。

一美国人着泳装在撒哈拉大沙漠游玩，一群非洲土著人好奇地盯着他。

“我打算去游泳。”美国人说。

“可海洋在800公里以外呢。”非洲土著人提醒道。

“800公里！”美国人高兴地说，“好家伙，多大的海滩呐！”

在悲观的人眼里，沙漠是葬身之地，800公里很遥远；在乐观的人眼里，沙漠是海滩，800公里是享受。

乐观使人经常处于轻松、自信的心境，情绪稳定，精神饱满，对外界没有过分的苛求，对自己有恰当客观的评价。乐观的人在受到挫折、失败时，常会看到光明的一面，也能发现新的意义和价值，而不是轻易地自责或怨天尤人。悲观的人一般敏感、脆弱，内心情感细致、丰富，一遇挫折就会比一般人感受得深，体验得多。

心理学研究证实：如果我们想的都是快乐的事情，我们就能快乐；如果我们想的都是悲伤的事情，我们就会悲伤；如果我们想到一些可怕的情况，我们就会害怕；如果我们沉浸在自怜里，大家都会有意躲开我们。如果我们想的尽是成功，那结果又会怎么样呢？答案是我们会成功。乐观与悲观部分是与生俱来的，但天性也是可以改变的。乐观与希望都可学习而得，正如绝望与无力也能慢慢养成。

要想摆脱忧愁，使自己乐观起来，女人要尽可能和快乐的人在一起，你是否有过这样的经历？在一个地方，或是和一些人相处，你会感到焦虑不安、脖子酸痛、疲惫不堪。你不知道到底是哪里不对劲，但就是觉得不舒服。但是和另一些人相处时，你就会觉得精神百倍，身体上的不适感也慢慢消失。在这些人的陪伴下，你觉得事事如意，这些人所散发的正面能量，让你感到更快乐、更安详、更有信心。

面对人生的诸多波折，诸多不如意，如果我们无力改变现状，也不要烦躁、焦急或是暴跳如雷，做这些无济于事的举动只会给自己徒增烦恼。学会放下无谓的执着，换种心情，以欣赏的心态耐心等待，柳暗花明的一刻也许更会早些到来。

对于变幻莫测的世界和残酷的现实，聪明的女人怎能只用一种心情面对呢？换一种心情，不做无谓的挣扎，忘记悠远的愁思，你的天空会更蓝，你的人生将更加精彩！

健康的情绪成就女人一生

高情商的女人更具创造力，更会调节和控制情绪以积极地工作，她们总能灵活自如地调动自己把事情办得更出色。

情绪的好坏对我们的身体及事业发展有着极其重要的影响。积极的情绪是促进人精神和身体健康的前提条件，也是轻松规划事业所必需的，反之，消极的情绪会促使人的心理活动失衡，导致神经活动失调，对健康产生不利的影响，继而影响事业的顺利展开。

女人的情绪都是波动的、不稳定的，生活中总有烦心琐事影响着她们的心情，聪明的女人应该主动摆脱不良情绪，恢复到健康情绪的状态中。当你为一些事情烦恼时，应当畅所欲言、尽情排解，切不要闷在心里、自怨自艾；当事业发展不顺利时，不妨尝试放下心中的包袱，暂时改变一下生活环境，适时放松下心情，也许当你再投入工作的时候，一切便都迎刃而解；当你一时间要处理的事情很多时，应先做最迫切的事，集中全部精力投入其中，一次只做一件，把其余的事暂时搁在一边；当你感到烦闷不堪、郁闷压抑时，试着帮助他人做些事情，使你的烦恼转化为助力，也许会产生愉悦的心情，能继续开展工作。

女人若是学不会营造健康的情绪，那将会很难缔造幸福的生活，工作也难以做得出色。

刚刚走出大学校门不久的王颖，就是因为消极情绪的影响，而葬送了自己原本大好的前途。

王颖在大学期间各门功课成绩都非常优秀，还曾经获得过一等奖学金，外语水平在全班也是名列前茅。但她毕业后被却被分配在一个偏远闭塞的小镇，从梦想的象牙塔，进入平庸、烦琐的现实，她觉得像从天堂掉进了地狱。

为了改变自己的前途，她把全部的希望都寄托在研究生考试上，并将此看成她生活的唯一出路。但是，由于诸多的烦恼郁闷，以及复习时间的不足，她名落孙山。为了自己的梦想，她凭借着强大的意志一次又一次捧起书本，却因心情极度不佳而毫无成效。她坦言："一看到书本就头痛。一个英语单词记不住两分钟；一篇没有生词的短文，读完后，头脑中仍然一片空白。甚至连一些根本不用记的常识也要花一番力气，并且总是忘掉。我的智力已经不行了，这可恶的环境一刻也不让我安宁，我恨透了这里！我是没有希望了。"

经历了第三次失败之后，她放弃了努力。悲哀、苦恼、绝望等各种负面情绪将她紧紧包围着，她开始天天酗酒，不再上班、学习，她的精神已经彻底崩溃了。短短的几年，堕落到了如此地步！

从王颖的故事中我们看到，消极情绪具有强大的破坏力，不会对其进行调节，它就会慢慢侵蚀女人的灵魂，让女人主动放弃努力，长期生活在痛苦之中。因此，不管遭遇怎样的困境，女人都应该永葆积极的情绪，击败、征服烦恼。如何才能保持健康的情绪呢？消除忧虑，培养幽默感是第一步。

女人适应社会的有力工具便是幽默感。当你发现状况不理想时，一方面要能客观地面对现实，同时又要不使自己陷于烦闷的状态，这时，最好的办法就是以幽默的态度应付。如此，可以使本来紧张的情绪变得比较轻松，使一个难堪的场面在笑语中扭转乾坤。学会幽默可以减轻你心理上的挫折感，求得内心的安宁。幽默还是一种自我保护的方法，幽默感强的人，其体内新陈代谢旺盛，抗病能力强，可以延缓衰老，同时，也可以和周围朋友、同事保持良好的关系。

自我调节，适应环境也是保持健康情绪的好方法。对自己所处的工作环境不满意或遇到事业挫折时，人们往往会产生忧郁、悲痛、焦虑等不良情绪，继而产生心理失衡。这时应以积极的态度，主动疏导情绪，调整自己对现实的期待和心理预期，以最适当的态度适应环境和处理问题，增强自己的承受能力。

女人的日常生活中包含着各种喜怒哀乐的生活体验，多回忆些积极向上、愉快的生活场景，能帮我们克服不良情绪。常保持健康的情绪的女人，总有一天会发现，你的事业和家庭都是如此的风调雨顺！无论什么时候，只要你拥有宽阔的胸怀、健康的情绪、博爱的心，就一定能让自己的事业够漂亮、够潇洒。看待事业中的一切，是自暴自弃还是永不放弃，都掌握在你自己手中，女人只要自己不轻易放弃，相信没有谁能阻挡你前进的步伐！人生征程不可能一帆风顺，但只要我们拥有健康的情绪，学会坦然面对，就能开心过好每一天！

{Chapter 6}

工作情商：睿智女人做好职场的规划师

职场是女人展现魅力的最好舞台之一，面对形形色色的同事、客户、对手或陌生人，如何适应环境的变化，妥当地处理问题，体现着女人职场情商的高低。聪明的女人懂得察言观色、伺机而动，知道什么时候该说话，什么时候不该说话；什么时候可以锋芒毕露，什么时候必须内敛静思。她们知进知退，在各种角色和关系中自由转化，游刃有余，她们是职场的规划师，调动自己，协调他人，创造优异的成绩。

女人游刃职场，需要掌握情商的艺术

职场情商是一种能力、一种创造、一种技巧，是一个职业人士必不可少的素质，是女人在职场收获成功的关键。

身在职场，拥有高情商的女人更容易发挥个人的最大才艺，尽可能地实现自我价值。较之智商而言，职场情商是个全新的概念，其是指在职场中，你的信心、恒心、毅力、责任感、合作精神等一系列的素质是引导你成功的一切必需的、适当的非智力因素。这其中包括协同力、沟通力、抗挫力、应变力、自我管理力、持久力等一系列职场提升力。

若是你想在职场上游刃有余、左右逢源，尽快脱颖而出的话，努力提高职场情商势在必行。往往职场情商高的女人，能较轻松地为自己营造一个有利于自己的生存空间，建立属于自己的交际网络，游刃有余地周旋于职场之中，创造自己的事业。那如何打造职场情商呢？有一些共同的准则需要我们认真思考、学习。

相信自己

在培养职场情商时，相信自己是最重要的一条。如果你自己都不相信自己，那让他人如何相信你呢？做不到这一点的话，你就注定无法成为一个好的职员或者好领导。相信自己，才能神采飞扬地行走在职场，让上司、同事及客户感受到你的充沛精力；相信自己，才能落落大方地洽谈业务、接待客人，更好地代表公司的形象，赢得更多的业务；相信自己，才能增强老板对你的信任心，给予你更多施展的空间，从而获得更大的发展空间。

坚持不懈

想要在职场斩获成功，锲而不舍的精神必不可少。想真正地做成一件事情，就必须坚持，正所谓“锲而不舍，金石可镂”。不管我们身在哪个行业，做哪一件事情，只要你认准了自己的发展目标，就应该坚持不懈地去达成这最初的梦想。要知道罗马不是一天建成的，而你的成长更不是一蹴而就的，但只要你一天天用心地去做，总有一天会“精诚所至，金石为开”，当你回望来路时，你就会发现质变正是由量变慢慢累积而成的。

永不灰心

女人要成长总会经历挫折，正如“吃一堑，长一智”所言。对待职场上的困难，如果暂时克服不了，不用垂头丧气，也不用死钻牛角尖，尝试着换一个角度思考，或者暂时改变一下周围的工作环境，给自己的头脑减减压，或许一切就不一样了。挫折中要学会自己鼓励自己，永远不要灰心，要相信阳光总在风雨后。

不惧怕竞争

遭上竞争对手是职场中最正常不过的事情。对待竞争对手，我们要采取一种平和的心态。即使她当众对你无礼，有意刁难你，你也应以友善的话语或真诚的笑容回应她，以表现出你的大度、优雅。同时，应该努力提升自己的综合素质，凭借自己的真才实学让竞争对手心服口服。

和善

“己所不欲，勿施于人”告诉我们待人如待己。在职场中，与人为善就是与己为善。在困难的时候，你的善行会衍生出另一个善行。只要你做了好事，总有一天会得到报答的。在别人遇到困境时，及时给予帮助。在职场上，尽可能地做一个和善的女人，处处皆有朋友。这样，当你在工作上不小心失误时，或当你面临加薪或升职时，才能尽可能地减少阻碍。

忠实

身处职场，切忌频繁跳槽。当你在一个单位工作数年后，你便已在那里积攒了一定的工作资历和人际关系。这时，如果轻言跳槽的话，未必会出现令你满意的工作，在现实中，就存在着许多越跳越糟糕的例子。除非你在工作中遇到了威胁你生存或晋级的事情，并且已经确认下家单位适合你的发展。否则，千万别轻易跳槽，以免白白断送自己的前途。

勤劳

不管你是平庸无奇还是叱咤风云的职场女性，在职场上取胜的黄金法则之一便是要有责任心、任劳任怨。永远不要试图敷衍自己的工作，你有没有花没花心思、用没用功，上司比谁都清楚。世界上功成名就的女人往往都是那些在工作上兢兢业业，投入的时间及精力远远要比工作本身所要求的多得多的女人。

只有改进及完善自己的职场情商，才能使自己在工作中如鱼得水，为自己的职业发展创造更多机遇，早日成就自己的杰出女人之梦！

情商是女人事业腾飞的翅膀

情商，是让你的理想翱翔天际的翅膀，是让你的才智发挥作用的舵手，是开启你的事业大门的金钥匙！

众所周知，在学校教育中有“第十名效应”，即在学校教育中培养的尖子生往往踏入职场后能力平平，甚至沦为庸人。而成绩处于中上状态者，往往成为社会的栋梁。这是为什么呢？是学校教育失败了吗？是考试机制出问题了吗？都不是，恰恰是情商这种看不见、摸不着的东西起到了主导作用。

情商是人们生活中实实在在存在着，又游离于人的智力之外的东西。

情商，是女人认识自我的标尺、是职场交往的技巧、是胸襟阔窄的指数、是情绪控制的能力、是自我鼓舞的能力。有这样一个公式可以直观地告诉我们情商的重要性:20%的IQ(智商)+80%的EQ(情商)=100%成功。如此看来，决定女人职场成功的关键在于情商。

情商高的女人大多思维宽广、抉择果断、雷厉风行，办事效率较高，往往能实现在事业上的飞跃。曾经有一个小业务员玉如就凭借着出色的情商、快速敏捷的临场应变能力而收获了第一桶金。

涉世不久的小业务员玉如到一家公司去推销商品，她把自己的名片交给秘书，秘书转交给了董事长，如她预想的一样，董事长看都不看就退了回来，秘书便把名片还给了她，但她没有气馁，而是不厌其烦地再把名片给了秘书:“没关系，我下次再来拜访，所以还是请董事长留下我的名片。”

无奈于她的坚持，秘书硬着头皮，再次走进办公室，董事长这下生气了，于是，将名片撕成两半，并从口袋里拿出10元钱，“10元钱买她一张名片，够了吧?”谁料当秘书递给玉如撕烂的名片和10元钱后，玉如很开心地高声说:“请你跟董事长说，10元钱可以买两张我的名片，我还欠他一张。”接着，她又掏出了一张名片交给秘书。

这时，办公室突然传来一阵大笑，只见董事长走了出来，对玉如说:“你这样的业务员真是难得，我不跟你谈生意，还能找谁谈呢?”

像撕名片这样的遭遇，对业务员来说并不陌生，但真正能处理得当并因此走向成功的却不多，而这种结果正体现了情商的区别。玉如在应变之时表现出的耐心、宽容、机智和大气正体现了她身为优秀女人的出色情商。

在职场中，情商良好的女人常拥有健康的心态、文雅的举止、丰富的感情、豪迈的气概;遭遇突发情况时能临危不惧，处理事情有条不紊;饱含一颗感恩之心对待同事、上司或客户。驰速物业公司的总经理在面临裁员这种困境时的作法说明了一切。

为了减亏增效，驰速物业公司总经理无奈地作出了裁员的决定。被裁下来的员工们得知这个消息后，心情非常沮丧。

第二天，总经理与这些员工进行了深刻的谈话。她让这些员工回忆起：当年他们自己没有一个人是因为想要发财，贪图舒适和稳定才从事这份工作的。她用动情的语言唤起了大家对自己职业的尊重和热爱，激发了他们的自豪感、使命感和奉献精神。

同时她告诉这些员工，她已经与其他物业公司联系好了他们的再就业事宜，并希望他们在别的地方依然能投入地工作并依靠自己的劳动过上幸福的生活。说完这番话后，所有这些被辞退的员工都留下了感激的泪水，并感同身受，深深地理解了总经理的一片苦心。

只要合理应用，情商便能发挥强大的作用。总经理动情的语言将自己的感受娓娓道来，更用实际行动免去了这些被裁员工的后顾之忧。一番真诚的话语，诚挚地鼓励了这些员工，激发了他们的潜力，将事情处理地恰到好处、合情合理。

在我们所处的这个充满个性、追求自我的时代，情商在个人职业生涯中发挥着越来越重要的作用。不同的情商指数指引着人们看到不同的人生风景，或郁郁葱葱、或寸草不生；或光辉灿烂，或阴暗晦涩；或不断提升，或跌至谷底；或最终迎来曙光，或只能被黑暗吞噬。种种结局都掌握在自己手上，而情商是决定这一切的关键。拥有了良好的情商，你就有了一双让事业腾飞的翅膀，这样的你，终将通过自强不息的努力、坚忍不拔的毅力站上人生的至高峰，笑看生命的夺目光芒！

主宰自己的情绪，运筹帷幄谋发展

学会控制自己的情绪，是在职场上保存自身实力、谋求发展的重要手段，也是个人走向成熟的一个最重要的标志。

在职场上，女人要走向成功，最大的敌人或许并不是与机会失之交臂，或是自己年资浅薄，而是缺乏对自己情绪的控制。生气时，无法制怒，如此，使周围的合作者望而却步；低落时，放纵自己的萎靡，使许多稍纵即逝的机会于眼前悄然流逝、白白浪费。

如想使自己在职场上运筹帷幄、如鱼得水，当务之急就是要学会控制自己的情绪。身为女人，情绪天生便比较敏感，每天的潮起潮落、花飞花谢或许都会拨动你的心弦，触发你的愁绪。除非你以自制的力量控制它，否则，在你心中，每天总有失望、难过的时候。

在职场上，你如果以忧郁、悲观的态度面对你的同事、上司、客户，那么他们也会回之以忧郁、悲观；相反，如果你能控制自己的情绪，为他们献上快乐、喜悦、光明和笑声，他们也会报以欢乐、喜悦、光明和笑声，如此，我们的职业生涯便会朝气蓬勃。周丽华便以此开创了她的事业。

周丽华，安泰人寿保险公司的经理，她进入寿险业年头不长，但奖牌却堆积如山，每年还有机会前往美国领取“百万圆桌会议会员”奖，要知道这是寿险业最高荣誉，台湾没几个人能去。但她刚开始做保险时，却饱尝羞辱。

1993 年底，那时台湾股票市场还未低迷，她到富邦证券门口时，发现有位穿黑大衣的、貌似黑社会“大哥”的中年人走进大厅。她心想这位“大哥”应该保医疗意外险，他的家人才有保障。于是，她决定在门口等他。等到了中午，果然黑衣“大哥”缓步下楼，她立刻上前递名片，问他：“你要保险吗？”“大哥”顺手拿起名片，将嘴里的槟榔汁吐在上面，随手一撕丢在地上。此情此景，让周丽华眼泪涔涔，只得默默走开。虽然心里十分生气，但她并没有争执也没有失望，只是在心中默念：“将来拿我名片的人会是很有福气的。”

谈到情绪，周丽华常感叹自己脾气并不太好，之所以能承受数以万计的白眼与轻视，主要是因为她认定自己在从事爱心传递的工作。她的父母晚年因病卧床，医疗费曾几乎拖垮全家，她不希望别人也遭受这种痛苦。秉持着这样的工作理念与执着，她学会了控制自己的情绪，每当负面情绪涌上时，她就告诉自己：“放下，一切都会好起来的。”

周丽华的自我安慰法是控制情绪的一种良方。当你在职场上追求某项事业而得遇到困难时，为了减少内心的失望，就找一个能说服自己的理由，并以此安慰自己，这样，就很容易控制自己的情绪了。

要怎样才能学会控制自己的情绪，让每天的生活幸福欢乐，让职业之路通畅顺利呢？你要学会这个秘诀：弱者让情绪控制行为，强者让行为控制情绪。沮丧时，你应该引吭高歌；悲伤时，你索性开怀大笑；病痛时，你更加用心工作；恐惧时，你奋起勇往直前……你必须明白，只有职场低能的女人才放纵自己的情绪，你并非低能者，所以你必须学会控制那些企图摧毁你的不良情绪。

美国情绪管理专家帕德斯指出，平时学会自己控制情绪，才能养成自制的习惯，有助于在情绪发作时拥有更好的反应能力。以下有两个行之有效的控制情绪的方法。

善于转移情绪。当不良情绪上涌时，有意识地转移话题或做点别的事情来分散注意力，便可使情绪得到缓解。在余怒未消时，可以多做些有意义的轻松活动，待紧张情绪松弛下来后，再继续投入工作。

学会宣泄情绪。人在职场，身不由己，难免会产生各种畏难情绪，如果不采取适当的方法加以宣泄，并学会调节、控制，则会对事业发展产生不利影响。因此，当你遭遇不愉快的事情或委屈时，不要压在心里、郁郁寡欢，而要向知心朋友和亲人说出来或选一种适合自己的方式发泄。如此，可以释放内心的淤积，有利于你的身心健康。当然，发泄的对象、地点、场合和方法要适当，切忌伤害那些关心你的人。

其实阿Q精神就是一种控制情绪的方式。凡事看开点，实际点，对某些事，一开始就把它想到最坏，“最坏就是这样了，还能怎样呢？”这样的想法反而让你更轻松。在职场上也不要给自己定过高的目标，知足常乐，要知道快乐是多少金钱都换不回来的。

学会及时控制情绪，会降低你坏情绪的爆发概率。此外，良好的情绪还会感染他人。在职场上，你乐观的情绪、明媚的笑容，会感染你的同事、上司和客户，让你们拥有更紧密的团队凝聚力。所以，为了你的事业，你一定要学会控制情绪，从而才能快乐地开动事业之船，谋取最佳发展，实现自己的人生价值，让自己成为耀眼的职场女性！

多多赞美他人，铺就事业成功之路

唯有赞美别人的人，才是真正值得赞美的人。真诚的赞美是建立良好职场人际关系的基石，更是一个女人事业成功的加速器。

我们每天的工作都离不开办公室，如果办公室的氛围死板烦闷，处处堆积着厚重的文件、充满了不见尽头的公务，长此以往，我们也会在不知不觉中失去热情。但在这种情形之下，如果你得到上司或同事的赞美，或者适时赞美他人一番，也许一切便不一样了！

赞美是职业中最瑰丽的语言之一，也是我们发自内心地欣赏他人，再用真诚的语言表达给对方的过程；赞美是我们对他人关爱的表现，是女性身处职场一种良好的人际互动，是我们保持安宁情绪的助推器，是同事之间相互关爱的体现。

《武林外传》中就上演了这样的故事。为了鼓励郭芙蓉干活，大家个个嘴上像抹了蜜一样。吕秀才说："帮我把这双鞋洗了吧，顺便把鞋底儿重新纳一下。你是最棒的！"李大嘴说："帮我把这苞米搓了，顺便磨成面。你行，你不是一般人。"连小贝抱来要洗的被子还不忘赞美上几句："谢谢你啊，全靠你了！"

这个故事把人内心深处渴望赞美的心理用诙谐幽默的方式展现了出来。在这样的赞美面前，大概不仅是郭芙蓉，我们任何人都只能束手就擒，奋力工作了。的确，赞美之词有种让人难以抗拒的魔力。其实，在职场上，赞美他人是件非常容易的事情——从"你今天气色不错"到"这个新发型很适合你"，或者"你的策划非常棒，对公司的发展很有帮助"，甚至是一句"你可以的，一定能做到"的鼓励，都会让对方感觉到被关注，无形中拉近你与同事、下属或客户之间的距离。

在一家跨国咨询公司做高级文案的张莉，一直从事着文字翻译工作，做了四五年。在从前的工作中，她行事小心翼翼，态度谦和，很少有机会锻炼说话的能力。

随后，她跳槽到了一家新公司。刚到新公司第一个月，老板非常欣赏地对她说，"小张好样的，你已经是公司正式员工了。"听后，她开心不已，下班后还乐颠颠地继续干活。"小张，你的翻译文案写得真好，我做十几年都写不出你的水平。"张莉觉得自己这段时间的辛苦确实没有白费，老板的赞赏是对她最大的认同。此后，张莉一改曾经的慢条斯理，话变多了，她将自己的改变归功于老板的赞美，她说："是老板的赞美令我的生活变得如此多姿多彩。"

真诚的赞扬如同职场中的和风絮语，具有难以想象的动力。赞美是发自内心的、真诚的、自然而然的善意行为，不需要你绞尽脑汁，处心积虑，但你也应掌握一些其中的奥秘。

学会把赞美当作学习的机会，把其他同事的优点作为自己学习的榜样，并将真心的赞美演变成自己的职业习惯。同时，在实践中学会更自然地表达自己的赞美：对别人的看法、观念、做法等不可马上表示赞同，而应给自己一段思考的时间，以显示你的谨慎和认真，这样你的赞同会显得更有价值。适当的赞美可以在任何场合对任何人进行，其实赞美也是一种情商投资，会为我们的事业带来转机。赞美的措辞要合适，赞美不光是说好话，而是说好听的话，只要语气得当，我们平常的问候也能成为赞美。

常常有人采用平铺直叙的口吻赞美他人，这时其效果往往是有限的。如果能换种方式，尝试从否定到肯定的赞美方法，效果就完全不一样了：平铺直叙的赞美是"我像佩服××一样佩服你"，而从否定到肯定的赞美则是"我很少佩服别人，你是例外"。看看，赞美的技巧是多么重要！

我们每个人都有自认为得意的事情，当我们同其他人谈论时，都非常希望得到他人的欣赏和佩服。因此，当你听到别人谈论自己得意的事情时，应及时给予适当的赞美。

一句恰到好处的赞美能重新激发我们工作的热情。马斯洛的需求层次理论指出，人在确保温饱之后，最希望得到的就是"自我实现"，可见，人的天性便是喜欢被人赞美。听到赞美的话语时，就会觉得自身价值得到了肯定，自身的工作能力得到了认同，这样才能产生了一种不断前行的力量，更积极地工作。日积月累之下，你的职场情商便会得到显著提高，而你周围的人际关系也变得和谐快乐，你的事业也会在这种欢声笑语的氛围中迅速发展开来！

妙语生花，把握制胜法则

语言，是人们交流思想的工具，是传递工作信息的载体，是打开友谊之门的钥匙，更是你走向辉煌事业的桥梁。

在职场中，你不可能独来独往，总需要与人合作、沟通，而语言是不可或缺的媒介。我们常会看到，有时候一句话可以化干戈为玉帛，也可以让同事变成仇人，可以功败垂成，更能改变人生。可见，语言与我们的工作密切相关。情商高、懂得说话技巧的女人，到处都会受人欢迎，工作也会顺风顺水。

语言不仅能起到传递工作信息的作用，还能让许多素不相识的人成为我们的同事、客户、朋友；能为同事排忧解难，消除疑虑和误会；能安抚同事烦闷的心情，让他们充满激情地面对工作；能缓解同事悲观的情绪，让他们微笑着满怀信心地迎接新工作；还能体现你身在职场的修养、知识、魅力等。所以，身在职场，我们应当掌握说话方法和技巧。

老板或上司作为公司的领导，有一定的权威和尊严。所以，在和老板或上司说话时要注意维护他们的尊严，如此才能更好地与之沟通，并有助于树立自己的良好形象。

陈静最近对自己的上司很不满意，心中满怀牢骚。原来是别的部门要从陈静所在的部门调走一个人，陈静很想换到这个部门尝试一下，而且那个部门所做的工作正好是陈静的专长。于是在上司向大伙征询意见时，陈静马上就向上司表示自己愿意过去。但是上司根本没有考虑她的想法，反而让别人去了。

陈静为什么没有能够如愿以偿呢？仔细想来，正是她的沟通方式让她事与愿违。身为下属,如此迫不及待地直接向上司要求调去其他部门,作为上司心里会有何想法,自然会感到很没面子,“我对你有这么不好吗?你就这么不愿意待在我领导的部门吗?”自然不会顺利地让陈静去其他部门了。

如果陈静能掌握说话的分寸、时机、技巧,换个方式,找个他人不在场的时间与上司好好交流、谈谈心,认真地向他表示:我很不愿意离开您,很想继续跟着您学知识。但我觉得自己比较适合那个部门的工作,如果您让我过去试试、锻炼一下自己的能力,我一定很感谢您对我的栽培。相信这样一番诚挚的话语,一定会打动上司的心,令他很乐意让陈静如愿。如此既不会伤和气,陈静也能如愿以偿,皆大欢喜,这不是令人满意的结局吗?

在工作中,同事是与你相处时间最长的。和同事的关系处理得好,将十分有利于我们的工作,反之,则会成为一种障碍。所以在和同事交流的时候,更应该注意说话的技巧。与同事沟通,要讲究说话的分寸:话太少,大家会认为你不合群、不善交往;话太多,容易让别人反感、误解,认为你爱耍嘴皮子。

王梅对待工作踏实肯干,总是能够又快又好地完成老板交代的工作。所以老板很器重她,常放心地将一些复杂的工作交给她去做。更让王梅自豪的是,只要她一从老板办公室出来,同事们就对她很亲热,聚在她周围问长问短。为了和大伙打成一片,王梅就把公司的一些事告诉了他们。慢慢地,王梅发现同事老在背后议论她,说:“一个连老板都敢出卖的人、什么都说的人,估计不是什么好人!”听到这种评价,王梅心寒极了,欲哭无泪。

其实王梅犯了一个和同事交往的大忌——不能把老板的任何事泄露出去。常言道“祸从口出”,所以,在和同事交往时一定要把好口风,该说的说,不该说的不说,说话之前一定要考虑清楚,谨慎而行,才能与同事和谐相处。

与同事沟通,还要切忌背后说人是非。背后说话,就会有闲言碎语。经常在背后说是非,肯定无法成为受欢迎的女人。因为凡是有点头脑的同事,都会这么想:这次你在我面前说别人的坏话,下次你就有可能在别人面前说我的坏话。这样一来，你留给别人的印象就很难好起来了。

对于爱说话、性子直爽的女人，还要注意不要随便向同事倾吐心事。虽然吐露想法是富有人情味的交谈，也许能使你们之间的关系变得友善，但没有人能够保证严守秘密。所以，当你的事业危机和感情变故等发生时，最好不要到处诉苦，切不可把同事的"友善"和"友谊"混为一谈，以免给人造成麻烦不断的印象，而成为大家关注的焦点。

若你爱好并擅长辩论，凡事喜欢争论，一定要胜过别人才肯罢休，那建议你最好在办公室外发挥你的"嘴皮功夫"。不然，即使你逞了一时口头之快，占了上风，也影响了你和同事之间的关系，说不定对方因此怀恨在心，而时刻想着还以"颜色"，让你难以顺利发展。

身在职场，一定要讲究说话的技巧，以免给自己招来不必要的麻烦，影响事业的发展。虽然没有一个女人生来就是语言大师，但只要肯不断学习，坚持在实践中练习，我们都能自如地驾驭语言，潇洒从容地与他人交流，为自己铺设一条通往成功的康庄大道！

潇洒应付嫉妒，轻松展示自我

当你生活在充满鲜花和掌声的职场中时，难免遭遇嫉妒。面对嫉妒，更需谦虚、谨慎、宽容，只有当嫉妒转化为真正的欣赏时，你才能全方位地施展才华！

正如"男人妒才，女人妒色"所言，在如今竞争空前激烈的职场环境里，女性这种天生的敏感动物之间的嫉妒之心更显突出。一些女性认为，自己无法办成的事情最好别人也办不到，自己无法拥有的东西最好别人也无法拥有。而在职场上，女性的嫉妒心范围更广，不光是妒色，还有妒才。

如果你能力突出、资质优秀，可能你能时刻感受到周围嫉妒感的存在。嫉妒你的职位、工作能力、穿着打扮、家庭状况、受老板的赏识程度，甚至包括你的朋友恋人等。其实遭人嫉妒时，没必要感到忧心忡忡，更没有必要因此影响自己的前途。

一个聪明而让人欣赏的女人，绝不能纵容这种嫉妒发展成其他形式的威胁，但同时也要学会用巧妙的方法消除其他同事对自己的嫉妒，以免“枪打出头鸟”。

娟娟从事于客户服务工作，部门的几个人中，她是最晚加入的，之前工作中大家相处还不错，但近来，娟娟发现同事们渐渐疏远她了，平时看他们一起说话有说有笑，可娟娟一来就停下来不说了。上下班时，娟娟向他们打招呼，他们也装作没看见，不理会她。娟娟觉得奇怪极了，在多方了解下才知道，原来前阵子公司调整薪资，虽然娟娟来得最晚，但却是部门中加工资最高的，因此，被同事们嫉妒疏远孤立起来。

这些因待遇、职称、福利等原因而产生的矛盾困扰是职场中最常见的问题。有些女人因为无法解决这个问题，而选择逃避，最后只能带着遗憾或不舍离开自己喜欢的工作或公司。但娟娟在面对这个问题时，没有逃避，她觉得逃避不是解决这种问题的根本方法，想办法协调解决才是上策。

在认真思考过后，娟娟没有过于回避自己薪资调高的事实，而是以自己工资加得多了为理由请同事们吃了顿饭，娱乐了一次。而且，经常和同事们交心谈心，反省工作中存在的问题，并督促同事们纠正她工作中的疏漏。后来，同事们对她的态度发生了明显改变。

其实，化解一下别人对你的嫉妒并非难事，与别人共同分享你的所得，把你的才能和大度展现给同事，他们就会把嫉妒转化为正面竞争的动力以及对你的钦佩。娟娟就是利用这种办法化解了这些矛盾，同时也拉近了和同事们的距离。

充分发挥自身的情商，加强与那些不嫉妒自己的同事沟通交流，营造自己的交际圈子也是应付嫉妒的好方法。与此同时，也不要去树立对立的圈子，针对嫉妒自己而渐渐疏远的同事，要尝试换位思考，多站在对方角度上去想问题，努力去理解对方的想法是人之常情，自己也会有嫉妒他人的时候。工作和生活中，用不卑不亢的态度去对待他们，随着时间的流逝，这些因嫉妒而产生的矛盾会自然而然地被淡忘掉。

莉莉在一家外企工作，她聪明伶俐、美丽大方，颇得老板的青睐和赏识。于是，办公室的几个女同事就开始嫉妒起来，不但看见莉莉不搭理，还经常到上司那里去告她的状，甚至散播一些不好的谣言。慢慢的，莉莉也察觉出来了。

为解决这种烦心事，不影响自己事业的发展，她递交给上司一份她写的与自己有关的报告，里面陈述了她对公司发展的诸多建设性意见以及对自身优缺点的详细分析。随后，莉莉找到那几个同事沟通深谈了一番，表示自己在工作中还有很多不足，并列举了自己的许多缺点，希望同事们在今后的工作中多多提点她，以共同进步。莉莉的明智做法取得了显著的效果，不仅同事们对她另眼相看，而且老板听闻后，对她的评价也更高了。

有人嫉妒你，正说明你是职场中出类拔萃的优秀女性，如果能运用情商，巧妙地化解因嫉妒产生的矛盾，便能更游刃有余地玩转职场。莉莉就是这样一个聪明女人，不仅潇洒地摆脱了无谓的嫉妒，而且还为自己的发展赢得了机会。因嫉妒而盲目改变自己是没有意义的，也是没有必要的。只有把你的能力展现出来，得到老板的嘉许和认可，才是有所作为的前提。

还有一些职业女性天生就喜欢嫉妒、为名利而战，时间长了自然也会引起其他同事的反感。实际上，这些所谓的名利，未必就真的能让你一步登天，相反还有可能陷你于孤立的境地，破坏原本良好的人际关系。如果只是些小的利益，你不妨在不影响自己的情况下让出一些给其他同事，如此，你会在同事心中留下豁达的印象,平复那些嫉妒者的心理,增加你的人格魅力,让你拥有稳定而良好的人际关系。

身在职场,我们要学会善待别人的嫉妒,以宽容、谅解之心去感化某些心胸狭窄的同事的嫉妒心,让她们从内心接受你的才华和成功,从而尽量减少因嫉妒而滋生的问题,享受更自如的职场生活!

快速应变,主动出击谋发展

变,是万物中唯一的不变。在这竞争激烈的时代,所有的事物都在不断的变化之中。我们只有不断地快速应变,才能保持职业发展的理想状态。

宋代《鹤林玉露·临事之智》中云:“大凡临事无大小,皆贵乎智。智者何?随机应变,足以得患济事者是也。”从女人的角度来理解这句话便是:聪明的、情商高的女人便是能随机应变,灵活处事之人。

在职场上,各种信息日新月异、更新换代频繁,每个女人都要面对比过去更复杂的环境,而如何迅速地分析、处理这些情况,是女人们把握时代脉搏、跟上时代潮流的关键。因此,灵活应变也是职场女性应当具有的基本能力之一。快速应变能使自己永远处于主动地位,把握事态发展,主动出击以实现既定目标。

与人打交道是职业女性每天必不可少的工作,应对言谈交往中突发状况的能力恰是灵活应变的体现。在谈话中,你若是觉察到自己的语言错误,往往会因心理紧张而产生思维障碍,甚至无法继续讲下去。这时,应变力强的女人能立即针对自己的失误,进行一番合乎情理的阐释,补救尴尬场面。

一次,刘晴出席同事的婚礼,主持人热情地邀请她作为嘉宾上台讲话,上台后,她即兴致辞说:今天,是职业中学的陈先生和经贸公司的张小姐喜结良缘的好日子……也许有人以为我说错了,陈先生和叶小姐不是同在一个公司上班吗?是的,陈先生的确已经从商了,但一个月前,他还是职业中学的一名优秀青年教师。在我们的心目中,他永远是我们的好同事。我愿借此机会,代表职中全体教职工,向一对新人表示最真挚的祝福!

显然,刘晴一时激动,把新郎现在供职的单位介绍错了。也许她从听众异样的表情上觉察出了自己的口误,于是,稍稍停顿之后,她迅速应变过来,巧妙地进行了阐释。听了此番入情入理的阐述,谁还会责怪她语言上的小小失误呢?

刘晴这一化错为正的表白,不仅自圆其说,弥补了自己的过失,而且增强了抒情的真切感,产生了独特的现场反应,这不得不说是她出色应变能力带来的效果。同样,身为化学教师的王澜也应用她的应变能力因势利导,化课堂上的尴尬气氛为活跃氛围。

一次公开课上,王澜在演示试验前讲道:"当我们把燃烧着的金属钠放到装满氧气的集气瓶中时,将会看到钠剧烈燃烧并生成大量白烟。"然而在演示时集气瓶中出现的不是白烟而是黑烟。全班大惊,同学们吵吵闹闹地议论起来。王澜很快意识到这是由于自己的疏忽而忘记把钠表面的杂物清洁干净而导致的结果。但她马上冷静了下来,并将计就计,继续把试验做下去。

她问一位同学:"你看到了什么?"学生不说,她鼓励说:"要实事求是,看到什么说什么,这才是科学的态度。""王老师,我没看到白烟,而是黑烟!"学生鼓着勇气回答。"你的观察很准确。"王澜勉励着同学们,并进一步启发说,"这样看来,刚才燃烧的东西就不是金属钠了!可是,这的确是块金属钠。那么,刚才为何燃烧出现黑烟呢?请同学们回忆一下金属钠的物理性质与储存方法。"王澜此话说完,同学们一下子活跃起来,纷纷抢着发言:

"金属钠性质活跃,不能裸露在空气中,而是储存在煤油中。""对了!"王澜怀着歉疚的心情对同学们说,"由于老师的疏忽,实验前没有将沾在金属钠上的煤油处理干净,结果发生了刚才的实验事故。为了揭示上述错误原因,老师不打算回头处理煤油,而是让沾有煤油的金属钠继续燃烧下去。请大家想想,燃烧的过程中,烟的颜色将发生什么变化?""黑烟之后将出现白烟。"同学们异口同声地回答道。

于是,王澜重新点燃了金属钠,刚开始还冒着黑烟,不过放入集气瓶后逐渐变淡。王澜将燃烧着的金属钠又移至另一个集气瓶中,燃烧变剧烈了,似乎听到了"嘶啪"的响声,集气瓶中的白烟不断翻滚。"同学们,你们的预言实现了!"课堂上响起了热烈的掌声。

王澜面对因自己疏忽造成的课堂"异变",沉着冷静,快速应变,收到了神奇的效果,充分展示出了应变之术的魅力。其实,职场本就充满着选择和被选择,选择工作对于女人来说是一个重大的决策,职业生涯又如战场,而战场上瞬息万变,未来又充满着机遇和挑战,这就需要你及时应对,运筹帷幄,以到达"海阔凭鱼跃,天高任鸟飞"的理想境地。

在波澜壮阔的职场上,精英女人们要学会为自己作好职业生涯规划,插上腾飞的翅膀;在变幻莫测的职场中,聪明女人们要学会作好你的职场应变计划,扬起前进的风帆。相信从现在做起,你的计划终将变成现实,美梦终将会实现。

 让亲和力为你的职场生活助威

职场女性的亲和力是以善良的情怀和博爱的心胸为依托的一种发自内心的禀赋和素养，是一种让人很舒服又有接近欲的磁力，是一种难能可贵的情商。

亲和力是职场女人必备的情商技能，简单说来就是，个人的形体上具有一种力量，能让周围的人感觉你很和蔼。这是一种不受到职位、权威等约束而真挚流露的一种情感力量。

在如今人际关系微妙的职场中，上下级、同事间及时沟通相当重要，如此才能使工作得以顺利完成。作为女性领导如果高高在上，缺少亲和力，则无法和下属及时沟通和交流，难以开展本职工作，甚至会流失掉许多商机。同样的，作为女性员工如果性格孤僻，缺少亲和力，恐怕和老板、同事都很难建立良好关系，就更谈不上团队合作了。

良好的亲和力不但能创造建立和谐的工作环境，让你获得更多友情，感受到人与人之间的关爱和温暖，还能让你经常保持愉快的心情，储存更多的人际资源，勇于面对各种挑战，收获意想不到的机会。

大学毕业后，李芊进入一家公司的策划部。刚入职时，部长对她们新人说："公司要求你们做个全国促销方案的策划，时间是一周，董事长要亲自过目。大家都是年轻人，好好抓住这个机会。"冥思苦想之后，她决定在策划方案的数量上超过他人。在规定的时间内，她将 4 份文案交给了部长。几天后，部长转告她，董事长要她去他办公室。

“坐,小姑娘,我有个故事要讲给你听。”刚进房间,董事长便对她说,“‘森林之王’老虎一胎产下两个宝宝,所有的动物都来祝贺,唯有老鼠不以为然。因为它刚刚产下10只老鼠,觉得‘森林之王’不如它。猴子知道了它的心思,说:‘老鼠呀,10:2是客观存在,但你忘了,人家的品种比你好得多呀!’我的故事讲完了,你的4个策划案我看了,也看出你尽了100%的努力。但你忘了,当你把100%的努力投入到4个策划案中的时候,每个方案你只有25%的努力;而你把100%的努力投入到一个策划案的时候,你得到的是一个100%的策划案!数量只是一个标志,质量才是根本,我要的是精品,而不要庸作,哪怕你有很多。”

通过这样一番谈话,李芊既认识到了自己的问题,又觉得董事长和蔼可亲。于是,更加用心地工作起来。两年后她成了公司的策划部主任,而她也经常对下属灌输董事长的故事。后来她由策划部调到经营部。这一年,公司董事会决定,由现任中层各自率领自己的团队开展为期一年的工作,自负盈亏。很快,公司将分管的城市名单分配下来,而分到她手里的几个城市,全是偏远不发达地区,明摆在为难她。隔天,她向公司递交了辞职申请。董事长再次把她叫进了办公室。

“盘子里有3块西瓜,一块300克,另两块均200克,你要哪块?”“我要大的,要300克的。”她赌气地说。“好!那我要200克的,我们一起吃,我的相对小些,所以我先吃完,那么盘里剩下的应该给我吧。你刚才赌气要大的,想占便宜,但是结果呢?表面上我吃小的吃了亏,但是我两块可是400克呀,比你要占便宜呀!同样,你并没有了解那些城市的本质,为什么就断定那里没有市场前景呢?表面的东西可以迷惑人的,但是一个成功的商人不会被表面的大小好坏迷惑,市场是做出来的,是不分大小好坏的。这是你的辞职信,你可以选择重新递交或者收回。”

董事长又一次用他的亲和力感动了李芊,让她有勇气继续挑战自我。在李芊被破格提升为公司高级管理人员的当天,董事长在办公室给她讲了第三个故事："在一个仓库里，几个人把一块手表丢了，大家竭力寻找，却怎么也找不到，后来……"她没想到的是这样一个老掉牙的故事，就插言道："后来一个小孩趁这几个人休息的时候来到仓库，趴在地下，找到了那个手表，因为他用耳朵听到手表滴答滴答的声音。""很好，看来你听过这个故事，但是你明白这个故事吗？""当然知道，就是要我们学会倾听，倾听可以发现许多意想不到的事情！""没错，但是你在倾听我说吗？自信是商人成功的标志，但自信和自负是不同的。你现在是公司的高级管理人员，如果你不去倾听来自员工的声音，你将和市场脱节，懂吗？"从此，这些故事一直跟随着她，董事长正是用自己的言传身教，告诉了李芊亲和力的力量。

当然，想做一个有亲和力的女人，也要把握一定的尺度，万事不可做得太过，月盈则亏。在你努力保持亲和力时，也要坚守自己的原则，错误的事一定不要委屈自己去做。凡事切勿自轻自贱，跟同事、上司交往，总怕被别人笑话，总赔着小心，总说自己不如人，这样不但不能给人留下亲切的印象，反而会让人慢慢地远离你。

亲和力是一门职场学问，不足或太过都会导致不良后果，而如何把握这个度，就需要我们在职场中慢慢摸索、锻炼。

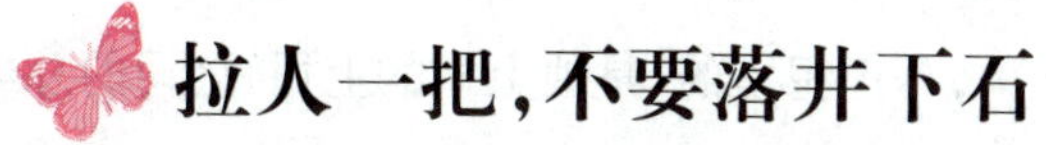

拉人一把，不要落井下石

人常说风水轮流转，每个女人在职场中都有走下坡路的时候，如果是自己，你要坚强而乐观；如果是他人，要拉人一把，切不要幸灾乐祸。

有人调侃说："人在江湖飘，怎能不挨刀。"在现代社会，女人的江湖就是职场。

职场上人心复杂，相互之间又有利益的牵扯，更会有矛盾的冲突。竞争虽不是你死我活，但也是你上我下。有人说善良的女人在职场中处处被人欺负，但善良是女人最好的品质。虽然有利益冲突，但在功利面前，女人更要摆正心态。

然而，有些职场女人只顾一味往上爬，对人势利眼。同事要升迁了，她们整日凑到身前嘘寒问暖，请客吃饭。同事遭贬了，就爱答不理，在背后说起他人的坏话。这样的女人，实在遭人反感，自己却浑然不知。

有修养的女人身处职场要始终保持良好的心态，在同事或朋友遇到坏事或被降职时候，更应该给予关心和帮助，而非幸灾乐祸，甚至落井下石。

有一天，公司宣布了一个爆炸性的新闻，公司的骨干员工小莉不知何种原因被开除了，这个消息在办公室里一下子炸开了。开除一个员工而已，这在一些大公司并不是新闻，为什么会引起这么大的反响呢？

原来，小莉的离开并不是因为她犯了什么错，相反，年轻的小莉虽然才进公司不到一年，却把自己的工作干得井井有条，业绩更不在话下，高居销售业绩的榜首。大家都很欣赏她出色的办事能力，甚至有传闻说，她就是下任经理的热门人选。

这样一个能力出众的员工，怎么会突然被炒呢？公司里的同事都很不理解。后来，总经理的秘书小黄道出了其中的奥妙。这次的这件事情，小莉只是一个替罪羔羊，真正犯错的，是他上司的上司，公司的总经理霍先生。

小黄说："这次与公司合作的是一个大企业，光连锁店就好几十家，如果与这样的企业成功签约，公司就可以一下子挣够几年的利润了。所以总裁也特别关注这次合作，特意让总经理跟进，怕经理带着新人出乱子。可没想到，这反而导致了这次合作的失败。霍先生因为自己的失误，没签成约不说，还让公司白白损失了好几十万。老总急了，非要找出个人来对这次的失误负责，经理平日里跟老总关系很好，没办法拿他开刀，这才把小莉当成了替罪的羔羊。”

大家听了十分不满，都为小莉感到不值。小黄看了看周围，又小声地说：“我还听总经理在电话里跟别人说，这件事就这么过去了，以后谁再提，或者把事情弄得满城风雨传到总裁的耳朵里，谁以后也别想在公司立足了。”

小黄说完，姗姗而去。大家愤愤不平的情绪也因为小黄的最后一句话一下子给平了下来。是啊，人家是总经理，公司的二把手，你抱不平又能怎样？帮小莉讨公道，岂不就是与老板对立，帮不了小莉不说，恐怕连自己的饭碗也不一定保得住。这么一想，大家都突然平静下来，默默散了场，回去继续自己的工作。

小莉远远看着冷漠的同事们，什么都没说，只是走到自己的办公桌面前收拾起自己的东西。这时候，有人拍了拍小莉的肩膀，扭头一看，竟然是自己的顶头上司副经理。

副经理把小莉叫到外面，说：“我知道这次不是你的责任，我也找老总反映了，但你知道，企业经营的就是一个‘人’字，总裁虽然知道了事情的真相，却怕突然开除了总经理，公司的士气受到影响，还是没有改变初衷。不过，因为是公司理亏，所以我帮你争取到了不少的解约金。”

副经理的话让小莉心里一阵感动，副经理处处为她争取利益的用心使她感受到了关爱，让她从冷漠的人群中感受到了一点温暖。

“没关系，你还这么年轻，又有这么强的能力，相信是金子早晚会发光，到别的公司，你也同样会受到重用的，好好干！”副经理又拍了拍她的肩膀，转身走了。留下小莉和她心里的一片感动。

我们常说公司政治，身处职场，没有绝对的公平可言。副经理是正直的，没有迫于高层的压力而对小莉不理不睬，反而热心安慰小莉并为她争取权利，虽然最后小莉还是被迫离开了公司，但在她的心里，不是对冷漠的同事的伤心，也不是对社会不公平的不满，而是对副经理的感激和对公司的理解。

无端地为总经理背了黑锅的小莉回到家，并没有因为失去工作而灰心，反而因为副经理最后对她能力的赞赏而充满了更大的斗志。在原来的工作经验的基础上，她看准机会，用全部的积蓄和副经理为她争取来的解约金，投资了一个项目，获得了成功，还开了自己的公司。虽然规模不大，但小莉却开始了属于自己的事业。

世界上没有绝对的事，令所有人大跌眼镜的事发生了。几年后，小莉原来所在的公司，再次因为总经理的失误而惨败，可惜这次并没有那么好运，公司宣布破产。而小莉的公司却越做越大，发展得越来越顺利，成功地在市场上占据了一席之地。这时，已经身价千万的小莉来到曾经的副经理家中，请他来担任自己公司的副经理，帮她管理整个公司。

她说："没有当初您的帮助，就不会有我的今天。"

小莉投桃报李扶助了下岗的副总经理，这在她看来是理所应当、顺其自然的事情，而对于副总经理来说，则是种善因得善果。

在变化莫测的职场中，我们可以推人一把，也可以拉人一下。推人一把可能置人于死地，拉人一把则可能救人于绝路，推人一把可能将人越推越远，拉人一把则会拉近彼此的距离。同样能够改变别人的命运，那么我们为什么不选择拉人一把呢？

在别人陷入困境的紧要关头，伸出双手去拉别人一把，这是一种付出，却也是一种回报。于内心，回报了你助人的骄傲心境；于生活，在别人的重要关头拉他一把，别人才有可能在你的紧要关头，拉你一把。如果人人都有"拉别人一把"的良好心态，职场上将会平静很多。

当然，这是我们的良好愿望，现实处境并非会随着我们的想法而改变。如果你哪一天不小心在职场翻船，甚至落到了"井里"，在期盼别人拉你一把之时，自己也要做好"奋起"的心理准备。

很久以前，一头勤恳的驴子在帮主人驮运货物返家的时候，不小心掉进了一口很深的枯井。它试图向上爬,但无论怎样努力,都无济于事,它的同伴在一旁冷眼看着,主人也束手无策。驴子的叫声引来了一大群人的围观,人们纷纷感叹:“看来驴子只有死路一条了。”人们摇头、叹息、无奈。只有驴子由于求生的本能,还不停地把蹄子往井壁上磨蹭,努力地想要爬出井口,当驴子也停止努力的时候,人们开始商讨办法,最后一致地决定:就地把驴子掩埋了,因为驴子本身不可能爬出那么高的井口,而人们也没有办法把它从深井中拉出来。

人们开始找来铁锹,一锹一锹地向井中倒泥沙,这个时候人们惊呆了,因为那头驴子不但没有让泥沙掩埋自己,反而在一点一点地上升。原来,每当泥沙落在驴子的背上的时候,它用力地把泥沙抖落在脚下,随着驴子脚下的泥沙越来越多,驴子离井口也越来越近,终于,这头可怜而又聪明的驴子获救了。

每个人在遭到霉运的时候,当别人不能帮你脱困时,你不要任凭沙土来埋葬你;而应该要勇敢地甩掉沙土,踩在其上,以乐观的态度去迎接那些看似绝境的时刻,如此,你就能像那头聪明又老实的驴子一样绝处逢生。

适当减压,工作可以干得轻松

职场之大,压力在所难免。这时,保持心绪稳定,才能避免情绪大起大落,为自己营造快乐的生活,进而超越自我,让自己拥有无法比拟的魅力。

职场如战场,身在其中,不可能事事顺心,身为女人,如想闯出自己的一片天下,压力更是如影随形。面对职场压力,或许你情商高,能毫不费力地将其摆脱，甚至能收放自如地利用它，成就更优秀的自己；或许你无从下手，举步维艰，拼命挣扎也逃脱不了压力的旋涡，进而身陷其中，令自己不堪重负。透支自己的精力应对压力，远非明智之举，而适当减压，调节好自己的心情，才能走出压力的重重迷雾，挑战自我的工作极限，成为非凡的魅力女人。

适当调节心情，减少职场压力的第一步便是找出产生压力的原因。职场压力产生的原因是多方面的，有客观的，也有主观的。其中客观因素主要有：竞争激烈、工作任务过重、工作难度较大、预期的目标长期不能实现、事业前景不好、公司内部人际关系紧张、工作要求与自身预设不匹配、工作环境不利于工作的顺利开展等。而主观因素则包括有：女人天生的敏感情绪、对自身年龄的担忧、无法应付过重的职业压力、意志力弱等。

每个人的精力都是有限的，当面对自身无法负担的压力时，诚实地向上司坦白，并主动寻求同事和老板的协助不失为一个调节压力的好方法。李郡正是这样来调节压力，让自己每天都有好心情工作的。

李郡每天提前 20 分钟来到办公室擦桌扫地，这天，她边忙边想：已经月底了，今天无论如何要把这个月的业绩汇总弄出来，不能让老板催。一会儿，老板推门进来对李郡说："你现在忙不忙？"李郡犹豫了一下说："不算忙。"老板说："那好，你把前 10 个月的客户投资分析情况作出来，中午前给我，顺便通知大家，下午 1 点半开会。"花费了几个小时，总算把分析写出来，交到老板那里。

然后，李郡赶紧给大家打电话，通知下午开会的事宜。电话还没打完，老板就拿着她的分析报告说："这太简单，好好改改。"李郡通知完，刚要修改分析报告，同事又叫她去吃午饭。无奈之下，她只好说："你给我捎点来吧！"同事问她："你怎么整天忙个不停啊？"李郡没好气地说："老板安排的，我能不干吗？"

下午一上班，她修改完的情况分析合格了，紧跟着就是开会。老板说：

“公司申请市级文明单位的材料李郡你写吧,你写得还行,怎么样?”当着大家的面,李郡只好迎头接下,说:“好的。”开完会,已快下班了,看着别的同事有说有笑地下班,李郡却要加班,想到手头工作如山一样压着她,她顿时觉得心烦意乱。

隔天,她终于鼓足勇气向老板倾诉了自己的烦恼,希望老板能适量地为她减轻工作压力,老板在认真思考之后,将她的工作分派给了其他同事,如今,李郡觉得工作起来开心多了。

面对职场压力之时,情商高的女人往往不会心甘情愿地把所有压力都承担下来,而是理智地请示上司有些工作是否可以分解一下。如果你一味硬撑,那么上司可能会认为你很能干,而给你布置更多的工作,让你喘不过气来。

在充满竞争的职场中,出类拔萃的女人比比皆是。这时,设定适合的职业规划目标就显得尤为重要,而这亦是适当减少压力的重要方法之一。何亭的减压之道正是源于此。

何亭研究生毕业后,应聘到一家刚成立不久的外贸公司。她准备在此豪情万丈地干一番事业。

不久,何亭所在的小组通过洽谈,收到了一笔为数不少的订单,在总结会上,老板表扬了好几位老同事,唯独没有提何亭。何亭很不服气,她想:如果不是自己用流利的英语帮着打通众多关键环节,对方怎么会那么痛快地签协议。可看到客户总喜欢找业务员老李联系业务,又感到了压力不小,于是她暗自下了“一定争第一”的决心。经过一番深思熟虑,何亭主动提出去开发公司一直不景气的欧洲市场,并拒绝了经理给她安排的人手。但由于她一心想发展大客户,却不把中小客户放在眼里,结果几个月过去了,她的业务却没什么起色。后来,经理派了老李协助她工作,在老李的加盟下,他们在年底前完成了十几笔业务,欧洲市场逐步红火起来。他们也因此在年终得到老板的嘉奖。虽然何亭拿到了可观的红包,但她不仅不高兴,还满心失望。在后来日复一日的工作中，何亭经常觉得现实离自己的期望很远，心理压力很大。

在一次偶然和一位学姐聊到这些时，学姐劝她不要给自己设立太大的职业规划目标，而应该设立容易实现的目标，一步步前行，这样既不会增加心理压力，又能看到自己的成长。在学姐的指点下，何亭调整了自己的心态，渐渐又找到了工作的激情。

在强手如林的职场，如果你暂时无法保证自己成为最优秀的女人，那就在工作不出现差错的情况下，使自己成为中等人才，如此循序渐进，才能不断促使自己成长。如果一开始就设立过高的目标，让自己压力过大，那反而不利于自己成长。

女人身处职场，本应尽情享受工作的乐趣，如果你不会调节压力，自己为难自己的话，那就会忽视生活的本真，使自己垂头丧气、信心全无、身陷囹圄，如此如何感受到工作的快乐呢？适当为自己减压，学会在职场中笑看云起云落，静观花开花败，宠辱不惊，去留无意，多一些乐观，少一些烦恼，才能让自己轻松地工作、生活！

{Chapter 7}

金钱情商：财智女人做好金字塔的建筑师

女人天生有自由浪漫的思想倾向，缺乏现实的生活态度。年轻时可以多梦，但在20~35岁的时候，你已经应该完成了向平和、稳定、富裕的生活状态的过渡，这样才能保证你在以后的岁月里，不为自己两手空空、无可依靠而懊悔。财富犹如金字塔，富有的总是少数人。赚钱能力考验的是一个人的综合素质。与男性相比，女性在胆识、魄力、理性思维上有差距，但她们依然拥有自己独特的优势，坚韧、细心、直觉和天然的交际能力都是女人赚钱的法宝。

 聪明的女人，以知识换取财富

当今是知识经济时代，社会的财富大部分源自于知识，但是有知识并不意味着你一定有财富，知识越多也不意味着你在经济上越富有。为了在这个竞争激烈的社会上生存，聪明的女人要学会用知识换取财富。

弗朗西斯·培根说："知识就是力量。"我国古文《劝学》中也说："书中自有黄金屋。"这些都很好地说明了知识能获取财富。对于相对弱势的女人来说，知识更是我们安身立命的重要资本。

知识经济是一种可持续发展的经济，按照世界经济合作及发展组织的说法，知识经济就是以现代科学技术为核心的，建立在知识和信息的生产、存储、使用和消费之上的经济。

在现今金融危机的情况下，知识分子的就业相比较以前显得比较艰难。女性由于生理与社会环境的原因，就业一直以来就受到歧视，在这样的情况下，女性将知识转换成财富的困难就更大。因此，很多女性消极地认为"学得好不如嫁得好"，大学毕业不是先忙着找工作而是忙着找对象。当然，找个好对象本身无可厚非，关系到女人一辈子的幸福，因此不可不重视，但是，聪明的女人应该既要把握住幸福爱情，也不能放弃自己用知识换取财富的努力和信心。

在现代社会，靠知识赚钱已经被无数的事例所证实。有一些人也许能凭着某个好的机遇或者某个特殊的时机得一时之利，但是这种没有知识积淀的财富最终都会被淘汰。知识经济时代的竞争，最终还是"智慧"之间的

较量,哪怕是“在商言商”的商人们,追求的也是用知识换取财富。

在19世纪初,福特公司发生了一个有趣的故事。

当时,福特公司的一台电机发生故障,整个公司这方面的行家都被难住了,没有人知道毛病出在哪儿。这些行家们又对这台电机进行多次研究,仍然是一无所获。最后他们不得不请来了德国著名的科学家——斯坦门茨。

斯坦门茨随身只带了一块塑料布和几支粉笔,他在那台电机旁整整待了三天,不断地观察,不断地计算。最后,他在发动机上划一道线,然后对福特公司的人说:“请打开电机,沿线将里面的线圈减少16匝。”

人们按照他的说法做了,果然电机重新开始工作了。

结果,斯坦门茨要价一万美元,经理不禁愕然,让他填材料费用单。只见斯坦门茨挥笔写道:“画一条线,1美元;知道在什么地方画线,9999美元。”

知识是技能的基础,技能是知识的体现。斯坦门茨知道在什么地方画线是一项别人不具备的技能,而9999美元是他知道在什么地方画线这项技能带来的财富,并且这项技能还是可以无限使用、可持续发展的。

福特公司发生的这个故事是知识转变成技能再换取财富的一个很好的例子。只有把知识运用到实际生活中,知识才能转变成财富,这个时候的知识才具有价值。

用知识赚钱虽然能鼓舞人心,但是绝对不是大话空话。它需要你平时就夯实基础,只有这样,在需要的时候才不至于“书到用时方恨少”。

《人民日报》1992年6月报道,北京某名牌衬衫厂向日本出口了一批衬衣。这批衬衣途径北海道,但日本客户在港口启封时,竟然发现衬衣盒子里有成群的黑压压的蚂蚁,日本人当然就不干了。日方老板就此提出强烈抗议,要求中方赔偿损失。

而中方负责人也感到十分纳闷,生产程序到发货运输都是按规定进行的,这蚂蚁是从哪儿冒出来的呢?

无奈之下,北京衬衫厂请来了一位专家,这位专家就是浙江农业大学的唐觉教授。唐教授从事蚂蚁研究已有数十年的历史,堪称是这方面的权威。

结果,唐教授和他的助手们,只花了三天时间,就拿出了一份鉴定报告,报告显示:伊氏臭蚁,是日本的“特产”,中国京津塘一带,无此种类。

这下,日本人再也骄横不起来了。北京衬衫厂因此挽回了100万元的经济损失,而且,日本客户为补偿给北京衬衫厂造成的名誉损失,每年增加订购2万件衬衫。

在这个故事中,唐教授和他的助手们只花了三天时间的一份鉴定报告就帮北京衬衫厂挽回了巨大的经济损失。

上面的两个例子都说明了灵活运用知识对于获得财富的重要性。在现代社会,虽然在择业时会对女人有一些歧视,但是在工作过程中,不会因为你是女人就对你放低要求。而把知识作为最重要的资源的知识经济时代,也给了女人更大的发展空间。

来到这个世界上,我们都有存在的理由。随着年龄的增长,每个人都会学有所长,但是随着时间的流逝,只有极少数人才能把自己的优势转变成价值。这是因为他们能利用自己的所学,用一种开阔的心胸看待生活,能把自己的知识运用到实际生活中去,把零散的静态的知识转变成有意义的技能,进而换取财富。

对于女性朋友来说,知识经济社会给了大家前所未有的机遇与压力,同时却也面临着社会更加激烈的竞争。聪明的女人,应该学会整合自己的知识,借助环境的有利因素发掘出自己的潜能,把自己的知识转变成财富,并且让知识成为财富的源源不断的来源。

面对金钱，女人要有正确的观念

在尊重金钱的市场经济环境下，女人如果能正确认识金钱的作用，对金钱有一种现实的心态，生活就会少走很多弯路，人生之路也会更加平坦。

财商这个概念对于大多数人来说并不陌生，但是真正理解其内涵的人并不是很多。财商是一种重要的个人能力和素质，与智商、情商并列。有人这样理解，智商反映人作为一般生物的生存能力；情商反映人作为社会生物的生存能力；而财商则是人在经济社会中的生存能力。为了提高自己的生存能力，为了让自己仅有一次的生命尽情绽放，如今社会的女人更要提高自己的财商，用一种现实的心态去面对和看待金钱。

很多女人，尤其是高知识分子女人很忌讳甚至反感和别人谈钱，认为和别人谈钱会玷污感情的纯洁，很世俗。年轻的时候，女孩们会聚在一起玩扑克牌算命的游戏：从一整副扑克中任意抽取 10 张牌，红心代表爱情，黑心代表事业，梅花代表幸运，方块代表财富。你所得的花色，就是这 4 种东西在你生命中所占的比重。涉世不深的女孩总希望自己多抽出几张爱情，把爱情置于所有一切现实之上。但是等真正经历了生活的跌宕起伏与历练之后，她们会明白：生活是变幻莫测的，很多时候，人生没有选择，在没有退路与选择的时候，金钱却能维系自己生活的安宁。

随着爱情观念和社会环境的不断变化，社会对女人的要求更多，女人承受的压力更大。如果感情一旦破碎，金钱的纠纷很容易使得男女双方昔日的“山盟海誓”变成恶言相向，而女人往往都是最终的受害者。

爱情幸福的时候，女人觉得痛苦的那一天离自己很远，对自己的明天充满着无限憧憬和信心，很乐观地认为彼此都是幸运的脱俗“另类”，觉得去考虑和计较金钱的事情完全多余，甚至认为是对感情纯洁的一种否定。但是，等到感情一旦出现问题，生活一旦出现变故，如果这个时候的女人，金钱也还是个问题，那可真所谓“屋漏偏逢连夜雨，船迟又遇打头风”。

美国科学研究发现：女性平均寿命比男性长7年，因此，即使婚姻幸福，你暂时不用去为金钱操心和计较，但是当女人单独面对现实人生的时候，你也必须去面对这个现实的社会。虽然说现在男女平等，男女各顶半边天，但是现实社会中，相比较男性，女性普遍处于劣势。女性收入普遍低于男性，即使同工也不同酬，经济一旦出现波动，女性下岗的几率也比男性大。

世界级的理财大师博德·雪佛说：“钱当然不能代替爱情，但是，爱情也不能代替钱。”因此，对于女人来说，爱情非常重要，金钱也万万不能忽视。爱情和金钱的完美结合才称得上真正的幸福。为了把握自己人生和命运的主动权，对于金钱，女人必须事先做好准备，未雨绸缪。

在传统的社会，女人一直都被灌输“嫁鸡随鸡，嫁狗随狗”的观念，一些早早地把高薪工作、会赚钱的老公、豪宅名车、安定的生活定为自己最高目标的女子，一开始时常会遭到大家的鄙视。但是随着时光的流逝，对比之后，你会发现，她们的选择也许过于现实，但很多时候却是正确的。你年轻的时候，来去匆匆，为衣食奔忙，不会有太多消极的感触，甚至还会为自己觉得自豪，但是等到四五十岁的时候，你已经没有那样的精力与体力，你无法再和年轻人处于同一竞争水平线上，如果你依然无法过上安定的生活，那就只能自己独自忍受人生的苦涩。

这样并不是说，只有变得世俗，才能过上安宁的生活，而是说，如果能对金钱有一种现实的态度，年轻时就未雨绸缪，就不至于在年华老去后，还要为金钱而过着疲于奔命的生活。

阿兰和小米是同一大学的同班同学，而且是住上下铺的好姐妹。但是因为生活观念的不同，两个人的分歧越来越大。小米喜欢文学和美术，是一群男孩子众星捧月的焦点，课余时间她不是参加学校里文艺社团的活动，就是出去看画展或写生；阿兰却只读经济新闻和生活杂志，衣着打扮也规规矩矩，虽然很讨师长们的欢心，在小米眼里却显得拘谨而保守。渐渐的，阿兰成了小米眼里的“俗人”，再也不屑于与之为伍。

毕业之后，两人各奔东西，很多年也没有再联系。

10 年后，一个偶然的机会，小米遇到了阿兰。这时候小米已换了好几次工作，如今正为下一个工作奔波。因为性格不合，前几年她就与先生离了婚，暂时寄居在姐姐家里，由于压力太大，她的皮肤变得粗糙，身材也开始发福，显得十分落魄。阿兰看起来却和当年没什么两样，容光焕发的她反而比学生时代更为美丽。原来，她以逐年积累起来的工作经验，赢得了一家外资企业的青睐，如今年薪不菲，嫁给了一个相当有能力的律师，日子过得十分安逸。

人生没有返程票，任何人都只有一段青春。每个女人年轻的时候都会有理想，对于爱情和婚姻都会有浪漫的幻想。但是“贫贱夫妻百事哀”，优裕的生活才能保证爱情和婚姻的幸福。上面例子中的阿兰和小米之所以有这么大的区别，就是因为一个经济上贫贱一个生活上富裕。精神从来都是建立在物质生活的基础上的，精神价值也只有在现实价值中才显得更有光彩。

对于年轻的女子来说，不管你现在是倾国倾城还是相貌平平，你终究有衰老的一天，你终究得面对现实的生活。所以尽早地对金钱有一个现实客观的心态，就能让你以后的人生之路少一些挫折。而对于那些韶华已逝的女子，如果现在还没找到方向，只要自己能调整好心态，以后的人生之路才会更加平坦。

 从小处着手是女人赚钱的秘诀

清朝的曾国藩有一句名言：“大处着眼，小处着手。”对于想赚钱的女人来说，每个人都怀揣着自己的梦想，但是如果离开了自己的客观条件，眼高手低，创业很可能遭遇惨败，从小处着手才是良策。

任何事情刚开始的时候，往往是人自信心最充裕和激情最膨胀的时候。对于很多想着创业的人来说，刚开始时缺的不是创业的激情，缺的是做事的那份踏实。对于赚钱，很多人都有一个认识上的误区，认为只有规模才能出经济，小打小闹难成气候。其实在刚开始创业时，绝大部分都是白手起家，想靠着创业来赚钱，积聚资本，客观上也不具备规模经济的条件。并且，在现在市场发育比较成熟的时候，有时候规模也可能不经济，关键的是要肯动脑筋，找准落脚点，从小处着手，运用得好小块头也能玩出大花样。

有一个叫江琳的河南开封女孩，有一天，她看见女友系的一款腰带非常别致，突然灵光闪现，觉得开个“时尚腰带专卖店”应该是个不错的创意。因为她觉得年轻爱美的女孩都会非常重视腰带，而这种“腰部商机”暂时还未受到重视。

在有了想法后，2002 年 7 月，江琳用打工积攒的 2 万元钱，在珠海一条不起眼的小街上租了个巴掌大的门面，开起了“时尚腰带专卖店”。由于她的想法很特别，小店很有特色，生意一开张就吸引了大批青年男女。

渐渐的，一些精明的人也跟风做起了时尚腰带生意，“家穷业薄”的江琳顿时感悟到，开这种毫无“技术含量”的小店，注定会面临激烈的市场竞争。如果能专为都市男女提供腰带定制服务，让每个人都拥有一款自己参与设

计、世间独一无二的时尚腰带，岂不分外“腰”娆？后来，江琳又将小店从“专卖”向“定制”转型，生意特别红火。为了让自己的小店在众多小店中突出来，江琳不断发挥自己的创意，如“腰带手绘 DIY”、网上宣传“腰娆吧”、成立连锁“腰娆吧”，后来每个月的利润都能超过 10 万元。

每个生意人都想做大的生意，期待着大的发展，渴望能把握最新的机遇，但是“机遇只垂青于那些有准备的人”。上面例子中的江琳，她也是个想做大生意的人，但是在实际的创业过程中，她还是从小处着手，从一个巴掌大的门面开始，在生意发展的过程中，不断思索，从小的细节上突破，不断准备，慢慢就形成了自己的优势。

从小处着手，不是说要限制你发展的思维，一味地去规避市场的风险，市场风险是客观存在的，优胜劣汰是客观规律。小是最初的阶段，大才是发展的最终目标，但是任何大的事物都是从小的阶段发展起来的。

经济学家说：“小就是美。”现在富起来的温州商人，当初做的都是小本生意，谋生的主要方式是走街串巷、推销温州生产的各种小商品。他们独特的经营策略是：本钱小的人不做大买卖，与其力不从心死撑面子；不如集中资本，小处着手，踏实干事。不要认为鞋、包、纽扣等是小商品，只要做得好，仍然可以风靡全世界。这样的企业，往往“船小好掉头”，灵活、以小取胜。现在市场竞争的规则并不一定是大鱼吃小鱼，真正的规则是快鱼吃慢鱼，游得慢的鱼被游得快的鱼吃掉。

女性由于性别而生的性格原因，从小处着手更有优势，因为相比较男性，她们会更加细心，但是女性可能会更要面子，很多事情会被她们归结为“不体面”。女人赚钱，从小处着手，也要摆脱这种意识的影响。任何事情在做起来之前都是不起眼的，只有在做成功了后才被镀上金色的光芒。可口可乐在未做成品牌之前也只是普通的糖水。现在市场上很多“体面”的大生意都是从当初小的“不体面”做起来的。

Elisa 在 2008 年时就已经拥有了十七个百货专柜，营收过亿。忠孝东路太平洋 Sogo 百货二楼，Elisa 的饰品摊位连续三年夺得 Sogo 饰品销售第一名；每个月平均绩效六十万元，比同业高出三成。

小小的饰品，营业额能做到上亿，可是，这样骄人的成绩背后，却是黄惠琼和她的先生陈昱成从夜市路边摆摊做起的。

黄惠琼学生时代曾在贸易公司打工，认识专门做饰品外销的工厂，因此决定批发饰品来卖。她到士林及中永和的工厂，以“想买几个饰品送妈妈”为由，分几次凑了三十几个饰品，再买一个 007 手提箱摆放饰品，就跑到不会遇见熟人的中坜夜市摆起地摊来。

因为有到饰品外销工厂验货的经验，她知道如何看镶工、材质；她也观察到，国外客户的订单大多落在几款特定饰品上，这几款应该会很好卖。

黄惠琼第一次是挤在肉羹面及卖衣服的摊子中间卖饰品。当时陈昱成总觉得，自己一个大学毕业生竟然沦落到摆地摊，岂不丢脸，载着黄惠琼到夜市后，就借口视察市场，留黄惠琼一人守着饰品摊。黄惠琼眼看丈夫比她还胆怯，只好硬着头皮叫卖。

后来慢慢地他们生意做大了，就把饰品生意做到百货公司里。黄惠琼在明曜百货销售半个月进账四十五万元，是路边摊一个月收入五万元的九倍。后来，经过艰苦的努力，打通了太平洋 Sogo 百货的大门。

黄惠琼从小摊贩熬成了专柜天后，有力地证明了暂时的小并不意味着永远的小，只要你有把小转变成大的智慧和勇气，今日的小就孕育着明日的大。

女人看任何事情都要按照事物的发展规律去理解，用一种客观的、发展的眼光去看待眼前的事物。女人赚钱，要有“大处着眼”的视野，更要有小处着手的行动，小处着手才是赚钱成功的保证。

会赚钱的女人不受亲情的羁绊

“理智与情感是人生中最难的一道题，用感情覆盖理智是幼稚，完全理智是空谈，成熟的标志是把两者分开，可以用感情去看问题，但是必须用理智去解决问题。”女人天生就是感性动物，在赚钱的时候极易受感情的影响，而亲情似乎是一道很难跨过的坎儿。

正如很多人亲身感受到的，在最无助的人生路上，亲情是最持久的动力，给予我们无私的帮助和依靠；在最寂寞的情感路上，亲情是最真诚的陪伴，让我们感受到无比的温馨和安慰；在最无奈的十字路口，亲情是最清晰的路标，指引我们成功达到目标。相对于男人来说，由于社会角色的要求，女人有更多的机会和理由去感受亲情的爱和温暖，因此她们的心更加柔软，对于亲情也更加注重。

女人对于亲情的关注本身无可非议，但是如果把这种感情带到事业和赚钱中，女人就很容易因为感情而忽视市场规律，在事业发展的初期这种盲目的“感情用事”的影响会不是很大，但是当事业发展到一定规模，如果还是一味凭“感觉”，很可能，亲情会变成你通往财富道上的“羁绊”。

王安曾领导公司生产出了对数计算机、小型商用计算机、文字处理机及其他办公室自动化设备，在美国的计算机领域中起了领导和先锋的作用，他不愧是一位有胆识的企业家。在其事业发展顺利的时候，王安说出了公司要在20世纪90年代超过IBM的豪言壮语。

但是当王安的儿子王列执掌公司的时候，一切发生了变化，原来由王安建立的公司内部平衡机制失调了。由于受不了王列的工作方式，王安实验室的三个重要成员都离开了公司，他们曾经为公司带来了几十亿美元的利润。

王列从1986年接手公司以来，在一年之中让公司亏损了4.24亿美元，公司股票在3年中下跌90%。王列没有像王安那样从几十年奋斗中积累经验，没有像王安那样的开拓精神和魄力，在商场的斗争中显得那样幼稚和脆弱。当暴风雨来袭时，他茫然不知所措，把公司搞得支离破碎。

王安这位在西方闯荡了几十年的电脑英雄，他用自己的铁掌控制公司长达40年。在他晚年的时候，在家庭和企业的发展之间，他更顾及前者，用一种感性的处理方式来看待自己的事业。根深蒂固的亲情至上原则，使他葬送了自己的事业，在寻求集资和其他挽救方法无效后，王安公司不得不于1992年申请破产。

相对于事业，亲情并不是洪水猛兽，处理得好，还会促进事业的发展。但是在事业中，女人还是应该把事业和亲情区分看待，如果一味地为了顾及亲情，很可能你的事业也会被葬送掉。王安的例子就是因为太顾及亲情，而把自己苦心经营几十年的公司葬送了。

根据美国《家庭企业评论》所发表的一篇报道，在全球500强企业中，37%是家庭企业。另据有关资料显示，世界上大约80%的企业与家族有关。在美国和欧洲，早期的工业化是随着家族企业的兴起而发展起来的，当时的企业基本上都是家族式经营。

因此，亲情是一把双刃剑，主要是看你怎么看待和处理。处理得好就能为自己所用，给自己的事业带来"润滑"效果，处理不好就会伤到自己。而女人因为天性敏感善良，在自己做老板时就更容易陷入"先亲情而后企业"的怪圈。在安置家族成员时，总会尽量满足亲人的要求，哪怕是不需要也会"硬塞"进去。

江燕原在一家服装店做导购，干了几年后，她选择自己创业开店。由于刚开始资金紧张，她从亲戚那里筹集了一笔启动资金。由于擅长经营服装生意越做越大，后来江燕把小店做成了服装超市，并且还有几家连锁超市。“滴水之恩，当以涌泉相报”，为了感激当初亲戚们的帮助，江燕不但加倍偿还了当初的借款，还答应了亲戚提出的所有要求。可惜整整三年，她的生意并未做大，原因是店里的所有工作人员都是亲戚或是亲戚的亲戚，大家按兄弟姐妹的排行称呼，全然没有上下级别，而且没有任何规章制度，请假花钱全凭自觉自愿。所以两年下来，大家非常有亲情，有感情，有自由，有热闹，但是超市没有发展。

江燕也知道自己的服装超市要大力整顿，但是她还是碍于情面，心慈面软，总也下不了手。长此以往，亲戚们也得寸进尺，越来越散漫。最终江燕的服装超市连锁一个个倒闭关门。

在上面的例子中，亲情刚开始是江燕事业发展的推动力，在后期事业有了起色后，由于江燕还是从感情出发，没能妥善处理好亲情和事业的关系，导致了她事业的失败。

现在社会给予女人更多的赚钱机会，但是相对于男人来说，女人需要承受更多的压力，由于传统社会角色的分配，相比较而言，在面向市场时，女人需要突破和改进的性格特点更多。市场规则是客观的，在竞争面前男女平等，现在的社会赚钱难，女人赚钱更难。在赚钱的过程中，对待亲情应该有一种客观公正的态度，这样通往财富之路才会更平坦。

有舍有得，才是赚钱的长久之道

佛经《了明四训》中说，实无所舍，亦无所得，是谓“舍得”。女人擅长精打细算，但是在赚钱的过程中，如果一味地只是获取，获取了之后不懂得与人分享或者及时松手，不懂得舍弃，那么赚钱就会失去很多乐趣，也会失去更多赚钱的机会。

电影《卧虎藏龙》中有这么一句对白：“把手握紧里面什么也没有，把手放开，你得到的是一切！”心细的女人总是很谨慎地看待生活中的每一个机会，赚了钱后她们的手总是握得紧紧的，不愿意松手，从短期来看，她们似乎没有任何一丁点的浪费，似乎她们抓住了人生中每个赚钱的机会，但是“有时候你赢了，其实你输了”，在一种封闭的狭隘中，精打细算的女人可能失去了更多的机会。所以，女人一定要提醒自己，有舍有得才是赚钱的长久之道。

赚钱就必须与人打交道，商业社会里，你需要客户、伙伴、帮手，甚至竞争者。有时候你们的关系是对立的，为了照顾别人的利益你必须放弃自己的一部分利益。但是很多时候，如果你能处理好这种对立，能用一种全局和长远的视角看待你们这些关系，这种对立就能转变成一种和谐与共赢。

做生意的人最在意的是老顾客，拥有自己的老顾客，也就有了自己的核心竞争力。任何一个商人都想使自己的利润最大化，但是有经验的聪明的商人，却会为了自己利润最大化而暂时放弃一部分利润。因为顾客在与商人打交道的时候，他们也是从自己的利益出发，想要自己的钱能发挥最大的购买力。如果商人每次都只从自己的立场考虑问题，那在第一次交易后，就会永久地失去这个顾客，这样也就失去了以后挣钱的机会。相反，如果你在交易过程中能适当让利，让顾客觉得经济实惠，那你在无形中就培养了一个忠实的顾客，你的利润也就是可持续发展的。这就像分蛋糕，如果从一次来看，你和顾客之间是一个你多我少的对立面，但是如果你们把这利润的蛋糕做大了，你和顾客就是再怎么分，相对而言，你们每个人手里的蛋糕都比别人的要多。

金山公司是现在小有名气的软件企业，经历了20多年的市场风雨洗礼，在总结金山长青的理念中，有一个就是有舍有得。

刚开始，金山的创办人张旋龙及其家族100%拥有金山，19年后上市的时候，他们拥有金山股份却不足10%。张旋龙愿意和求伯君分享公司股权，愿意构建舞台让求伯君施展，这样才赢得了求伯君的忠诚。

在金山上市前不久，2007年2月，董事会给430名员工发放了海量期权（占上市完全摊薄后的11%），在所有上市公司中这是绝无仅有的，极大地影响了公司的短期价值。董事会为什么还要这么做？因为和员工分享上市财富，可以保持公司长期发展的动力。

正是这样的一种激励策略，金山聚集了一大批优秀人才，也正是靠着这批优秀人才，金山不断创造骄人的成绩。

在商业社会，商人都追求利益的最大化，金山也是。试想，如果金山不这样做，只是一味地追求自己利润最大化，而不考虑合作者以及员工的利益，那么，它的发展前景会是怎样？

有舍才有得，舍是得的前提和基础，你只有先舍后才能拥有得。在舍与得之间，你必须果断地取舍，否则，你就会错失机会。

在辽阔的草原上，一只饥饿的鬣狗在四处觅食。它沿着灌木间的小路奔跑，来到一个岔路口。在两条岔路口的远方，各有一头山羊绊倒在灌木丛中挣扎不出。鬣狗的口水淌得老长，它想走其中一条路，却又担心另一条路上的山羊被别的动物抢走。最后它决定左脚沿着左边的路走，右脚沿着右边的路走。但是两条路越分越开，相隔越来越远，最后鬣狗把自己的身体劈成两半了。

这个寓言故事说的是鬣狗什么都想占有，结果把自己劈成了两半，寓意很简单也很明显，你如果什么都想得到，舍不得放弃，你最终就会什么都失去，什么都得不到。有个大富豪曾经说过：财富如水，如果是一杯水，你可以独自享用；如果是一桶水，你可以存放在家里；但如果是一条河，你就要学会与人分享。不同的财富观决定不同的人生。

许多女人意识不到适当有舍有得的内涵，她们错误地认为，财富上限，如果她给予别人多了，自己就少了，别人有了自己就没有了。这是一种非常短视的看法。中国近代火柴大王刘鸿生说：“你要发大财，一定要让你的同行、你的跑街和经销人发小财。”大家齐心协力做“蛋糕”，下次分“蛋糕”的时候，大家盘子里的蛋糕才会都更大。

能说会道，女人赚钱的第一门道

我国古代著名的文学理论家刘勰在《文心雕龙·论说》中写道：“一人之辩，重于九鼎之宝；三寸之舌，强于百万之师。”与人沟通很重要，口才好的人在各种场合都能如鱼得水。在现代社会，能说会道的女人更容易适应社会，她们在无意中就掌握了赚钱的门道。

目前人类的社会生活，人与人之间及人与社会之间的关系非常密切，社交往来也是不可缺少的。随着人们互相合作机会的增加，我们的说话表达能力，也显得更重要，在很多时候，口才已成为决定一个人生活及事业优劣成败的一个因素。

一个拥有美丽外表的女人谈得上赏心悦目，但是一个能说会道的女人却能拉近人与人之间的距离，甚至让人相见恨晚。能说会道的女人，她们能用言语打开通往幸福和成功的一扇门，和那些口才木讷的人相比，她们找到了赚钱的第一门道。

与人的谈话是你递予人的一张名片，很多时候，一次谈话就决定了事业的成功与失败。在富兰克林的自传中，有这样一段话：我在约束我自己的时候，曾有一张美德检查表，当初那表上只列着 12 种美德，后来，有一个朋友告诉我，说我有些骄傲，这种骄傲，常在谈话中表现出来，使人觉得盛气凌人。于是我立刻注意这位友人给我的忠告，我相信这样足以影响我的前途，然后我在表上特别列上虚心一项，我决定竭力避免一切直接触犯别人感情的话，甚至禁止自己使用一切确定的词句，像“当然”“一定”“不消说”……而以“也许”“我想”“仿佛”……来代替。富兰克林又说：“说话和事业的进行，有很大的关系，你如出言不慎，你如跟别人争辩，那么，你将不可能获得别人的同情，别人的合作，别人的助力。”

这是千真万确的，一项事业的成败常会受到谈话的影响。所以，你想获得事业上的成功，必须具有能够应付一切的口才。

李红是河北人，由于家里穷而不能上大学，高中毕业后就开始闯荡社会。从小到大，李红都不爱与人打交道，性格特别内向。本来学历就不高，因此李红在最初面试的时候总是受挫，刚开始她只能干些粗活累活，并且工资也十分微薄。和李红一起出来闯荡的还有一个同村的女孩，也是高中学历，但是能说会道，不到几天就被一家公司聘用了，成了名副其实的“白领”。李红在忙碌之余仔细分析了自己和另外一个女孩的异同，发现她和那女孩相比唯一的弱点就是自己性格内向，不善于与人打交道。因此，李红就开始有意识地改变自己内向的性格，也有意识地观察周围那些性格开朗的人说话的风格。在后来的一次面试中，李红终于成功地进入了一家电子商务公司做销售，也成了一名“白领”。由于对谈吐的关注，李红还专门报了培训班，平时也看了大量有关演讲与口才的书籍。凭着出色的口才，李红的营销业绩总是名列前茅，三年内得到了两次晋升。

同样是李红，在这过程中，她的学历没有变，她的出身没有变，甚至她的资金也没有多大的变化，她有意识地让自己变得能说会道，她的事业就有了一个很大的起色，工作更体面，薪酬也更高。

在事业上，谈话会比较严肃，很多时候谈话的气氛会比较凝重和压抑。而这时候，能说会道的人总能给人带来快乐，他们能通过谈话来缓解紧张气氛。在一种宽松和愉悦的气氛中，人的心情也会变得更加愉快，事业的合作和发展也就更加容易。在生活中，能说会道的人总是富有幽默感，能给人的生活带来笑声和乐趣，并且给人留下深刻的印象。

一位顾客坐在一个高级餐馆的桌旁，把餐巾系在脖子上。经理很反感，叫来一个女招待员说：“你让这位绅士懂得，在我们餐馆里，那样做是不允许的，但话要说得尽量委婉些。”

女招待员来到那个人的桌前，有礼貌地问道：“先生，您是刮胡子，还是理发？”

这名聪明的女招待员用一种委婉的说话，既解决了问题，又不至于让顾客太难堪，维护了“上帝”的脸面。

没有口才的人，犹如发不出声音的留声机，虽然是在那里转动，却不能让人产生兴趣。信息社会是一个繁忙的社会，具有口才的人，必然是现代社会中的活跃人物。口才是一种技术，也是一种艺术。

在美国，一个记者要求采访竞选总统的卡特的母亲，尽管她对频繁的采访感到厌烦，但出于礼貌，她还是说：“见到您十分高兴。”

记者说：“您的儿子竞选时说，如果他曾经对大众撒过谎，就不要选他。您能不能诚实地告诉我，您的儿子是不是从来没有撒过谎？因为世界上再没有人比您更了解您的儿子了。”

莲莉·卡特诚恳地说：“说过，但都是善意的。”

记者追问：“什么是善意的谎言？您能不能给我下一个定义，或者举一个例子？”

卡特的母亲笑了：“比如说，您刚才进门的时候，我说‘见到您十分高兴。’”

记者一听，灰溜溜地告辞了。

卡特母亲温和有礼的回答中暗藏杀机，表达了她对记者的无礼纠缠的厌恶。这就叫绵里藏针。

人类生活已经到了不能孤独生存的境地，语言的作用更是不可或缺。女人天性敏感，因此更能发现口才发挥作用的机会，也更能把握住与人套近乎的时机。我国清代走通官商两道的红顶商人胡雪岩有这样一句话：“说到理财，到处都是财源。一句话，你要人荷包里的钱，就要把人伺候得舒服，人才能心甘情愿掏荷包。”这句通俗话中的“伺候”，很多时候就需要你能迎合人家的心理，所谓见什么人说什么话，这个时候需要的就是你的能说会道了。

开放的社会中，能说会道者总是占优势，但是，少数人的能说会道，可以说是天生的，但多数人的能说会道，却是平常多锻炼的结果。因此，女人在平时就要注意锻炼自己的口才，这样在与人的交谈中才能发现财源，在发现财源后也才能把握住赚钱的机会。

灵活的头脑是一切商机的源泉

头脑是思想的发射站与接收站，只有应用头脑才能获得财富。在信息社会，用智慧创造财富越来越被证明是真理。事实上，导致穷人与富人之间财富上的差异，根本的是头脑的差异，财富总是流向灵活头脑、目光锐利的人群。

如果比拼体力，女人多数拼不过男人。但在信息社会，女性体力上的弱势已经变得无足轻重。凭着自己的勤劳肯干，你也许能衣食无忧，但是如果你总倾向于用自己的手脚，不擅长于发挥大脑的作用，在通往财富的路上，你永远只能是在“为他人作嫁衣裳”。

在奥斯维辛集中营里，一个犹太人对他的儿子说：“现在我们唯一的财富就是智慧，当别人说一加一等于二的时候，你应该想到大于二。”一加一等于二是常识，想到一加一大于二则是智慧。智慧是一切竞争的关键，因为它能使你在一个群体中脱颖而出，它能催生出独特的创意，当你把这种创意付诸实践时，你比别人更有可能成功。

女人做事，要充分规避自己的劣势，利用好自己的优势。利用头脑可能并不比利用手脚容易，有时候甚至是一件更痛苦的事情，但是当你利用头脑收获比那些利用手脚更多的成功时，你会有更大的成就感。利用头脑是一种习惯，并且头脑会越利用越灵活。

两位下岗女工，都在路边开了一个早点铺，都是卖包子和油茶。一位生意逐渐兴旺，一位3个月后收了摊。据说是因一个鸡蛋的原因。生意逐渐兴旺的那家，每当顾客要油茶时，总是问：“油茶里打一个鸡蛋还是两个鸡蛋？”

垮掉的那一家问的是“油茶里要不要鸡蛋?”两种不同的问法,第一家总能卖出较多的鸡蛋,鸡蛋卖出得多赢利就大,就能交上各种费用,生意也就做下去了,鸡蛋卖得少的赢利就小,各种费用交完,生意亏本,只好收起摊不做了。

“要一个鸡蛋还是两个鸡蛋”和“要不要鸡蛋”这两句话里暗含的智慧还是不小的。就像有些酒店,等客人坐定后,服务员会问客人“要咖啡还是茶”,客人一般都会选择其中的一种饮料来饮用,而如果问“要不要喝点什么”,大部分人会说“不用,谢谢”。所以,很多时候生意的亏本与盈利之间可能只是一句话的距离,而这句话怎么说,就在于你是否动了脑子,头脑是否灵活的。

有这样一个故事。第二次世界大战后一家日本商人经营小食,买卖很好。他一般是把东西包扎好后,常常礼貌地问顾客:“先生,是您自己带回去呢,还是给您送回去?”顾客多选择后者,这样店员就要不断地给顾客送货,导致人手紧张,经营成本提高了。后来有人出了一个主意,让商人改说“先生,是给您送回去呢,还是您自己带回去?”结果,顾客听后都说:“还是我自己带回去吧。”

话说长了,大部分人注意的是最后一句。尤其是选择问句,很多人对后一个问题印象深刻。商人换了一下语序,既达到了减少成本的目的,又不违背文明服务的宗旨,何乐而不为?换一下语序,不仅仅是经营理念问题,更是商家的一种机智、一种智慧。

一个好的想法,花费不多,有时甚至不需要什么花费,如果你在别人没想到之前想到了,你就可能会创造一本万利的机会。灵活的头脑是一切商机的源泉,是一种比较肯定的新提法,其实在这之前很久,精明的商人就领悟到了灵活头脑的好处,并将它运用到自己的经商之道中。

北京老字号“东来顺”饭店的老板丁德山,是一位营销高手,在经营中,他总能根据实际情况,采取不同的营销策略和应变方式来吸引新老顾客。

1903 年，回民丁德山在东安市场里摆摊出售羊肉杂面和荞麦面切糕，以后又增添了贴饼子和粥。由于生意日渐兴隆，便取“来自京东，一切顺利”的意思，正式挂起“东来顺”粥摊的招牌。1914 年增添了爆、烤、涮羊肉和炒菜，同时更名为“东来顺”羊肉馆。到三四十年代，“东来顺”的涮羊肉已驰名京城，在 1930 年时，“东来顺”建起了三层新楼房，并在楼上设了雅座，到了 1942 年，“东来顺”已成为北京首屈一指的清真饭店。“东来顺”还在后来开办酱园作坊，涮羊肉所需的酱油、香油、芝麻酱、糖蒜、韭菜花、火锅等都由这些作坊加工制作。

随着“东来顺”规模的发展和档次的不断提高，即使在建成新楼后，“东来顺”仍然保留着东厅的“大板凳”。所谓“大板凳”是当时饮食摊的传统，几位顾客同坐在一条长凳上吃饭，类似于现在的露天大排档。“大板凳”的食物品种相对简单，但是也经济实惠，比一般的饭馆物美价廉。如饺子和馅饼肉多油大，玉米面饼子和各种廉价炒菜分量足、口味好，很受普通老百姓的欢迎。

“大板凳”的物美价廉并没有损害“东来顺”的利润空间，却为“东来顺”赢得了不同层次的顾客。“东来顺”的做法是怎样的呢?

“大板凳”里卖的食品除面食以外，肉和料几乎全都是楼上雅座的下脚料，而且已经计算过成本了，看起来价格便宜，实际上都已涨过价。雅座的顾客支付能力强，讲究的是饭菜的质量、味道及就餐的环境和气氛，不太在意价格的高低。丁德山抓住这一点，将雅座的价格定得高高的，大赚一笔。拿涮羊肉为例，雅座上的羊肉片，一斤要卖二至三斤羊肉的价钱，而雅座上的下脚料到楼下又卖了一次，又赚了这些普通老百姓的钱。用不同的价格满足了不同层次顾客的需要，获得了大家的交口称誉。

“无商不奸”，这句话说得其实有点过了。大家做生意都是为了赚钱，只要你赚的钱能让顾客舒服，觉得物有所值，那就是智慧。在无数的商人中间，有些人有大智慧，有些人有小智慧，而有些人却没智慧，这是水平的问题，与人的品行无关。在财富的竞技场上，你如果想成功，灵活的头脑是你的必要条件。

理财是赚钱的第一种方法

老百姓有一句谚语叫做：吃不穷，穿不穷，打算不到总受穷。当钱生钱时，钱也就具有自身的生命力。

每个人积累财富的方式可能都不一样，但是简单地分析，积累下来的财富等于流入的财富减去流出的财富，因此，积累财富无非也就两条途径，要么是开源，增加财富流入的速度和数量，要么是节流，减少财富流出的数量。节流总是有限的，为了维持自己的生存和发展，有一部分消费是你无法节省的，因此开源成了积累财富最有效的办法。

为了保持发展和再发展的能力，每个人挣钱的时间从理论上来看是差不多的，可能有些人精力好一些，身体强壮一些，挣钱的时间相对多些，但是比较起来这个差距还是不会太大。在以前，大家挣钱的方式都差不多，农民天天守着那几亩几分地，工人每天干活，然后每个月按时领工资等，虽然彼此之间也有贫富差距，但是那种差距还是大家彼此都心知肚明的。现在社会，挣钱的方式多种多样，可能你觉得你和别人挣钱的来源是差不多的，但是如果理财方式不同，一段时间后，你们之间财富可能存在很大的差距。

和以前相比，我们社会的气候已经发生了很大的变化，观念也应该随之发生变化。我们上一代的女人，她们辛苦操劳一辈子，能吃饱穿暖就已经很

满足,因为那个时候社会没能提供很多的挣钱机会。而今天,吃饱穿暖对于大家已经不成问题,只要你心态正确,视角健康独特,通过理财增加财富是完全可能的。

王艳和赵婷在大学期间是同班同学,大学毕业后两个人在同一个单位上班,挣的钱也差不多。王艳是那种性格特别保守生活特节俭的女孩,每个月领了工资后,除去生活开销都会把余下的钱做定期存起来,三年下来,账户上的钱很有限,买房子更是觉得那是很遥远的事情。赵婷刚开始和王艳的想法是一样的,每个月定期存一笔钱到银行的账户上,但是一次偶尔的机会,她听了一个理财大师的培训,后来她转变了理财观念,在保证生活的日常所需后,她买了一部分的基金和少部分的股票和国债,三年后,她账户上的钱翻了好几倍。在2008年年底房价下跌的时候,适时出手买了一个小房子,结束了那种"北漂"的日子。

王艳和赵婷,她们工资是一样的,但是赵婷在财富的"开源"上做得比王艳更灵活,她积累财富的速度也更快些。

当然,理财也是有风险的。有些人就是为了规避理财的风险而选择定期将钱存进银行,女人由于性格方面的原因,对理财失败的恐惧更大。其实,虽然有风险,但是理财的门槛既不高,也不是你想象中的惊涛骇浪。理财有点像农民种稻谷:你投入那部分资金就是种子,从播种到丰收是有一段距离,中间也有些不可测的因素,但是如果你不去种,将永远没有收成。因此,只要你能保证一部分固定的花销,调整好自己的心态,拿出一部分钱来灵活理财,也许有一天你能有意想不到的收获。

小赵大学毕业两年,月入3000元,吃饭、拍拖、租房子等生活固定开销算下来,月月所剩无几。经济学专业毕业的小赵空有一肚子理论,但无奈巧妇难为无米之炊。"没财可理!"小赵说。两年下来,虽然日日朝九晚五、辛苦打拼,但小赵仍然是个身无分文的"月光族"。

小赵的同学小王工作第一年,月入3000元,每月按时在银行存500元,一年下来，小王存款6000元。“6000元有什么用？”小赵很不以为然。然而到了第二年，当小赵还在抱怨身无分文时，小王的存款已经过万。由于手中握着上万元资金，小王感到“钱生钱”有了可能，开始留意着怎样让自己的资产增值。

上面又是一个由于理财而造成资产差异的例子。对于理财来说，并不在意你手里积蓄的多少，最重要的是你是否有理财的习惯。根据理财专家的建议，一般来说，月收入的10%~20%留存下来用于理财比较合适。

有些女人认为“理财是男人的专利”“女性本来就是数字白痴”，因为这种认识上的障碍而放弃了理财的尝试。其实，和任何一种能力一样，男人也不是生来就会理财，生来就对数字敏感，他们也是在实践中学习和摸索出来的。路是人走出来的，财富掌握在追求财富的人手里，并不分男女。因此，女人应该大胆尝试理财，并让理财成为一种习惯，让理财成为自己赚钱的一种重要方法。

女人要推销出自己的财路

“营销前先推销自己”，这是美国汽车营销大王乔·吉拉德的一句营销名言。人一生其实只有一项工作，那就是推销自己。

现代社会，“酒香也怕巷子深”。如果你不知道适时适地推销自己，你就会被争先恐后的人流彻底淹没。对于想亲近财富的女人来说，含蓄和谦虚不是美德，而是你必须突破的弱点和瓶颈。

女人的生活需要自己奋斗，需要自己和别人去竞争。在现实生活中，你可能已经习惯了一种低调的生活，在言谈举止中，你已经养成了谦卑的态度，但是，当你面对生存的竞争、财富的竞争时，没有人会努力地走进你的内心，没有人会耐心地去了解你的历史，一方面大家缺少这样的时间和精力，另一方面这个供给极大丰富的社会并不缺选择。在你不去努力推销自己的情况下，别人可能永远都意识不到你的存在和重要性，你会被看成是一个无足轻重、可有可无的角色。

推销自己并不是社会进入近现代才变得重要，古往今来，那些比较成功的文人武士都是推销自己的能手。因为，不管你的才能有多高，相比而言，机遇是更加稀缺的资源，对于个人来说，一个好的机遇可能会改变你人生的方向。

范雎得王稽之助来到秦国，他献书昭王说："臣听说明君主政，有战功的必然得到奖赏，有能力的一定授予官职；功劳大的俸禄多，战功多的爵位高，能治理民众的官位高。没有才能的不会让他任职，有能力的不会被埋没。假如大王认为臣说得在理，就请大王依计试行之，臣自信能有益于治道。如果明知其利而不行其道，那臣即使久留于秦也枉自无用。

"谚语道：'一般的君王行功论赏，总以好恶而施，而英明的君主却不是这样，总是赏有功而罚有罪。'现在，我的胸膛挡不住杀人用的垫板，我的腰板抵不住利斧，我怎敢拿毫无把握的计策上献给大王呢？臣虽鄙贱不足以闻，大王又难道会认为举荐臣的人（指王稽）胆敢欺诈大王吗？

"臣听说周之砥厄、宋之结绿、魏之悬黎、楚之和璞，都是为璞所遮的美玉，最初玉工都不能辨别，历经波折最终成为天下名器。既然这样，那么圣王所遗弃的人难道就不能使国家富强吗？臣听说善于治家的，在国内招致人才；善于治国的，更到诸侯国中寻觅良臣。正因为天下有明君贤主，各诸侯国才不可能专有贤士。究其原因，在于昏庸的诸侯们空有眼珠，不能识才，而任人才流动。正如良医能预测生死一样，明主能够洞察事情的成败，有利则为，有害则不为，疑惑不定则尝试而为之。这是尧、禹、汤等圣主也无法改变的通则。

“至关重要的言语，臣不敢写在这里；而一些肤浅的话语又不值一说。臣内心惴惴不安，也许是臣的愚昧无知，使言语不符合大王心意？还是由于推荐臣的人出身鄙贱，大王认定他们的话不足相信？如果不是这些原因，那么我的意思是，希望大王能稍微腾出一点游览观赏的余暇，我将当面进言。”

这封自荐的奏书献上后，秦王十分高兴，向王稽表示了荐举贤才的谢意，再派车马去召请范雎。

在上面的例子中，范雎为了争取同秦昭王见面的机会而写了一封自荐信。在信中，他根据自己写信的目的和自己的条件，先谈论治国的一般道理，再谈人才对国家的重要性，最后在说明自己是真心献计的同时，委婉地要求见面。用词简约委婉，终于得了秦王的许可，算得上是一个很成功的“推销”自己的案例。

很多时候，在与别人交谈中必须推销自己时可能有经济利益的成分在里面，你和对方可能是为了争取某个合作，你可能是为了向对方推销一个产品，你可能是为了争取某一个难得的机会……不管是怎么样，你必须调整好自己的心态，在这个过程中，你们双方都是为了争取自己的利益。对方不是施主，你也不是乞丐，双方是一种双向选择关系，对方选择你，你也选择对方。因此，没有舞台的时候要努力争取乃至创造舞台，有舞台的时候你就要大大方方地表现。

今世广告公司总经理崔涛，是一个善于并且乐于推销自己的美丽女子。为了让自己给别人更深的印象，她从来都穿最鲜艳、最纯正的颜色。有时她一身鲜红套裙，长发披肩，头顶墨镜，十分抢眼；或者一身亮黄色长毛衣，黑色超短皮裙，黑色长筒皮靴，马尾发高高束在头顶，面色红润，笑容灿烂，艳丽得如冬日里射进房间的一束阳光。工作中的崔涛，个性张扬，胆大自信，工作起来雷厉风行。

崔涛闯入广告业仅6年，就将今世公司发展成为一个年广告代理额达数亿元的大型广告公司，连续几年拥有中央电视台综合播出频道的独家广告代理权。这在竞争惨烈的广告市场是十分难能可贵的。

有人说广告人永远都是乙方，社会地位低下，但是崔涛却认为："广告公司拉广告是帮助企业赚钱，企业宣传好了赚的是大钱，广告公司赚的只是小钱。"所以崔涛和人谈广告，从来都是理直气壮，不卑不亢，让客户感到与广告公司合作，会有效果，可以带来收益。

女人生性好面子，比较腼腆，为了成功推销自己，调整心态是第一步。心态调整好了，推销自己的过程就能不卑不亢，积极表现。很多时候我们之所以没成功而别人成功了，并不是说别人比自己优秀，自己缺少的并不是才气而是推销自己的勇气。在推销过程中，哪怕暂时处于劣势，只要我们肯于摆脱思想上的包袱，敢于把自己推销给别人，我们离成功就会更近一步。

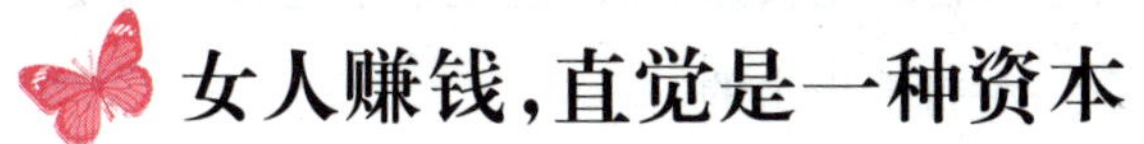

女人赚钱，直觉是一种资本

对于女人来说，最有价值的是最简单的直觉，女人的直觉往往成为女人成功的本源。人的直觉是与生俱来的。当你经历过了太多的事情，你的能力和层次到了一定程度的时候，就会用这样一种感觉去做判断，我的感觉经常是八九不离十……

根据字典对直觉的解释，直觉是指没有经过意识推理，而对某事直接的理解或学习。正因为直觉表面上跳过意识的推理，在事情发生前让很多人忽略了直觉的作用，等直觉意识到的事情发生后，大家就会惊叹女人的直觉的预测性。女人直觉的准确性甚至让男人觉得惊叹，对于女人来说，直觉是她们天生的才能，是她们赚钱的特殊优势。

以赚钱为目的的商业活动总有或大或小的风险，用理智的分析可能会越分析越复杂，根本得不到答案，直觉在这个时候可能就是一匹“黑马”，在关键时刻能将局面化险为夷。女人靠直觉准确预测事物属于正常现象，凭着直觉而获得财富也不在少数。

一位丈夫在早上出门时发现停在车库里的车不能正常启动了，他仔细地检查、寻找分析可能产生故障的部位。然而尝试了许久也未能如愿以偿。这时妻子走过来，看着心焦的丈夫指着车牌后的一个位置说：“亲爱的，试试看这里面是否有问题。”丈夫照她的话做了。问题果然出在那里！丈夫不禁惊叹：“你是怎样知道的？”妻子微笑着说：“我只是觉得问题可能出在那里。”

按照常理，修理汽车是男人擅长的活，在丈夫琢磨了许久都未成功的情况下，妻子的“觉得问题可能出在那里”就帮着丈夫解决了这个棘手的问题，而妻子完全凭着自己的直觉。

Bloom 是国际知名的化妆品品牌，但是这个化妆品却是一个 22 岁的大学刚毕业的女孩一手打造出来的。

1993 年，22 岁的 Natalie Bloom 不认为有做不到的事情，从墨尔本皇家科技学院（Royal Melbourne Institute of Technology）取得艺术设计学士学位后，发现平面设计工作并不能满足她的创意思维，就在家中开创了 Bloom 彩妆，也将自己出色的设计才华体现在 Bloom 俏皮可爱的包装风格上。那时她刚大学毕业，既没有化妆品的专业知识也没有钱，但是她说：“我认为在年轻阶段开创一番事业当然有优势——我可能会有一些天真，但我不认为有做不到的事情！”

在决定以化妆品为生后，Natalie Bloom 如痴如醉地和伙伴一起制作时尚的唇彩，而且只用天然的原料和营养成分，并尝试使用不同的材质和香味。Natalie Bloom 凭着女人的直觉，将 Bloom 化妆品的核心理念定位为“自然趣味”，旗下彩妆产品均由天然精油以及天然植物所提炼，不含化学添加剂成分，简单轻巧的包装贴近生活而且实用。

如果按照理智的方式思考问题，化妆品是一个专业性很强的领域，如果要涉足这个行业，就必须在研发、设计、市场等方面事先就有研究。但是，最终凭着一个时尚女孩的直觉，凭着她“不认为有做不到的事情”的拼劲儿，在很短的时间内，Natalie Bloom 将 Bloom 打造成一个国际知名的化妆品品牌。这个故事对于女性朋友来说可谓意味深长。

很多时候，我们的潜意识就好像是直觉蓄水池，直觉在刚刚出现时，是一股很细的水流，有时甚至是小水滴，但是就是这小小的细流和水滴却能给你很大的启示，如果你把握住了这最先的暗示，接下来你拥有的就是整个蓄水池的资源了。

当一桩纷繁复杂的事情呈现在女人面前时，她们很可能跳过理性的、常规的思路，用女性独特的直觉思维去判断这种纷繁复杂。虽然所有的事情都凭直觉是不可靠的，但是直觉对于事物的判断有时却能达到精准的地步，在无法确定的情况下，认真对待自己的直觉，有时能独辟蹊径，收到意想不到的效果。

直觉是没有经过意识推理，跳过了理性分析的过程，很多成功的女性当初就是在直觉的推动下迈出重要而关键的那一步的。不要因为结果存在失败的可能性，而放弃一个精准的直觉，哪怕就是失败，在实践中总结经验也是一种收获。

直觉是女人一种很重要的心理优势。渴望赚钱，渴望成功的女人，在运用理智思维的同时，一定要充分运用好自己的这种优势，耐心聆听自己内心的声音，跟随自己的直觉，捕捉人生的每一个灵感，把握身边的每一个机遇，让自己的人生因直觉而更简单轻松、美好富足！

下篇：修炼高情商女人

{Chapter 8}

婚恋情商：幸福女人做好调味爱情的大厨

爱情是世界上最纯洁的花朵，而家庭则是这朵美丽花朵的果实。世间男女，因爱生情，因情而选择牵手相守。但爱情和家庭都有开始，有高潮，有结尾。为什么有的女人能够与爱侣百年好合，有的却含恨终生？是什么让同样的爱情产生了不同的结果？女人，你希望得到爱你的丈夫、完满的家庭、幸福的人生吗？如果是，那么你需要在爱情中做一个高情商的女人。婚恋犹如一道大餐，高情商的女人才有资格做出色的厨师。

女人，要找什么样的丈夫

爱情和婚姻是一场赌注，千万不要把一生的幸福，都浪费在对男人的千挑万选上。

这个世界上有成千上万的男人，每一个男人都有可能在婚后成为一个好丈夫。脑袋算计得过于精明的女人，可能终其一生，也很难找到一个令她满意的合格丈夫。在寻找爱情的过程中，不要把男人的外表和物质条件，当成最重要的筹码。

爱情和婚姻可能是一场赌注，千万不要把一生的幸福，都浪费在对男人的千挑万选上。选择一个好男人只是一个好的开端，在人生的航向上，一个好丈夫需要被不断地打磨，才能成为最适合你的那一个。而你要做的，就是在茫茫人海中，寻找到属于你的这个有缘人，并且用心地经营这份感情，使你们的爱情得到升华。

在古往今来的有名气的女人中，林徽因不但是一个美丽的女人，而且也是一个幸福的女人。林徽因的极致在于，她集聪明、美丽、才气于一身，不但出身良好、教育良好，而且拥有志同道合的朋友和终生相守的爱人。她的家庭也是幸福美满的。

在林徽因的一生中，除了她的父亲，还有三个最爱她的男人，这三个男人，在中国的当代史上，都是赫赫有名的重量级人物——著名的新月派诗人徐志摩，中国当代著名的建筑学家梁思成，以及中国当代的知名哲学家、北京大学哲学系的创始人金岳霖。

当徐志摩与林徽因相遇的时候，林徽因只有16岁。尽管那时徐志摩早已是另外一个女人的丈夫，但这并不妨碍他们相爱。但林徽因最后选择的丈夫却是鼎鼎有名的梁启超之子梁思成。梁思成没有徐志摩的浪漫情怀，比不上他的风流倜傥，不过与徐志摩相比，他不像情人，而更像一位温和宽厚的兄长。但也正是这位“兄长”，给了林徽因感到安全的归宿，他的包容，他的人格，他的谦谦君子的豁然之风，都让林徽因感到了安全。

在林徽因的生命中，还有一个男人，叫金岳霖。虽然林徽因已嫁做他人妇，可金岳霖一生都没有放弃对林徽因的爱，这份爱对于他，就宛如是对于人生哲学的一种信仰。为了坚持这份信仰，金岳霖后来一直都一个人生活，生命中再也没有别的女人。但是，在金岳霖的爱中，林徽因并没有迷失，她也同样一如既往地坚持了自己的选择，坚守住了婚姻，坚守住了她对梁思成的承诺与爱，自始至终坚持住了她自己的幸福。

林徽因能够做到这一点，与她的智慧、人格是分不开的。自尊、自爱、自强的她，幸福是必然的。今天来看林徽因的故事，我们会发现，林徽因的幸运就在于，她为自己选择了一位“正确”的丈夫，对爱情悉心经营，不被其他外因诱惑，于是，她在婚姻的航道上，像一艘自由而快乐的小船，稳稳地航行，没有触礁，没有沉没。

而你呢？你的才情、美貌、智慧、家庭出身可能都不及林徽因，你的一生，也可能不会像林徽因那样遇到三个重量级的男人；那么，你该如何去选择自己的丈夫？你也能做个幸福的女人吗？

其实，对于高情商的女人来说，只要这个男人能够奋发图强，其他一切就都不重要，找个好男人是要结婚生子，幸福美满的过生活，并不是一来就要看看他的“钱包”。钱虽然是好东西，但也得有个赚取的过程。一开始穷，并不表示永远穷下去。真正最值得托付终身的男人，是那种能够全心全意地付出，接纳你所有的优点和缺点，能包容你，给你快乐，与你幸福地过一生的男人。

高情商的女人要清楚，这世上没有谁是十全十美的，当你对你的他有过高的期望时，那注定会让你失望。要知道谁都会有缺陷，这时候最需要的就是双方的包容与忍让。女人对男人的要求，正如对人生的要求一样不能太苛刻。爱情需要包容，包容对方的不完美，包容双方生活的不一致，还更需要在包容的基础上互相磨合。磨合的过程就是不断地排斥、吵架，以至最终沟通融合的过程。

世上没有十全十美的事物，高情商的女人要时常保持一颗平常心并知足常乐，笑看爱情，笑看生活，找到一个好男人，一起缔造一桩和谐美好的好姻缘。

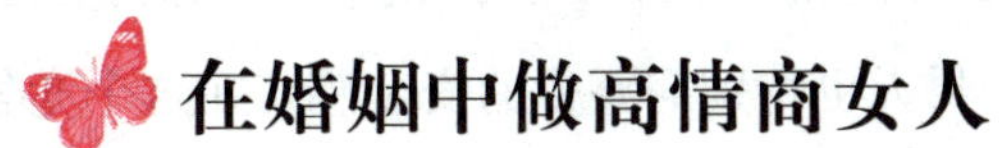

在婚姻中做高情商女人

爱是恒久的忍耐，爱是不嫉妒，不自夸，不张狂。不做自惭之事，不谋一己之利。不轻易发怒，不计他人之恶。远不义，近真理。凡事包容，凡事信任，凡事企盼，凡事忍耐。

爱情要靠男人的维持和女人的经营，在生活的过程中，争吵是不可避免的，然而吵架并不是无理取闹。争吵有时对男女双方来说是一个很好的交流机会。争吵中产生的爱是最经得起考验的，高情商的女人应该懂得以平和之心对待它。

首先，要有理智

吵架要就事论事，不要翻陈年旧账，将他全盘否定。其间不能说脏话或过激的话,更不能提"分手"这种伤感情的字眼。如果在争吵时不能立即分出谁对谁错,则需暂停一下,等双方都冷静下来时再作处理。感情这东西虽然感性但更理性,需知感性是爱情的长度,而理性是爱情的深度,控制好深度,才能达到你想要的长度,否则往往会得不偿失。

其次,善于倾听

情侣在沟通时,女人像个容器,男人像个漏斗。男人沉默的时候一向一句话也不说,那是一个有强烈责任感的男人的特征。当他开始主动诉说时,女人要仔细倾听他所说的每一句话。哪怕你没有任何回应,只是静静地倾听,对男人来说,这就已经是最好的相处模式了。

最后,容忍包容

真正成熟的爱情是需要包容的。包容是理智的表现,更是一种责任。在感情中,每个人都可能犯错误,包容他,不斤斤计较他一时的糊涂和错误,更重要的是用自己的爱和真诚打动对方,使复杂的感情变得简单,变得更容易维持。实际上,男人也特别需要爱的安全感。在这个竞争特别激烈的社会,男人在外面累了,受委屈了,他更需要一个能给他温暖的怀抱。做一个宽容的女人,无条件地接纳他,给他理解,让他放松,这样的感情才会让男人留恋不已。

有一对情侣,相约下班后去用餐、逛街,可是男人因为公司会议而延误了,当他冒着雨赶到的时候已经迟到了30多分钟,他的女友很不高兴地说:"你每次都这样,现在我什么心情也没了,我以后再也不会等你了!"说完便转身离去,看着女人绝尘离去的背影,男人苦笑着,心里在想:或许,他们再也没有未来了……

同一个地点,另一对情侣也面临同样的处境;男人赶到的时候也迟到了半个钟头,但他的女友却温柔地说:"我想你一定忙坏了吧!"接着她为男人拭去脸上的雨水,并且用温暖的双手抚摸男人的脸颊,让他感觉温暖。此刻,男人笑了,笑得十分幸福。

同样一件事，两个女人的处理方式不同，结果也就大不相同。我们都相信，第二个女人是一个高情商的女人。面对男友的迟到，第二个女人并不是不生气，只不过她在生气的同时也想到了男人的不易。在这个前提下，她选择包容男人的过错，细心呵护他们的感情，不让这件事影响到他们的生活。

《圣经》中有这样一段话："爱是恒久的忍耐，爱是不嫉妒，不自夸，不张狂。不做自惭之事，不谋一己之利。不轻易发怒，不计他人之恶。远不义，近真理。凡事包容，凡事信任，凡事企盼，凡事忍耐。"

古人云："刚欲碎，强则弱。"就是说，任何刚强的男人，在内心深处都有极其脆弱的一面，只是他们往往不愿意在人前表达出来而已。如果一个女人，一生中都没有读懂自己所爱的男人，那是悲哀。但如果一个女人说出了男人想要说出的话，做出了男人想要做的事，男人想要的都让他得到了，男人是不会再到外面去寻找满足的。要知道男人的自信来自一个女人对他的崇拜，没有人愿意为不懂珍惜自己的女人付出，男人也需要鼓励和欣赏。人与人之间的交往，主要是心与心的沟通，恋人之间更是这样。心有灵犀，不光靠两个人之间的默契，更主要的是女人对男人内心世界的洞察。需要女人敏锐的观察、细心的体会和适时的沟通。真心的付出、真诚的关心，无形中拉近了男女彼此间的距离，让他们的爱更加纯粹，更加幸福。

女人面对面包和玫瑰如何选择

没有了面包的爱情，比一杯水还要廉价，这种爱情不可能真实，也不可能牢固。

女人不一定没有男人聪明，但是爱起来，一定会比男人更痴情。女人喜欢陶醉在甜蜜的感情中，她们倾尽所有，一心一意地经营一段感情，这种感觉实际上比物质更容易令女人满足。但这种痴情也是有底线的，高情商的女人时刻警惕着不能让自己的感情跨过自己的最低界限。她们让自己周旋于甜蜜的爱情中，在与男人如痴如醉、疯狂情迷时，也清醒着，时刻保护着自己，给自己留一条退路。她们知道，人世间最复杂的就是感情，最令人欷歔的莫过于爱情，但是爱情不是一个脆弱的空架子，不是只要几句甜言蜜语、几朵娇艳玫瑰就能永存的东西。爱情需要的是强力的支撑，没有了面包的爱情，比一杯水还要廉价，这种爱情不可能真实，也不可能牢固。

没有了面包的爱情，让人体会不到太多幸福的感觉，没有了爱情的面包，生活也就没有了激情，而有了面包，会让你的爱情更加的美好，有更多的时间去体会浪漫。纯物质的和纯精神的都是偏激的，不能长久的。女人总是选择相信爱情，但高情商的女人知道，相信爱情并不意味着就是要把爱情当作生命的全部。天长地久、矢志不渝的爱情是存在的。但是不要期望爱情可以超越一切，也不要奢望爱情始终如初。爱情这条曲线不可能永远静止在热恋时的那个最高点，我们能做的，就是让这条曲线不断地向最高点波动。

在女人的潜意识里，付出总是希望得到回报，她放弃自我地去付出，势必在内心深处想要得到的就更多，这是一种补偿心理，也是动机的源头，我们必须正视。就像饿了要吃饭，渴了要喝水一样，女人爱男人多一些，当然会希望男人更加爱她。然而有的女人只会死死地抓住男人，时刻监视他，让他没有自由，生活不能喘息。糊涂的女人把她和男人的关系变成了藤和树，然而攀附得太紧，就不再是浪漫的传说，而是变成谁也无法存活的悲剧。

遇到只能选择分手的爱情，女人请不要逃避，逃避并不能避免你不被爱情所伤。学着做一个高情商的女人，坦然面对感情，能进能出。什么事情如果过于注重结果的话，往往会弄巧成拙。女人要有轻松自然的心态，在恋爱的过程中体味爱情的美好，真心诚意地对待每一段感情。

分手并不意味着爱情的不可靠，可能是面包不够，可能是双方性格不成熟，可能彼此并不是构筑爱巢的最好伙伴，拖拉和死缠对于爱情都是于事无补的。该放手时就放手，还有下一次的爱情在等待着你，请为下一次爱情作好准备，整装再出发，谁知道下一次的感情是不是会更加完美呢。

爱情的成功与否其实暗含着很多原因。高情商的女人要有付出的能力、理解的能力、宽容的能力和承担的能力。只有这样，付出才能得到回报，理解和宽容才是营造爱情继续生长的环境，自我承担才不致使爱情成为萎靡不振的祸首。只有相信爱情，才能拥有爱情；只有不过分奢求爱情，才能享受爱情；只有不痴迷于爱情，才能不被其所伤；只有懂得真心去爱，才能得到长久的爱情。

只有珍惜才能换来爱的永恒

有人形容找寻爱情，就好像在海边捡石头，大家永远相信自己已经找到最美、最适合自己的那一颗，可是你是否在跟“爱人”交往中懂得珍惜？

在千千万万人之中相遇，就是一种缘分，如果缘分来了，不论天涯海角，都要坦然接受，真心相待，因为这是爱情女神的一种赐予。如果你要把这份爱情一直留在身边，让它温暖你一生的话，你就要好好珍惜和他在一起的每一天。

爱一个人不需要任何理由，默默地付出，好好地珍惜，因为得到一个你爱的人是件不容易的事，女人应该感到爱情的宝贵，随着岁月的流逝加倍地珍惜。女人珍惜男人，男人才会珍惜你。不要到了分开了才想到去挽回，不要让自己的一时冲动毁了自己一生的幸福。

朱自清的《匆匆》给我们带来文字的美感，同时也带给我们时间的紧迫感。

燕子去了，有再来的时候；杨柳枯了，有再青的时候；桃花谢了，有再开的时候。可时间过了就不可能再回来，珍惜和你现在的爱人在一起的机会，好好地珍惜彼此，别等到失去了才感受到他的好。

有一对老夫妻，结婚已经有五十多年了。男的身材高大健朗，女的娇小玲珑，但身体不很好。有时老夫妻到阳台上收衣服，只见老先生把衣架拿下来，放在老太太的手里，然后把取下来的衣服搭在自己的手臂上。收一件，老太太紧跟一步。两人什么也没说，但配合得非常默契。

后来老太太病了，也就不再上阳台了，老先生一个人忙上忙下。也许是生病的人脾气坏一点，邻居总听见老太太对老先生说一些尖酸刻薄的话，可老先生从不反驳一句，甚至没见他大声反驳过，一样平静地做饭、洗衣、搀扶老太太上洗手间。有时候老先生还是会到阳台上收衣服，只是背影显得格外孤单。

再后来老太太突然去世了，甚至前一天她还在对老先生做的饭菜挑剔发脾气，转天却非常突然地撒手而去了。老夫妻的子女忙进忙出料理后事，只有老先生安静地坐在房间里，子女非常担心，因为他们从老先生的脸上看不到太多悲痛哀伤。接下来的日子，老先生照旧到阳台上晒衣收衣，就像从前一样。

你可能会产生疑问，生前那么恩爱的两个人，为什么一个先走了，另一个会这么平静呢？其实，他们携手走了五十多年，早就知道会有这么一天。老太太在世的时候，老先生珍惜相守的每一天。现在老太太走了，活着的人，总还要继续生活。世间的夫妻本来就只能相伴一段路，我们无法掌控生老病死的自然规律，但我们可以把握住生命里的每一天。与其在失去以后独自哀伤，不如早早学会珍惜，那么即使当你独自一人面对这熟悉的世界时，心中也永远都不会孤单。

如果时间可以重来，也许有的人就不会再错过那份真挚的爱情，如果时间可以重来，也许每个人都会学会两个字——珍惜。爱情的路上有许多困惑，只有能做到彼此欣赏，彼此包容对方、体谅对方才是真正的爱情。同时两个人有着共同的理想和志向，只有这样，才能天长地久，矢志不渝。真正的爱情是让人安心的，当女人发现男人不甘心停滞不前，想从亲密关系中撤离的时候，请不要慌张，给他时间调整自己和你之间的关系。在感情问题上，任何卑躬屈膝、委曲求全都是不奏效的，也是不值得的。放手其实才是一种争取。

爱的路不会一帆风顺。有时你爱的人不再爱你，有时你的爱渐渐失温，也许是爱到了一个关卡，需要两个人作出选择，选择是继续走下去，还是各自分开寻找更合适的人继续旅程。爱就是一次又一次作出选择的过程，谁也不知道谁会陪自己走到最后，但只要有耐心和勇气，最终都会和爱侣走到自己的终点。不要在失恋中迷失了自己，不要沉沦在痛苦中无法自拔。走出了失恋的沼泽地，你会发现生活中除了爱情还有很多的东西更值得你去珍惜。

爱情当头，男人爱用嘴说话，女人爱用耳朵聆听。说者不一定真心，听者却是倾注着真情。在很多时候，这类誓言都不能太当真。对待誓言，可以像对待香水一样，只能闻闻，而不能吞咽下去。并不是所有的爱情都可以两情相悦，经常会有落花有意流水无情的状况出现，当你苦苦爱着对方的时候，他却对你不冷不热，而你的身边还有一双等你转身去牵的手。这个时候，不要一直执着于自己的选择，给身边的人一个机会。

对于女人来说，老公是要和自己相守一辈子的，只有一个深爱你的人，才可能在以后漫长的生活里真心地去了解你、宽容你。只有一个深爱你的人，才会懂得欣赏你，赞美你，才会在以后漫长的生活里鼓励和支持你。如果你找到这个人，请珍惜他。在享受他给你关心的同时，也给予他爱的回应，这样相处的两个人才能一起相扶相惜，走到爱情的尽头。

女人要多懂些围城中的艺术

女人总是对婚姻有许多期盼，期盼从中可以得到很多东西，比如爱情、快乐、幸福、健康等。但是一定要记得欲取之前要先给予一点。

有人说："婚姻是一个空盒子，你必须往里面放东西，才能取回你所要的东西；你放的越多，得到的也就越多"。女人总是对婚姻有许多期盼，期盼从中可以得到很多东西，比如爱情、快乐、幸福、健康等。但是一定要记得欲取之前要先给予一点。

热恋时，男人可能处处为你着想，事事都会为你做，但要切记，婚姻是柴米油盐，不是烟花玫瑰。男人为事业，女人为家庭，婚后的他可能不会再为你所有的任性要求买单。女人要明白，生活就是如此。既然选择和某个男人走到了一起，就要懂得付出和给予。爱是奉献，是牺牲，是为了自己所爱的人心甘情愿付出所有。也许女人的付出和收获不成正比，也许男人并不理解女人的苦心，这时就需要女人用宽容的心胸去对待，去相处，寻找双方都最合适的相处模式，以此为平台来经营感情。

人们常说：女人婚前要睁大眼睛，而婚后就要睁一只眼，闭一只眼。这话不无道理，人无完人，每个人都有自己的优点缺点，既然选择了他作为你生活的伴侣，也就意味着你要容忍和谅解他的不足。懂得彼此间的沟通与交流，懂得及时地处理家庭矛盾，学会包容、理解对方，这样才能更多地感受

到生活中的那份自由、惬意、温馨和快乐。

举个例子来说，女人不喜欢男人的鼾声，可是一定的时期过后，没有他的鼾声就又睡不着觉，这是一个适应的过程。在双方的矛盾与冲突过程中，体谅对方，学会换位思考，做到真正的理解与沟通。

钱锺书说过，婚姻是一座城堡，城外的人总想进去，而城内的人总想出来。在婚姻的围城中，幸福的夫妻自有自己独特的相处艺术。

距离产生的美

夫妻之间，天天相处在一起，时间久了，难免会发生"审美疲劳"。俗话说，距离产生美。夫妻之间，根据情况，适当地分开，有助于感情的融合。

林林是一个典型的小女人，结婚好几年了，还天天小鸟依人似地缠着老公。没想到，老公回家后的话越来越少，每当林林一缠上他，他就感到很烦。林林很想不通，可是，她越想和老公黏在一起，她的老公好像就越有意疏远她。在林林的再三追问之下，老公终于说实话了："我上班很累，脑子发木，回家了就不想说话，也不想动。你别觉得我有什么不正常，等我一个人待够了，缓过劲儿来了，自然会跟你说话的。你别逼着我天天跟你腻在一起。我想一个人待着，不表示我有外遇，我只是有点累。"

原来如此。看来，做妻子的要学会在适当的时候"远离"丈夫。给丈夫一点空间和距离，有助于维系两人的感情。

相互信任

不知从哪一天开始，网上、杂志上，包括图书，都在讨论男人的私房钱，讨论女人应该如何看好男人。实际上，男人的衣兜里有多少钱，你不需要知道，只要他每月按时交纳了足够的生活费，就由他去吧；他晚上给谁打电话你也没必要追究，就算你要追问，也问不出所以然来。

柳芳结婚6年了，她和老公谁也没有小金库，工资全发在卡里，没钱了就取一点。柳芳从来不知道老公的钱包里究竟有多少钱，反正老公从不跟她要钱。有时候晚上会有女孩子的电话找老公，柳芳的原则是，只要不是半夜三更影响自己睡觉，一概不闻不问。也许与柳芳的这种方式有关，六年了，他们的婚姻依然稳定如初。

己所不欲，勿施于人，夫妻之间，没必要两人天天都互相看守着。与其把对方当贼来防，不如痛痛快快放手，对方爱干什么就干什么。信任才是幸福婚姻持久的基础。

女人不妨多给男人留面子

大男人不仅要有大的胸襟、才华、作为，更要有大面子。女人对于这一点，要谨记于心。

男人需要有面子，男人也最怕失去面子。俗话说，树要一张皮，人要一张脸，男人要的就是面子。不管在什么场合下，人前人后记着要把足够的面子留给你的男人。

有女人总结说，不管你和老公在平日怎么开玩笑，一旦涉及他的面子时，一定要小心谨慎，就像手捧一件古老、珍贵的瓷器。给他足够的面子，才能获得“高额回报”。

江玉在刚刚结婚的时候，每逢和老公一起参加同学聚会，时常在饭桌上让她丈夫下不了台。因为她一向蛮横惯了，遇事嘴上不饶人。有一次，老公又带着江玉一同参加同学聚会，在饭桌上，不知说了什么，老公的同学忍不住发话了，说：“小玉，你怎么一点儿也不给你老公留面子呀？”江玉不明白，一个劲儿地问人家：“我怎么了？我没说什么呀？我怎么不给他留面子了？”江玉倒不是存心这样，而是她说话的风格已经成了习惯，不知不觉中，就透露出自己比老公挣钱多的优越感，让人听了很别扭。好在她的老公脾气好，不跟她计较。

那次聚会后，她开始反思自己，后来，她发现老公的同学没有说错，别人说话，都不像她这样带刺，至少在饭桌上，其他男人的老婆，都表现得像一个优雅的淑女，而她却总拿话刺激她老公，让她的老公在同学、朋友面前很没面子。后来，江玉开始有意识地改变自己。她一反往常的性格、脾气，学着在人前处处维护老公。她和老公的感情也越来越好。

我们常说大男人、小女人。男人大字体现在“胸怀”“品德”“成就”上，当然，也包括有面子。夫妻间能做到相互理解，相互尊重，是爱情得以维系长久的根基。在生活中，特别是在公共场合给他留有面子，就是对他的尊重和关爱。

在一次朋友聚餐上，在刚上第二道菜时，有位陈太太就在寒暄敬酒之时，脱口对着邻座的张太太说：“还是你老公会赚钱，我老公每个月的收入还不到你老公的一半呢！”当时在旁的陈先生一听老婆竟然如此“率直”，立即脸色大变，只因自己是被请的主客之一，为了不让当时的场面太尴尬，马上就站起来：“我的车子暂停在路旁，可能会被拖走，我去停一下车，待会儿再回来。”陈先生说完就离席，当然就是一走了之，所谓去停车，只不过是一个离开的借口而已。

男人都希望在人前能被“尊重”，或者更有“尊严”。换句话说，任何人都不希望自尊心受损，都不喜欢受人羞辱，更何况是在自己熟悉的人面前被老婆贬损呢！

高情商的女人总是能够恰当地运用语言的艺术给男人留下面子。比如，陈太太完全可以这么说：“恭喜喽！张太太，你老公越来越会赚钱了，哪天让我老公向他请教一下发财之道。但是其他方面，可能要你老公向我先生学习喽。”这么一说，自然会皆大欢喜。

女人给男人留有面子，需要在交流时候多谦和些。不要用命令的口吻去指使他干什么，也许他强颜欢笑地干了，你觉得自己像个“公主”一样有威严，其实，当男人为此而感觉心里不舒服，而你却依旧我行我素时，你们之间就已经有了隔阂。

男人相比于女人，多粗犷、豪爽，一些生活中的小细节常常注意不到。因此，女人应明白，不要以为你告诉了他，他就能好好地按照你说的去做，当我们希望得到既定的结果时，一定要从对方的接受程度和实际情况考虑。比如他在刷过牙后总忘记把牙膏盖盖上，你就多说几句“请”，而不要向他频频甩出“不要、不准”之类的严厉的话，也许他是因为忙坏了，也许是因为天生就粗心大意，你和善地叮嘱他，他一定会欣然接受，而不会恼羞成怒，破罐破摔。

名作家毛姆曾说：“自尊心是一种美德，是促使一个人不断向上发展的一种原动力。”在婚姻中，聪明的女人应该学习更好地给男人保留面子，让他这部分“美德”更加丰富，从而对爱和美好生活拥有不竭的“原动力”。

女人不是弱者，不能过分依赖男人

女人不能过分依赖男人，无论是精神还是经济，过于依赖精神的会被抛弃，过于依赖经济的会被唾弃。

热恋时，男人与女人间是对视，目光如炬，爱的天昏地暗；热恋过后，两个人的目光应该是平视前方，身心独立，投入事业与家庭的建设中去。可是许多女人的眼光一直聚焦在对方身上，须臾不离。这种女人整个世界都是那一个男人。她不知道，爱不是想留住就能留住的。过于依赖男人，恨不能时刻相守在一起，形影不离。这样的生活会把双方都折磨的身心疲惫。久而久之，这种没有自由的爱情会使男人喘不过气，继而选择离去。这时女人就什么都没有了，整天以泪洗面，觉得自己是世界上最悲惨的人，

女人如果自己把自己当成弱者，那男人就更把你看成弱者。弱者没有自主的权利，只能得到一点少得可怜的怜悯。但对于自尊、自强的女人来说，怜悯是一种耻辱。西蒙波娃说过："女人是处境造成的，不是先天造成的。"女人对爱情可以专一、可以深情、可以执着，但要珍惜自己的付出，不是付出越多就越好，不要把男人当成你的天，不可以把爱情看做生命的全部，不要把自己的幸福系在任何人手上，就算失去男人的爱情，也要挤出一个微笑给自己，给自己一个远大的前程和目标，并向着这个目标努力，不让自己成为生活的弱者。要记住，只有自己爱自己，别人才会爱你。

那一年，因为种种原因她没有了工作，起初她也彷徨郁闷过，但毕竟还很年轻，渐渐地就释然了，更何况她还有个不错的婚姻，男人向她信誓旦旦："别怕，有我养你呢！"她也就一心一意地为他做起了全职太太，起初的日子是甜蜜温馨的。她把精挑细选的原材料变成一道道美味的菜肴，把家里打扫得窗明几净。男人每天回到家里，都有可口的饭菜和舒适的环境，所以两人都各得其乐。

然而随着时间的推移，日子开始渐渐变了味道，首先是她自己开始厌倦这种仿佛与世隔绝般的主妇生活，做完了家务的她，常常对着空空的屋子发呆，茫然而无聊；而男人对她的态度也开始有了微妙的变化，不仅理所当然地不做任何家务，向他要生活费的时候，也开始皱起了眉头，嫌她花钱大手大脚，还对她抱怨现在经济不景气，挣钱艰难等；两人的对话越来越少，她发现自己已经开始跟不上他的思维，她的无知常得到他的哂笑，偶尔想和他交流点什么，男人也常以"你懂什么"之类的话搪塞敷衍……

矛盾终于在一个夜晚爆发，那是缘于一道男人最爱吃的炒菠菜，刚坐上饭桌的时候，男人还是愉悦的，可刚吃了几口，就听他"啊呀"了一声，她被吓

了一跳，问他怎么了，男人“呸呸”吐了几口之后，才对她嚷道：“你怎么洗的菜，里面有沙子，硌了我的牙！”她赶紧解释道：“我今天可能洗菜的时候匆忙马虎了点，下次注意！”男人却不依不饶了：“你知不知道我最怕吃到沙子啊？你每天班也不用上，全靠我养着，在家都忙什么呢？连菜都洗不干净，你还会干什么？”说完恼怒地拂袖而去。

那一刻，她终于明白，那一粒沙背后掩藏的婚姻危机。

还好，她是个懂得自尊自爱的女人，那个夜晚过后，她抛弃了靠别人生活的想法，也放弃了那种无所事事的生活方式，开始了新的属于自己的日子——读书，充电，交友，择业……半年之后，她重新成为一个人们眼中自信优雅的女人。

又是一个夜晚，她为男人做了一道清炒菠菜，而这一次，确实是因为时间紧张，菜洗得不够彻底，男人再次被一粒沙硌了牙齿，她有些不好意思了：“算了，这菜别吃了，下次我一定洗干净点！”不料男人并未生气，反过来安慰她：“这有什么，不过一粒沙子嘛，再说你现在也挺忙的，能吃上现成饭我已经心满意足了！”说着，把沙子吐掉，又大口大口地接着吃了起来。

那一刻，她也终于明白，不过一粒沙，在平等与尊重的婚姻里，它就只是一粒沙，而在两个社会地位与经济地位悬殊的人组成的家庭里，却可以成为婚姻问题的导火索。

一个女人只有真正做到经济独立、能力独立、思想独立，在精神上不依赖于人，有独立而完整的人格，才能活出真正的自我。要想做自己的主人，就需要有自己的经济实力，也就是说需要有自己的事业。最美满的婚姻，应该是男女双方形成一种内在平衡的关系，即双方都拥有各自的人际关系、经济基础、生活空间与事业。既互为依靠，但又各自独立，这才是婚姻生活能个中最佳的相处之道。

婚姻生活中，学会踩刹车

爱情是自私的，女人一结婚总是想把丈夫紧紧地拽在手里，但是感情就像是手上的沙子你握得越紧，它流失得越快，要想使你的婚姻生活更加完美，就要给他一个自由的私人空间。

很多婚姻出现问题，甚至最终导致离婚，并不全是外部因素导致的，而是夫妻双方自身的问题。对于男人来说，爱情、婚姻、家庭并不是他生命的全部，所以高情商的女人绝对不要妄想把男人固定在一个小圈子里。聪明的做法是给男人一个相对自由的空间，这样让他能够感觉到你对他的爱和信任，还能够满足他男人的自尊和骄傲。总有人把夫妻关系比喻为放风筝，其实这是很有道理的。男人像风筝一样，翱翔于天高海阔之间，骄傲并自由的飞翔，但不管风筝飞得多高，线却始终握在女人手中。女人若把风筝线拉得太紧，断了线，风筝就再也收不回来了；但如果线放得太松，就不可能让风筝迎风而起，飞向高空，唯有识风定向，知深知浅，收放自如的女人，才可以让风筝飞得高、飞得远。所以给男人一个相对自由的空间，是每一个聪明女人应有的智慧。

夫妻相处遇到摩擦是常有的事，通常女人会选择忍让，但如果无休止的忍，不但不能将事情解决，还可能令委屈和愤怒越积越深，一旦积怨爆发更难以收拾。我们仔细看这个“忍”字，心上一柄刀，刀上一滴泪。忍字头上一把刀，表示忍耐会有痛苦；忍字下面一颗心，表示忍耐会受煎熬。所以强忍并不是最好的解决办法，在适当时候，婚姻中的双方要表达自己的意见及想法，让彼此了解，才更能维护好感情。

爱情是很微妙的东西，需要经营，两人在相处中要互相理解不误解，相互包容不纵容，相互信任不放任，再加上爱与尊重，就是一份健康的爱情。婚姻，是需要两人用心去经营的，一旦出现猜疑或是误会，双方要非常重视并要解决好其中存在的问题，夫妻之间的相互忠诚信任以及对配偶的尊重，是维护家庭和睦的重要保障。

爱情的基础在于相互信任，但是信任不等于放任。两个人应该互相信任没错，但必要的相互约束也是应该有的，如果你一味对他不闻不问，最终导致的结果将是他在不知不觉中离你越来越远。如果太过放任，两人就成了相离的圆，没了责任，就容易造成背离；太过包容，失了个性，就容易造成迷失。相爱，最恰当的距离，就是做两个相交的圆，把爱人放在心里，在交集里欣赏和探究交集以外的他。婚后只有找到适合你们的、你们都可以接受的方式来相互信任、互相自律，感情的幸福才会有切实的保证。

在家里，在你老公面前，你要让他知道，你需要他，依赖他，让他感觉到他是男人，是可以呵护自己心爱的女人的男人。在家不要大包大揽，该懒则懒，该娇就娇，能装傻的时候就装傻，不要炫耀自己的聪明。女人还要根据不同的场合转变自己的角色，最好在大姐姐、情人、母亲、依人小鸟等多个角色之间转换。

女人千万不要为了使他们不犯错误，而总是想方设法泯灭伴侣的个性。男人是个长不大的孩子，所以有时候女人对待男人的态度就要像对待孩子的态度一样，要有一定的宽容心，在一定程度上允许男人犯错误，并给他更改错误的机会。在必要的时候，学会缝补破碎的感情。懂得原谅是一种智慧，懂得原谅的爱才是真正的爱，懂得原谅的女人是高情商的女人。女人这种母性的情怀，不仅仅是温柔的，也有严厉的，在必要的时候可以监督男人的行为，在某种特殊的时刻，召唤男人迷途知返，回头是岸。

会开车的女性朋友一定知道：开车最重要的是学会踩刹车，不会踩刹车，那就是将你的生命搁到悬崖上。司机在驾驶过程中都可能遇到紧急问题，为什么有的能平安处理，有的却酿成大祸？这就是刹车踩得准不准的问题。

婚姻生活中，也要学会踩刹车。夫妻吵架不可避免，人的火气一上来，再恩爱的夫妻也会失去理智，说一些冲动的话，做一些冲动的事，变恩爱为仇视。如果任这种状况发展下去，两人的心就会越走越远，感情越来越冷漠。发生争吵后，女人不要老想占上风，在这时双方心态都不冷静，一些问题一下子是讲不清楚的，待冷静一段时间，等气消了心平气和了再谈，反而容易解决。

生活中有些女人是有点小肚鸡肠，但也要知道，爱是需要自由的，也是需要呼吸的。若是真爱，你首先给他的应该是自由。爱上一个人，给他选择的自由，给他拒绝的自由，给他爱的自由，给他不爱的自由。人不是物品，想看也看不住，人更不是笼中之鸟，可以囚禁。这样做反而会弄巧成拙，让他想要逃离。女人要想维系爱情，使婚姻长久，就不要过分要求他，多给予他一点独立的空间。

夫妻双方谁都不是对方的附属物，而是平等、具有独立人格与尊严的另外一个人。虽然他是你的丈夫但他并不是你的私有财产。婚姻中，好的夫妻关系应是一种朋友间的关系，没有所谓的优势与屈服，也没有无理的限制和绝对的占有。因为两个人的关系是建立在相互喜欢和信任之上的，每个人都有足够的心理空间，也就是心智和情感上的自由，去发展自我，完善自我。

智慧的女人，要尽量不发火而把事情处理好。当愤怒在心里燃烧的时候，要提醒自己清醒，无论发生什么，也都不要放肆地发火、说脏话。即使真的发生争吵，要就事论事，千万不要翻过去的账，一吵起来就是你过去如何如何，结果你翻我也翻，使本来不大的争吵翻得越来越大。尤其是互揭对方的疮疤，还会在夫妻之间造成严重的心理对立。俗话不是说“骂人不揭短”，夫妻间冲突就更不能了。女人要维持甜蜜爱情，要学会在关键时刻急刹车，让生活中多点快乐和微笑，少些争吵。

女人要发现好婚姻的奥秘

幸福的婚姻都是一样的，其中的奥秘就在于适当地加入一些爱情的调味品，如此，家庭才会甜甜蜜蜜、有滋有味。

女人的恋爱、婚姻如水一般，究竟是清澈见底还是浑浊不堪，全靠婚姻中的自己；女人的恋爱、婚姻如城堡一般，究竟是宽敞温馨还是狭小而憋屈，全靠婚姻中的自己；女人的恋爱、婚姻如一支舞，究竟是优雅翩翩还是步伐零乱，全靠婚姻中的自己。全在于自己是否有良好的心态。

谈到婚姻，幸福的男人会说："我妻子都特别'好'，我全是靠她培养的，所以'好女人是一所学校'是非常正确的"。女人如果聪明、心细、心灵美好，家庭则容易经营得好。

芳芳的朋友军长得很帅，起初芳芳就暗恋上了军，但一直没有表达出自己的感情，只是默默地关心着他。时间长了，军渐渐感觉到芳芳在一直关心着自己，直到某天，他意识到：没有了芳芳的关心，生活好像没有了意义。因为军是一个内向的人，自从跟芳芳相处后，军觉得自己像换了一个人，自己的交际范围广了，朋友多了，生活充满阳光了。

随着时间的流逝，两人的交往也慢慢成熟了，再加上两个人都到了谈婚论嫁的年龄，于是，军选择了芳芳。"虽然芳芳不算漂亮，但是我想她能带给我真实的生活"，这是军内心的独白。当芳芳问军："你为什么不选择比我更漂亮的女孩呢？"军回答说："漂亮的外表经不起时间的流逝，我要的是现实中的生活，不是虚无的东西。我想珍藏的是你那颗美丽的心。"后来，军跟芳芳携手走进了婚姻的殿堂。

婚后的生活跟军的预料是一样的。生活中的芳芳是一个非常懂得经营爱情的人,都说婚姻是爱情的坟墓,军却浑然不觉,芳芳用自己美好的心灵、聪明的智慧把两个人的感情经营得很好。尽管家庭生活中也有一些不开心的事情,但是芳芳常能用巧妙的方式处理妥当,不仅不会伤害对方,而且给生活增添了不少乐趣……

爱情,是每一个女人都梦寐以求的,所以当你与心爱的人牵手一生,享受美满的生活时,一定用真心为对方考虑,营造更浓厚的幸福氛围。婚姻是一个大花园,而你就是其中的园丁,你的宽容、善良就是照射在花园里的丝丝阳光,滴落在花朵上的滴滴雨露,能为你的家庭、婚姻保鲜,注入长久的生命力。

事实上,经营婚姻和做风筝的过程是一样的。做风筝的第一步:用竹篾做骨,骨要硬,还要韧,而在婚姻中,这骨是什么?是爱,不掺任何杂质的爱。决定了爱这个人,就用刀劈掉金钱、地位、家庭背景等,这些杂质留下任何一个,都可能是婚姻的隐患。

第二步:修饰。风筝的框架做好了,如果扎实的话,就有了长期稳定的基础。但风筝要养眼,给人以愉悦的享受,那就需要给风筝设计各种各样的风格,然后描绘、上色,再配置彩色的配件等,如此风筝才能有独具匠心的魅力。婚姻同样如是,爱是根基,但只有爱还不够,还要有美好心灵的灌溉,如此爱情才容易天长地久。

第三步:飞翔。风筝天生是属于天空的,只有在蓝天白云之上才能展示它赏心悦目的美;若只把它悬于墙壁,则扼杀了风筝的灵魂,让它变成毫无生意的死物,会让人的产生审美疲劳。婚姻也要有自己的空间,彼此没有空间的爱情容易窒息。但空间也要有度,女人要把婚姻之线抓在手中,一旦松手,家庭便会飘逝、沉落。

第四步:保养。时光会磨蚀风筝,因此,风筝要经常保护,加固框架、描绘色彩、更换造型……婚姻同样如是,外界的诱惑、流言飞语对婚姻的破坏不可避免,这时,要经常用爱、理解、包容、体谅、呵护为婚姻疗伤,为家庭注入新的活力。

要知道,婚姻不是爱情的坟墓,而是爱情的升华,如何使婚姻时时处在保鲜状态,使家庭在幸福的轨道运行,其中的奥秘很简单,运用你的聪明和智慧就好。婚姻不是相互改造,而是相互磨合,女人要学会换位思考,经常站在他的角度考虑问题,这样才能和平相处、彼此信任。当爱情最初的激情过去,婚姻所需要的是不断激发新的火花,让出人意料的惊喜来延续美,让彼此恰当的距离产生美,让日益弥坚的信任巩固美,让心有灵犀的理解滋润美。

总而言之,女人只要能用浪漫、体贴的情怀对待婚姻,用欣赏的眼光看待丈夫,并且能把自己的爱意用合适的情话说出来,或用亲昵的举动表达出来,相信长此以往,幸福美满的婚姻便在手中!

让自己的爱情永远保鲜

爱情是需要经营的,结了婚并不意味着万事大吉,为了给爱情保鲜,女人一定要用心地去对待婚姻:一句对他生日的祝福、一顿为他精心做的他最爱吃的晚餐、甚至是一次故意制造的小麻烦,都会使你们的爱情升温。

经常听步入婚姻殿堂后的女人埋怨:婚后整天只是和柴米油盐打交道,婚后的男人再也没有恋爱时的浪漫、殷勤。婚姻本不该是浪漫的终结,婚姻中除了整天围着柴米油盐转外,也应该把浪漫作为婚姻中的一种调味品。

给婚后的生活适度加入点“浪漫”，也许会比婚前的甜言蜜语、款款柔情更有诗情画意，更能加深夫妻之间感情，使彼此之间感觉更温馨。

高情商的女人要知道，婚姻的大忌是简单、重复地过每一天。同在一个屋檐下的男女，如果没有心灵的交融，情感生活会苍白而失去热情。人的本性说到底，是不希望自己的生活只有平凡、平静和平淡的，尤其是女人，还是希望能有些色彩和浪漫。那么，高情商的女人就赶快行动起来吧，学会寻找并制造浪漫。浪漫不仅是在生日时收到鲜花时的感动，其实，亲密关系的营造并非一定要大费周章才能完成，不妨试着两个人握紧手在马路上散步，共享一本两人都爱看的书，背靠背听一段轻音乐，你会发现，浪漫的感觉原来可以如此简单。

爱情是需要经营的。结了婚并不意味着万事大吉。为了给爱情保鲜，同样需要我们用心去对待彼此。一句生日的祝福，一顿意外的烛光晚餐，一次精心安排的旅行，甚至一次故意制造的小麻烦，都会使爱情升温。婚姻并没有葬送爱情，是两个人的粗心大意和苛求扼杀了爱情。爱情让我们共同步入婚姻的殿堂，婚姻给予爱情生长的环境，而不是死亡的坟墓。及时地将浪漫激情的梦幻转化成为安稳的生活，把在新鲜和刺激中寻求爱情的想法转化成在平平淡淡的生活中慢慢地体会爱情，因为细水才能够长流。

有一个女人总是觉得自己的丈夫不够浪漫，而且也根本不懂浪漫，觉得两人的生活如一潭死水般静寂。当她看到同事的老公送来玫瑰花的时候，真是羡慕不已，多么希望自己的老公也能够如此浪漫。

女人很喜欢吃姜炒螃蟹。快到女人的生日了，女人心想，丈夫是块愚木，那我就提醒一下他，于是妻子问：“那天你送我什么礼物呢？”

“我要给你一个惊喜。”丈夫说。

妻子心想愚木终于开窍了，但还是提醒地说：“送花吗？送花吧！”

丈夫笑了笑没有回答。生日那天，妻子欣然地回了家，想象着接到丈夫送给自己的一大束玫瑰的喜悦。然而回了家，并没有意想中的迎接场面，更没有什么鲜花，只是桌上摆了一盘香喷喷的姜炒螃蟹。

于是妻子生气地问道：“礼物呢？花呢？”

丈夫愕然道：“花，什么花啊？快来吃螃蟹吧，我特意为你做的，今天……”

还没等丈夫说完，妻子“砰”的一声摔门而出。

玫瑰代表浪漫，姜炒螃蟹不是同样代表浪漫吗？营造浪漫的方式是不拘一格的。玫瑰代表浪漫是大家公认的事实，然而不是只有玫瑰才能给予浪漫。一盘精心准备的姜炒螃蟹蕴涵了丈夫更多的爱和浪漫，而妻子却过于拘泥地把浪漫看成一束玫瑰花。任何一个丈夫都可以买玫瑰送给妻子，但是并不是每个丈夫都知道自己的妻子喜欢吃什么，更何况是亲手去做。妻子刻意地追求浪漫，却没有体会丈夫的浓浓爱意。

在坎坷的岁月里，一句鼓励的话、一个温存的拥抱，都在营造着浪漫的气氛，都在体现着点点滴滴的爱。在困苦的日子里，一碗为你而留的粥，一种不舍不弃的态度，都显现着爱的真挚。然而当日子变得越来越好的时候，大家却在感叹体会不到浪漫的存在了。这是因为你的心对浪漫失去了识别的能力，而并非没有浪漫存在。你不再会认为一碗粥是浪漫，甚至精心准备的姜炒螃蟹也会觉察不出一丝浪漫。

人们更多地把爱、把浪漫看成是像罗密欧与朱丽叶那样的生死缠绵，是梁山伯与祝英台那样化蝶双飞。不过，那只是文学作品，真真切切的爱是在现实生活当中的。台湾作家张晓风说，爱一个人，就是不断地想，晚餐该吃牛舌还是猪舌，该买大白菜还是小白菜？把爱落在碗里，实实在在，朴实无华，却感人至深，这是爱的另一种境界。

其实，表达对一个人的爱很简单，有时一个会心的微笑要胜过千万句甜言蜜语，一个深情的凝视会比接到九千九百九十九朵玫瑰更让人真切地体会到爱。而那些过于形式化的表达方式往往并不能体现爱，显现浪漫，反而没有了味道。爱是体现在寻常生活中的，爱的浪漫是体现在寻常生活中的。

婚姻是在现实中体现美妙的，人也不可能生活在幻想当中。不要把想象当成生活，生活也不可能如想象中那样美好。婚姻使爱情在现实生活中点点体现，就如那潺潺的流水，正因为它的微少细弱才更显甘甜清凉。

女人聪明地回应他的异常

当你的丈夫有异常举动时，高情商的女人不要立刻猜疑，而要给予他更多的信任。

也许有一天，你突然发现丈夫的行为言语开始显得怪异，比如，他以前很关心你，可是现在对你越来越冷淡；他以前很在乎你的感受，可是现在却对你爱理不理；他以前每逢出差回家，都要在夜里向你倾诉衷肠，可是现在即使他出差一个多月后回到家里，仍然话很少，让你觉得他是一个陌生人……

男人的这种变化多半发生在结婚后的头几年。因为恋爱的激情退去，对方的吸引力减少了，这时，如果你还像传统女人那样墨守成规，等待男人变回婚前的痴心人，你的男人难免不会跑掉。

当你遇到这样的情况时，不要心急、悲观，反而要静心反省，找出问题的症结，妥善加以解决，为挽回男人而努力。

猜疑丈夫有外遇

当女人猜疑丈夫有外遇时，有可能是因为对他还不够了解，或者是由于你过于敏感，判断失误。假如是这样，那么，你该如何避免对丈夫的猜疑呢？

首先，要问自己：你爱他吗？只要对他产生了猜疑，你必须做的一件事就是问自己是否还爱他。假如你一时难以回答,也用不着逼自己。先睡一觉,好好想一想你们从前的时光。如果从前的那些美好时光还能够让你感动,那说明你的爱依然存在;但如果以前的那些恩爱都不能再让你心动,那说明你不爱他了,你需要重新选择。

其次,问问自己是否还信任他。对爱人的态度取决于你对他的信任。只要有信任,即使发生了问题你都能找到出口;假如没有了信任,任何细微的变化都会在你的放大镜下成为问题。没有信任,你大可不必强颜欢笑;假如你真的信任他,就要遵从自己的感觉。

当你猜疑他的时候,最好能自觉地检讨一下自己的言行。看看你自己有没有在不知不觉中无意识地伤害了他。他为什么会疏远你,是不是你的一些行为举止令他不喜欢。夫妻过日子,免不了磕磕绊绊,只要你找到问题的症结,就能积极地消除误解。

最后,你要防止他人的恶意中伤,他人的中伤也会造成你的猜疑。在这种情况下,一是要弄清楚造谣者的来历,二是要弄明白对方搬弄是非的理由。可能这种中伤是因为别人嫉妒你们的恩爱和幸福,在这种情况下,对他人的谣言,你最好要小心谨慎。也许造谣的人与你的丈夫有矛盾,不管谁对谁错,只要你还爱丈夫,就要设法帮助他渡过难关。

当丈夫有外遇时

当女人发现丈夫有外遇时,要让你的教养成为帮助你解决问题的动力。

首先,面对丈夫的外遇,要冷静思考,正确判断。不要一发现了就试图马上解决,时间才是最好的淡化剂。这时候,要设法先把问题放在一边,努力转移你的痛苦,平息你的愤怒情绪,你可以尽量做自己喜欢做的事,来转移你的痛苦。在转移痛苦的同时,好好想想是不是你自己有失误,看看你自己是否存在什么问题。丈夫的出轨是不是源于你对他的忽略?好好想想,并且要一如既往地温柔体贴地对待他,只要你还爱他,就不要提分手的话。俗话说,“一日夫妻百日恩”。只要你俩还在一起,每一个细小的接触都有可能重新点燃爱的火焰。

在对待丈夫的外遇时，要多想想他的优点，如果你发现自己无论如何都无法舍弃他，那么你就要遵从自己内心的感觉，谅解他。“金无足赤，人无完人”，如果你真的爱他，就要拿出实际行动，证明你对他的爱。特别是当他的外遇只是一次偶然行为，你最好能够原谅他，给他一次悔改的机会。假如他的外遇是必然，那么你就要问问自己到底要什么，以便对自己的将来做出打算。

很多时候，夫妻之间需要非语言的爱恋，如果你要和他在一起，假如你俩能从行动上重归于好，待伤疤痊愈的一日再彼此交流，所有的痛苦都会变成积极的经验。

你的一些行为让你的丈夫厌烦

他的变化可能不是因为外遇，而是因为你的一些行为举止让他厌烦。如果你还爱他，就要检讨自己的言行，看看问题的症结所在。不要逼问他，更不要指责他对你的偏见。只要你对他还有爱，就要尽量调节，为了你们的幸福，自我批评是最好的出口。

有时候，他讨厌你是因为你太过于自我。他可能有点大男子主义，希望你小鸟依人。只要你对他心中有爱，就不要与他计较。在爱情中，谁也占不了上风。

如果他在某些方面不如你，你显得过分强大，让他没有男人的自信心，也会令他反感。你要学会适当地收敛你的锋芒，谦逊一些，低调一些。也不要太过独立，太过冷漠。

总之，找到自己的问题，尽快走出误区，让爱人回到你的怀抱。

高情商的女人要学会“无情”

爱情这翘板，若只是女人一方苦苦支撑，是感受不到快乐的。

当我们还是小孩子的时候，都曾玩过公园里的跷跷板。板两端承载着两个重量相当的身体，当一端高高翘起时，另一端沉沉压下去，两个人轮流翘起，轮流压低，交替着感受快乐。可是当其中一人不想再玩的时候，另一人也就不能玩下去了。这就好比男女之间的感情，当男人不想再为你压下感情的跷跷板，它就已经失去了平衡，就算女人花再多力气，最终也只能独自沉重地坐在地面上而已。

人们都说：婚姻是女人的第二次投胎。由此可见婚姻对于女人来讲是多么的重要。但也有人说：婚姻是爱情的坟墓！可既然是坟墓，为什么还有那么多的人自愿双双“为爱殉情”呢？其实婚姻更像是一个酒精炉外加一小撮催化剂，将两个人的爱情迅速升华，生成另一种新的物质“亲情”，当然在这个过程中难免会有冲突，难免会发生意外，难免要饱受时间的考验。

平淡而真实的婚姻生活是每个女人向往的，向往能够和她爱的人一起牵手走过一生一世，向往一起吃个早餐，一起漫步，一起变老，一起旅游，一起看电影，一起做饭，而后一起照顾老人，一起照顾孩子，一起幸福而美满地生活。婚后的女人更注重生活的品质，希望她与他的生活平淡、真实而牢固；婚前的女人似乎更注重爱情的质量，希望她与他爱情充满浪漫，拥有激情。但是女人有时候必须要学会无情。当男人对这份感情已经无心再续时，高情商的女人也就不该再投入多余的力气。若爱上一个人，爱得越深，你会发现你越失去自己。你所做的，你所想的，全都是他。你可以没有朋友,没有家人,但你不可以没有他。有朝一日,他不再爱你了,他不要你了,只剩下你自己,那么,这个时候你就得选择放手,安静地离开。

爱情这跷跷板,若只是女人一方苦苦支撑,那是感受不到快乐的。透支一段没有意义的爱情,就是在透支自己的幸福。爱情,来了就来了,走了就走了,让它来去从容。爱情并不是女人生活的全部。

有一对情侣经常为一些鸡毛蒜皮的小事争吵,渐渐地,两人之间便产生了裂痕。明知相处已无意义,可谁也不忍提出分手,为此,双方痛苦不堪。

那天,女人去拜访一位心理学教授。教授听完她的讲述,微微点了点头,起身从卧室找出一个空花瓶,将一个橘子丢入其中,让她用手伸进去把橘子拿出来。结果,手伸进去了,橘子却拿不出来。因为瓶口比抓住了橘子的拳头要小。

"怎么样,拿不出来吧。你想抓住橘子,橘子也借瓶口套牢了你的手。若你松开它,你的手怎样伸进去的,还能怎样出来。现在,你和你的爱人已经无法和睦相处了,你还想抓住他,结果,你把自己也囚禁了,如果你能再理智一些,趁早放手,不仅放开了他,你也可以放开自己了。"教授意味深长地说。

两个人在一起,也许最大的伤害不是分手,而是难以和谐相处的时候还硬生生地绑在一起。高情商的女人要学会放手,不要因为不甘心而死死纠缠。如果你们的爱情已经成为过去时,即使再努力也无法挽回,继续纠缠只会给彼此带来伤害,很可能因爱生恨。

当你发现他有很多习惯已经不能让你忍受,你已对他的是是非非不在乎,彼此间已经没有了默契,取而代之的是无尽的沉默的时候;当你已经开始拿他和别人比较,并且不对你们的未来抱有希望的时候;或是你依然在乎他的一切,而他已经不在乎你的感受的时候,那么放手吧。

失去是暂时的,失去并不意味着没有再次拥有的权利,分手代表新的开始。既然分手,女人就要坦然面对,不要沉溺于过去。相信真爱的存在,勇敢大步往前走，你终会发现还会有比此处更好的风景。

爱情没有黑白分明的是与非，此刻的抉择不是残忍，而是一种大彻大悟的觉醒。与其两个人痛苦地绑在一起苦苦挣扎、互相拖拽，不如该放手时就放手，既成全他人也拯救自己。放手是给他人自由，更是给自己自由。

为了幸福，女人要不断学习

为了幸福，学习怎样经营属于自己的感情吧，相信有一天，幸福的光环会围绕着你。

恋爱对女人来说是一场游击战，婚姻却是一场拉锯战、持久战。真正幸福的爱恋是短暂的，也许是几年，几个月，一天或者就只有一刹那。女人恋爱时可以不想柴米油盐，只顾花前月下，灯红酒绿，情话缠绵，浪漫沉醉，图的是快乐和开心。这时她会感觉，整个世界只有她和她的另一半，这是属于两人的世外桃源。但是结婚、生育以后，女人却因太过熟悉而与男人变得疏远起来，没有了昔日的亲昵和感动，生活变得真实而琐碎，平凡而矛盾重重。

婚姻是吃惯了的米面，每天吃每天一个味道，但每天还必须得吃，所以女人要抱着一个豁然的心情来对待，把那些柴米油盐经过自己的心怀和大脑调制得精致一点，口味更适宜一些。

男女之间很容易产生爱情，然而在婚姻产生以后，谁和谁又能真正的长相厮守一生一世呢？爱情美在于激情永驻，而婚姻，难能可贵的就是在平淡的生活中，一同走过似水流年。

对高情商的女人来说，爱情的真谛究竟是什么？用浪漫来诠释爱情是

肤浅的，认为是婚姻把爱情葬送的观点也是错误的。理性地说，爱情应该是男女之间的一种默契，一种责任，一种精神上的互通和扶植。婚姻的建立源于爱情，而婚姻的殿堂中更体现了对彼此的责任。但是由于人的责任感的缺失，在平淡的生活当中就容易轻视爱情。

很多人不懂婚姻是什么，不知爱情到底为何物。为什么原本美好的爱情，走到了婚姻神圣的殿堂，就变得如此的枯燥不堪呢？婚姻，是一门学问，是一门值得我们用一生都来探讨的学问。每个人的婚姻不可能如死水一样波澜不惊，必定有很多磕磕绊绊。或许，风雨过后就会见到彩虹；或许，阴霾过后，就有晴空；或许，一段忧伤正迎接着一个希望。这些只是婚姻中的一个小插曲，怨天尤人，埋怨命运不公、时运不济、世人不解、爱情已逝，这或许只是不懂婚姻这门学问的开脱之词罢了。

很多人在婚姻生活中，早已忘记了爱情的约定，忘记了自己的承诺，我行我素，为所欲为。拥有时，不知道珍惜；失去时，却后悔莫及。婚姻可能由此产生了裂痕，这是对爱情的践踏，冰冻了火热的心，寒冷了温馨的港湾。

女人在婚恋中表现出的智慧，往往决定她是否能抓住幸福。为什么有的女人和老公相敬如宾，有的却家离子散；为什么有的女人每天神采飞扬，意气风发，有的却整天精神不佳，面色枯黄；为什么有的女人充满勇气、快乐，有的却怨天怨地，终日止步不前？

不要让其他的人或事影响女人的判断。人人都会有情绪，情绪波动是正常又合乎人性的。但若你不能掌握调节情绪的方式，便很容易被情绪所困扰。聪明的女人要学会选择理智的方式，调控自己的情绪，使自己尽快恢复常态。同时能很清醒地看到自己的优点和缺点，既不会因为自己的外表而自傲，也不会因为自己的不足而自卑。

女人，当你决定做一件事后，没有完成千万不要放弃。做任何事情，都要动机明确、兴趣强烈、独立积极、不甘落后，而且有勇气，自信心强，这样才能做出成绩。生活幸福的女人总是对经历过的活动给以积极的评论，保持一种积极向上的乐观的态度，这是获得幸福的关键。只有拥有了高情商的女人才会懂，自己的幸福并不取决于男人，但是却依赖于甜蜜的爱情和美满的家庭。也只有拥有了高情商的女人才能明白，女人的幸福并不来源于任何人的同情和恩惠，但是却与和谐的人际关系密切相关。有大智慧的女人，拥有以上几条特性，同时拥有以下一种人生结局——家庭幸福，恩爱非常。

下篇：修炼高情商女人

{Chapter 9}

快乐情商：智慧女人沏开人生的欢乐之茶

快乐地生活是女人心底最为渴望的，没有阴云密布的日子，清爽的感觉让心情飞扬。快乐是一种情感，一种心态，同样也是对人、事、物的积极的理解。有人总结出了决定女人一生快乐的四个因素，即爱情、婚姻、职业和处世智慧，高情商的女人在其中总能够以开放的心胸面对各种情绪的影响，始终保持乐观向上的精神，对生活充满着希望和信心。快乐犹如一杯茶，高情商这壶开水能将它沏得更加富有味道。

知足女人常开心

知足的女人是快乐的,知足的女人是美丽的,知足的女人有自己的事业,知足的女人让自己的生活充满开心。

俗话说,知足者常乐。人的一生是一条漫漫长路,女人的开心快乐,全在于她的内心是否知足。知足的女人是快乐的,知足的女人是美丽的,知足的女人有自己的事业,知足的女人让自己的生活充满开心。知足并不是原地踏步,不思进取,高情商的女人能准确地分清这两者的区别。对于事业,她们总是用尽全力,孜孜以求,而对于那些名利之事,她们常怀一颗平常心,坦然对待。“知足”是一种睿智明哲、坦然自若的人生风格,知足的女人常开心。

一个经营超市的年轻女孩,一直都希望自己能够成为一名服装设计师,因此,她不顾家人的反对,坚持去学习服装设计。但是,10 年过去了,她学无所成,最后只好回到家乡继续接管超市。当别人认为她的生活幸福美满时,她却觉得自己的人生一点都不快乐。

难道这个年轻女孩真的这样不幸吗?其实,她只是不知足。她对事事都感到不满,总觉得自己生活有所欠缺,但她却没有在现实中寻找能令自己开心满意的事物,所以不满情绪也就越来越强烈。如果她能闭上眼睛,仔细回想自己的生活,她就会发现,和孤儿相比,她拥有双亲;和流浪汉相比,她拥有住所;和失业者相比,她拥有工作。她所拥有的已经够多了,只是她一直不明白,得不到的并不一定是最好的,已经拥有的,才是最美妙的,只有满足于现状，才会让自己活得开心快乐。

高情商的女人之所以总是快乐，是因为她们懂得珍惜自己已经拥有的，她们知道任何目标的达成，都不会带来满足感，因为成功必然会引发新的目标，这是永无止境的轮回。懂得知足才是人生保持欢乐的秘诀，否则将永远都不会满足于自己所拥有的一切。

凡是开心快乐的女人，都是对生活很知足的。这些女人不一定居住在豪宅里，她们的长相未必漂亮，不过，她们看上去都是那么开心。她们的快乐是由自己知足的情商决定的。她们很珍惜自己已经拥有的一切，不管是工作、爱情、金钱还是朋友。她们很满意自己目前的生活，不会去有过高的欲望和奢求，她们在平平淡淡的生活中发掘生活的美和真，感受属于自己的快乐。

美云有一个很疼爱她的丈夫，虽然她的丈夫只是一个工薪阶层的普通职员，收入也不高，不过，美云生活得很快乐，在她的脸上，总是挂着甜甜的微笑。

每一次同学聚会，女人们就待在一起，叽叽喳喳地聊自己的丈夫。谈来谈去，无非就是讲自己的丈夫如何不完美，既不懂风情，也不体贴，或者总是抱怨自己的丈夫工作不好，收入不高，不能干。每当这时，美云就会说："我老公对我很好，不管在哪一方面，他都比我强。"美云接着又说，有一回，她要过生日了，老公问她要什么礼物。当时，她身边的同事朋友，几乎人人都有金戒指、金项链。美云也想要。但是，她想到家里的经济情况并不好，丈夫和自己的收入都不多，老人孩子都要用钱，就打消了要金戒指、金项链的念头。

其实，美云的丈夫很了解妻子的心愿，便主动问她，要不要买一枚金戒指。美云温柔地对丈夫笑笑，说："我不喜欢金的，我喜欢银的，听说银的还能够避邪，你就送我一枚银戒指吧。不要太粗的，粗的难看，那种圈儿细细的就行。"

美云这么说，是因为银戒指比金的便宜很多，而且一个细细的银戒指确实也不贵，非常便宜。后来，当老公按她的要求，买了一枚便宜的银戒指送给她时，她高兴得跟个孩子似的。

“知足的女人才是最开心的。”她对同学们说。

对美云来说，感情的幸福是要用心去感受的，如果总是要求丈夫在物质上给予自己太多，超乎实际的经济能力，那自己不但不会开心，反而可能会毁掉幸福的婚姻。

每一个女人都是自己人生的主角，不管你是否有钱、是否有人关爱，你都应该享受到属于你的快乐。快乐不需要有任何理由。只要你能够持一种欣赏的眼光，努力挖掘生活中隐含的乐趣，每个女人都会感受到生活的愉悦和快乐。

某些时候女人觉得不开心，只是因为她的眼睛只注意到不好的一面，而忽略了事情美好的一面。这就好比我们忽视了自己脚边的小花，而拼命想去打造一个华丽的花园一样。如果女人能满足于一朵小花的芳香，那么她就能得到一丝小小的满足。其实女人只要停下追逐的脚步好好想一想，快乐不就是由身边许多小小的满足累积而成的吗？做一个知足的女人吧，那样你就会被快乐包围，成为一个时刻开心的女人。

自信是女人快乐的第一要素

自信是使女人快乐的第一要素，一个女人的内心中如果蕴涵着一个信念，并坚持不懈地为之努力，百分百的相信自己，那么她一定是一个快乐的女人。

高情商的女人一直被推崇为生活中的高手，她们总是能掌握自己的命运，时刻开心地过着令人羡慕的幸福生活。无论是在生活中，还是在事业中，她们无不是以坚强的自信作为动力，因此，我们可以大胆地认定：自信是使女人快乐的第一要素。

如果女人对自己具有自信，便能够激发出进取的勇气以及自身无与伦比的潜力，同时，因为拥有自信，女人也能够享受生活为你带来的快乐。只有女人对自己充满信心，才能让别人也对你产生信心。自信心对女人一生所起的作用是无法估量的，它占据着极其重要的地位。

很多女人在回忆往事时，都把童年当作自己最开心快乐的一段时光，不过，不知你是否还记得，自己在儿童时期的那种单纯的自信，是那股自信让女人童年的开心快乐变得那么的天经地义。但是，随着年纪的增长，女人在遭遇挫折时，开始怀疑自己，开始变得不自信，她们已经不确定自己的价值，自然也就找不到快乐的理由。

有一位演讲者在演讲的过程中，拿出了一张 100 美元的支票，对台下的听众们说：

“请问大家，有谁想要这张支票呢？”

此话一出，立即有许多人举起手来。演讲者看了看，笑着说：“这张支票将会属于你们其中的一个人，但是在此之前，我必须要先做一件事情。”

说完，演讲者就用力将手中的支票捏成一团，接着又问道：“请问还有谁想要这张支票呢？”台下依然还是有听众举手。

此时，只见演讲者将支票扔在地上，并且尽情地用鞋子踩支票，然后再将它捡起来说：

“请问，现在这张又脏又皱的百元支票，还有人要吗？”

台下仍然有一些听众举手，不过比刚才少了一些人。于是，演讲者对听众们说：

"在座的各位,我想我们已经学到了很有价值的一课! 不论我对这张支票做了些什么,你们之中还是会有人举手,其原因就在于它的价值并未被损毁,它仍然是一张价值 100 美元的支票,那么,当大家遭遇打击时,这些打击是否也能无损于你个人的价值呢? 你是否能像这张支票一样自信呢?"

在人生的旅程中,女人无法避免挫折和失败的降临。许多不自信的女人没有通过挫折的考验,在失败面前,她们认为自己一无是处,然后闷闷不乐地承受失败的痛苦。高情商的女人也会面对失败,不过失败并不会夺去她们的快乐。因为不管那些无情的打击如何让她痛苦难堪,高情商女人都不会忘记自身的价值,她们明白:即使她没有别人的长处,别人也未必会拥有她的优点,只要她继续努力,哪怕人生有再多的风雨,她也始终能够开心地度过。

1949 年的一个阴雨绵绵的日子,一位 17 岁的小青年在巴黎一个酒吧喝闷酒。他出生于意大利威尼斯一个商人家庭,第一次世界大战毁掉了他父亲的生意,一家人被迫迁居法国。贫困的生活使他连一件像样的衣服都买不起,只好自己做,好在他有裁剪的爱好。"我的前途在哪里? 偌大一个巴黎就没有属于我的机会吗?"他一杯接一杯地饮酒,十分不开心,为他的未来而发愁。

这时,一位衣着华贵的伯爵夫人坐到他旁边:"你身上的衣服是从哪儿买来的? 做得很不错。""我自己做的。""自己做的?"伯爵夫人显然很吃惊,然后她以十分肯定的语气对他说:"孩子,努力吧,你一定会成为百万富翁的!"

"我的衣服做得很不错! 我一定会成为百万富翁!"从此,这个小青年坚信自己能够成为百万富翁。他开始用心学习缝纫,由于他本身就对缝纫感兴趣,因此他越做越好,越做越开心。1950 年,他租了一间简陋的门面开了一家服装店。就在这一年,他为著名影片《美女与野兽》设计剧装,并举办了一次服装展示会。他的事业开始一步一步向他心中的目标迈进。1974 年 12

月，美国《时代》杂志封面刊登了他的照片，并称他为“本世纪欧洲最成功的服装设计师”，封面上的男人带着自信的笑容，他就是著名的时装设计师——皮尔·卡丹。

自信缘于明确的目标和积极的态度，虽然它不能给你需要的东西，却能给女人快乐的心态。自信对于女人的人生是非常重要的，它能使女人的潜能得到充分发挥，帮助她们战胜困难，取得成功。如果女人认为自己是一个平平淡淡的人，她的结果就真的平平淡淡；如果她认为自己注定是一个不平凡的人，那她的结果就一定是成就一番事业。

在许多快乐的高情商女人那里，我们都可以看到超凡的自信心所起到的巨大作用。这些女人在自信心的驱动下，敢于对自己提出更高的要求，用积极的人生信念催化形成特有的决心、意志与毅力，以此为基础向目标努力。

自信是使女人快乐的第一要素，更多的时候，自己对自己的肯定是最重要的。一个女人的内心中如果蕴涵着一个信念，并坚持不懈地为之努力，百分之百地相信自己，那么她一定是一个快乐的女人。

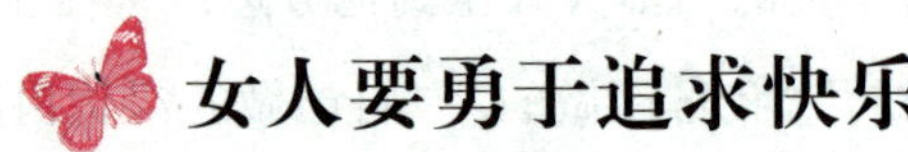

女人要勇于追求快乐

高情商的女人并不是盲目地工作、生活，她们会为自己规划人生，当自己不开心时，她们会自己去追求快乐。

一位在山村长大的女孩，自从离开家乡进入城市工作后，总是告诉朋友们说：“我要努力工作到40岁，然后过我想要的悠闲生活。”没料到在她将近

40 岁时，却因为长期过度劳累而导致胃癌。最后在医生宣布医治无效后，她的家人只能将她接回老家，陪伴她度过最后的日子。此时，这个女孩才感悟到："我所追求的悠闲生活，不就是在这里吗？可是我过去总想在赚到许多钱之后，再用它们来换取悠闲的生活，我真是太愚蠢了！"

许多女人认为，工作是生活中不可或缺的一部分。然而，如果每天只有忙碌的工作行程，那么女人的日子将会过得十分单调、枯燥。这种乏味的生活不但会让女人的身体因为疲乏而产生强烈的不适，精神也会因为没有得到适当的调剂，而总感到不开心。高情商的女人并不是盲目地工作、生活，她们会为自己规划人生，当自己不开心时，她们会自己去追求快乐。

一般来说，当人生目标无法达成时，或者在实现目标的过程中遭受到众多的挫折时，女人难免会产生失落感，觉得很不快乐。要是这种不快乐的感觉累积太多而又无法排解，那么最终将会导致女人在工作和生活上，完全丧失自信和动力。

高情商的女人在感觉精疲力竭、充满失落感时，并不会惊慌、绝望，她会先看清楚状况，了解自己不快乐的原因。一来可能是她高估了自己的能力，将人生的目标设计得过高，使得她即使拼命地努力，却仍然不能够顺利达成；二来也可能是她低估了自己的能力，将目标设立得过低。所以，即使目标达成，她也没有丝毫成就感，甚至还会产生一种空虚感。

面对这种情况，唯一的解决办法就是调整自己前进的脚步，放松自己的心态。其实追求快乐是一件很简单的事情，女人自己很清楚怎样才能让自己快乐。所以女人不妨偶尔放慢自己行动的脚步，对自己的人生达观一些。只要女人能够懂得生活的真正意义，并且勇于追求适合自己的生活目标，那么，她就不会再为忙碌的生活而感到失落，一定能够活得快乐和幸福。

一天，一位富翁聘请一名油漆工人为他油漆房子，这位油漆工人对富翁说："你的家里真是太漂亮了、太棒了，我也想拥有这样的房子，不过，我看还是算了吧！"

富翁疑惑地问道:“既然你想拥有这样的房子,为什么不认真考虑购买呢?”

油漆工无奈地摇摇头说:“我已经快要50岁了,还有妻子和孩子需要我一个人养活,我并不认为自己买得起一栋房子。”紧接着,油漆工感慨地说:“唉!这样的房子都有很高的房价,再说我为了养育孩子需要很多的钱,而每个月靠刷油漆赚来的收入,根本无法完全应付支出,哪还有闲钱能够存下来购买房子呢?你说,像我这样的情形,我要怎么认真考虑买房子的事情呢?算了吧!我知道我是没有办法的。”

富翁听完后,一句话都没说,只是走回自己的书房。不久,他抱着一个糖果盒走出来。富翁走到油漆工人的面前,问他身上是否有50元钱。油漆工心中虽然感到万分狐疑,但还是从口袋中拿出50元钱来交给富翁。只见富翁将钱丢入糖果盒中以后,又将糖果盒慎重地放到油漆工人的手上,鼓励油漆工说:“我相信你一定能够办到的,这50元钱就是你为了买房子做的第一步!”

几年以后,富翁收到了一封庆祝新居落成的宴客邀请函,署名者正是当初那位自认无法买得起房子的油漆工!

油漆工人的故事告诉我们,快乐是要靠自己去追求的,一味地灰心、自己否定自己,只会让你自己不开心。女人要让自己有一个开心的目标,并且要努力朝着它迈进,要是你一直认为自己办不到,或是在这个过程中不断怀疑自己的能力、缺乏自信心,当然就永远无法实现自己想要的快乐。

每一个想要过得开心的女人,你是否渴望拥有美好的生活,却又恐惧自己在追求的过程中,无法承受挫折与打击呢?因此,你宁愿选择屈就现实,也不肯冒着风险去追求自己快乐的人生?事实上,女人不要对追求快乐感到恐惧,也不要为身陷困境感到绝望,当我们身处逆境的时候,如果能够想尽办法突破现状,保持自信自强的心态,乐观进取的态度,勇敢地克服许多艰辛的挑战,你将会发现很多事情并没有想象中的那么难以解决。

人生就是这样，只要追求还在，快乐就在。许多女人一陷入困境，就悲观失望，给自己施加很重的压力，每天过得沉闷又失落。而高情商的女人会告诉自己，困境是另一种希望的开始，它预示着明天的好运气，无论发生什么事情，高情商女人都不会忧郁沮丧，不会让痛苦占据自己的心灵，她有勇气直面困难、打倒困难，以顽强的意志去追求自己的快乐。无数成功的范例证明，那些勇于追求的女人，才是真正快乐的女人。因此，女人要放松自己，告诉自己快乐是无所不在的，勇敢地去努力，去追求，那么再大的困难也会变得渺小，困境自然不会变成阻碍，而是变为通往开心之路的阶梯。

笑容是女人快乐的催化剂

高情商的女人坚信，快乐是可以互相传染的，当她对一个人露出真诚的笑容时，就会引发对方愉快的感受，并且也会让自己感觉到快乐。

在一家兽医院的候诊室里，挤满了带着宠物前来注射疫苗的主人们。正当兽医忙得不可开交之时，他留意到在候诊室内，大约还有六七位面无表情的客人正在等待，然而却没有一个人面带笑容。不久以后，又有一位妈妈带着她的宝宝和一只小猫前来。当她坐在一位等得不耐烦的先生旁边时，那位先生发现宝宝正对着他咧嘴笑着，很自然地，他也对小宝宝笑了笑，随后，他就跟宝宝的妈妈聊起了自己的孩子。过了一会儿，整个候诊室的人渐渐聊了起来，原先乏味、僵硬的气氛，也变得十分愉快，而兽医面对这样的结果，不禁也笑了起来。

笑容是女人发展社会关系的通行证，也是和他人建立友谊的桥梁。脸上常挂笑容的女人是快乐的，同时她也会让别人感到快乐。生活中，高情商的女人坚信，快乐是可以互相传染的，当她对一个人露出真诚的笑容时，就会引发对方愉快的感受，并且也会让自己感觉到快乐。

世界名画《蒙娜丽莎》之所以享誉全球，是因为画中人蒙娜丽莎永远用温柔、亲切的笑容面对世人，每一个看到这幅画的人都会被她的笑容感染，不禁从自己的内心中迸发出快乐的感情。事实上，开心的笑容可以带来快乐，而这种快乐是可以传递给他人的。美国心理学家威廉·詹姆斯曾说："我们面露笑容是因为我们快乐，而并非我们快乐是因为笑容。"这也就是说，快乐先于笑容。

笑容和沮丧是人最常见的两种情绪，但是面带笑容的女人可以解决问题，表情沮丧的女人却只会加深问题。难怪有人说，在我们所有的穿戴之中，脸部表情是最重要的。因此女人不妨在每天早上起床时，面对镜子中的自己笑一笑，以便让自己一整天的心态都能够维持在开心、快乐的状态下，而当女人开始这么做了以后，她将会发现生活中有许多事情，比起往常要显得更顺心如意、自己也更开心。

有一位知名公司的高级女主管，决定要和公司附近的一家摆小吃摊的老板结婚，这个消息一传出以后，所有人都感到惊异不已，因为女主管跟小吃摊老板无论是在个人成就方面，还是在社会经济地位方面，都有着明显的差异。正当大家对此感到十分不解时，女主管终于开口告诉好友们："坦白地说，我一开始也不认为我们能够相处，但是他待人的态度总是非常诚恳，他的脸上永远都挂着灿烂的笑容。我觉得他真诚的笑容实在很迷人、可爱，他的笑容却说明了他有着开朗、诚恳的个性。因此，我想不妨试着交往看看，而结果就像你们大家知道的，我们要结婚了！"

从这个故事中，我们可以知道，世上最能赢得他人信任的语言，就是真诚、开心的笑容，不管是愉快地哈哈大笑，还是低头害羞地抿嘴笑，只要这笑容发自于内心，都会感觉自己的心灵正充满着快乐和喜悦。与此同时，你的笑容也能够为他人带来欢喜愉悦的感受。因此,当感觉烦闷时,不妨给自己一个鼓励的笑容。

爱尔兰人有一句流传很久的谚语:“无论如何,微笑吧！我们要用心微笑,因为它是灵魂的音乐!”当你能够对世界露出充满善意和友好的笑容时,世界也会用同样的方式对待你。因此,与其等待他人对你友好,不如主动展开笑靥,如此一来,你将会发现微笑不仅能带动更多的微笑,许多美好的事情也会随之发生。

有一天,朋友带着孩子到麦当劳吃饭。走进店里,发现每个窗口都排长队。朋友是一个没有耐性的人,排了一会儿,心里便觉得烦躁,心里直犯嘀咕:“好好一个假日,在这里就浪费了这么多时间。”她越想越气,脸上的表情也越来越不好看。

终于轮到她时,朋友的脸上已经完全没有了笑容,更用一种不耐烦的口气对服务生点了几样东西。这时,服务员突然对她笑了笑,说:“太太,您这件衣服真好看!”接着,这位服务员又说:“对不起,让您等那么久。”并亲切地端给她和她的女儿一杯可乐,给她们解渴。刹那间,朋友的烦躁与不悦一扫而光,她愉快地笑了起来,心情立刻变好了许多。

朋友说:“这位小姐的笑容和赞美让我马上恢复愉快的心情,真想不到笑容可以让人有这么大的转变。”

由此可见,笑容的力量是多么大啊,开心的笑容就像冬日里的阳光,它能够带给人们温暖、让人心生喜悦。高情商的女人之所以总是快乐,是因为她无论做什么事情都能够面带笑容,在生活里多一些感恩、多一些关心,她知道快乐是自己给自己的,每天笑容多一点,快乐就多一点,在潜移默化中,周围的人也一定会受到她的感染。因此女人要学会给自己快乐,每天用笑容诠释你的快乐,你会发现自己真的开心了起来。

帮助别人，总能收获自己的快乐

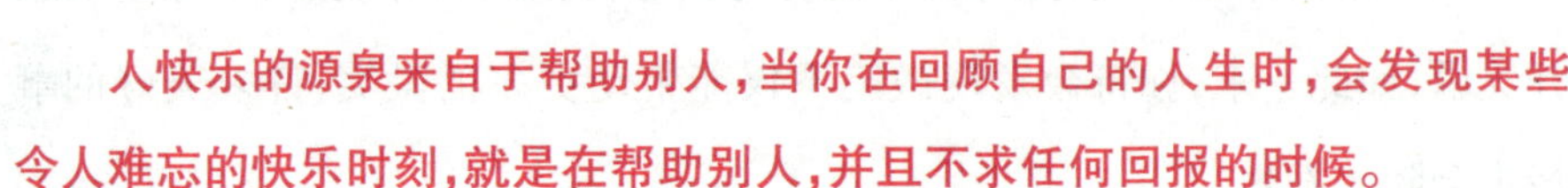
人快乐的源泉来自于帮助别人，当你在回顾自己的人生时，会发现某些令人难忘的快乐时刻，就是在帮助别人，并且不求任何回报的时候。

一天，有一个十分自私的虔诚的基督教徒遇见了上帝派遣来的天使。天使告诉他说，他将会得到一次参观天堂和地狱的机会。因为上帝希望他能够从这次参观中有所领悟，并且也希望他在经过对天堂和地狱的比较后，想想以后是要待在天堂，还是要留在地狱。

首先，天使带这位基督教徒去参观魔鬼掌管的地狱。当他第一眼看到地狱的景象时，感到十分吃惊。因为所有的人都坐在摆满了各种佳肴的桌子旁边。可是奇怪的是，即使桌子上都是美酒好菜，那些人却都没有笑容，而且个个看起来都无精打采、骨瘦如柴。后来基督教徒才发现原来每个人的左手都捆绑着一把叉子，右手则捆绑着一把刀子，由于刀叉各有4尺长，使得他们根本就无法利用它们来进食，因此就算种种佳肴都在每个人的手边，却没有一个人能够吃得到，结果大家只好一直看着美食挨饿了。

接着，天使又带着基督教徒去参观天堂。而一开始的景象，就跟刚刚在地狱里面看见的一模一样，每个人都坐在桌子旁边，桌子上有着同样的食物，他们每个人的手上，都有着同样的4尺长的刀叉。然而不同的是，天堂里的人们都在唱歌，并且充满了欢笑声。对此，基督教徒感到困惑万分，于是他问天使："为什么天堂跟地狱看起来情况相同，可是结果却如此不同呢？"天使笑着说："是的，地狱里的人们个个都挨饿，很可怜，可是天堂里的人们却吃得很好，又快乐，你何不自己找出真正的答案呢？"最后，基督教徒终于知道答案了。

基督教徒告诉天使说："原来在地狱里的每个人都试图让自己吃到东西，但是却又害怕别人抢食，结果反而让大家一起挨饿。而天堂里的人们，都愿意喂食对面的人，而且也被对面的人喂食，使得大家借由彼此之间相互的帮忙与合作，免于饥饿和骨瘦如柴的命运。"

天使点点头，说："那么你得到领悟了吗？"基督教徒微笑着说道："我知道当我给予别人的同时，我也能够有所获得。"

从这个经常被人们讲述的故事当中能够获得一个启示，当你给予别人一份帮助时，你不只是赢得了一份友谊，你也能够因此获得你想要的事物，因而变得快乐。

曾经荣获奥斯卡最佳剧本奖的著名剧作家罗伯特·汤尼，经常与人分享他自身的真实故事。他说："我在 1982 年时面临了人生的一次重大挫折，我的妻子要和我离婚，当时我们正闹得不可开交，我心情烦闷极了。一天，我独自一人到荒凉的海滩上散心，那时候，我心里想，我真是一个一无所有的废人。忽然之间，在我的身边出现了一对夫妻，他们对我说他们坐车到这里，却因为司机临时罢工，使得回程的车票作废，而现在他们身上的现金又不够他们打车回到市区里去，所以，他们问我是否能帮助他们。我一听到这里，立即将身上足够帮助他们的钱都掏了出来，就在那一刻，我居然感到自己的心情豁然开朗！当我还能够在这片海滩上为别人做点什么的时候，我感到我不再是一个废物，我开心极了。"

事实上，"给予"绝对不是一种会产生损失的行为，高情商女人深谙这个道理，她们知道，给予之情对于任何人来说都是一种精神上的慰藉，当她们在关怀、帮助他人时，自己也让自己心灵上所受到的磨难获得了安抚。在生活中，每个人都应有关心、爱护别人的意识，要尽自己所能给予别人帮助。因为在你看来，你所给予的不过是微不足道的一点帮助，但却能给别人带来克服困难、继续前进的勇气。快乐的源泉来自于给予，当你在回顾自己的人

生时，会发现某些令人难忘的快乐时刻，就是在帮助别人，并且不求任何回报的时候。

在人生的旅程中，每个人都一定有过帮助他人的经历，也一定曾经得到过他人对你的感激，那种给予他人后得到的快乐之情，相信每个人都记得。只要你愿意随时伸出给予的双手，快乐将经常陪伴在你的左右。千万不要认为给予只是富者的专利，也千万不要低估自身给予的能力，当有一位路人迷了路，你可以给他指引方向；当有一位老人跌倒了，你能搀扶着他起身。像这些日常生活中的举手之劳，绝对不在乎女人的社会地位、经济状况，而只是在于你是否愿意付出，是否愿意给予他人。

人生有如流水，在有限的生命中，何不随时对他人付出关怀与帮助，以增加更多的人生意义与快乐。当你不再独善其身时，当你愿意无私的给予时，你将会发现，生活中源源不绝的快乐围绕着你，因为当你在付出的时候，世界也正在用快乐回报给你！

抛弃欲望才能累积快乐

其实要想快乐是很简单的，只要能够大胆地抛弃空虚的欲望，让自己的心沉静下来，你就会发现，虽然什么物质都没有，但却能拥有很多令你开心的精神财富。

欲望是一个难以满足的无底洞，当一个女人的欲望被满足时，她是快乐的。但当那种瞬间的快乐感消失之后，她马上又会萌生出另一个欲望，希望能再次获得被满足时的那种快乐。周而复始之下，欲望成了一个深潭，女人只得不停地努力去满足自己心中的欲望。但是,并不是所有的欲望都能够通过努力得到满足,所以总有些女人会处于患得患失之中,再也快乐不起来。其实要想快乐是很简单的,只要能够大胆地抛弃空虚的欲望,让自己的心沉静下来,你就会发现,虽然什么物质都没有,但却能拥有很多令你开心的精神财富。

高情商的女人能看清欲望的贪婪,她们抛弃一切不切实际的欲望,让自己生活在满足、快乐的氛围中。其实当生活越简单时,女人的生命反而会越丰富。少了物质欲望的牵绊,女人才能从世俗名利的欲望深渊中脱身,感受到自己内心深藏的快乐。

一个年轻女孩在刚刚参加工作的时候没有房子,这时,只能租房的她,最大的愿望就是有一间自己的房子。但是,当她有了一个小房子之后,她并不感到开心,她又想换一个大一点儿的地方。她拼命地努力工作,存钱买房,后来她实现了愿望,买了一个大房子,但她又觉得房间太单调了,于是着手装饰它;装修好了之后她又觉得房间变小了,于是她又向往要一套更大的房子。到了后来,她又开始考虑房子的楼层、交通、环境、水、电、气等,这一切都成了她挑剔的因素,她感到生活越来越苦闷,一点儿也开心不起来。

这个年轻女孩被无尽的欲望牵绊着,总也不觉得快乐。她不知道,当她将一个小小的愿望实现了的时候,其实是可以很开心的,是越来越多的欲望压得她无暇体会快乐。

很多女人生活得十分舒适,但当她们向往了奢华的生活时,有一些人因此失去正确价值观的判断,甚至有时候为了满足物质的欲望,忘记了自己的初衷,像那个年轻女孩一样,生活水平虽然越来越好,但精神上却越来越苦闷。女人应该明白自己真正需要的是什么,避免被无穷的欲望控制。如果女人不珍惜自己已经拥有的东西,抛弃无谓的欲望,那么,任凭她如何努力,也无法填满欲望的黑洞,无法体会快乐的心情。

一个高情商的女人,懂得适当地控制自己的欲望,当欲望被适度控制的时候,它能帮助女人对生活保持信心、充满活力。相反,若女人任由欲望无限衍生而不控制,最后就会因承受不住欲望的压力而感到痛苦、沮丧。

有些女人总是把拥有物质的多少看得过于重要,用金钱、精力和时间换取一种优越的物质生活,却没有察觉快乐的心情在一天天离她远去。越来越多的女人被好房、名车、高收入、高开销等欲望折磨得疲惫不堪。其实,物质财富并不像女人想象的那样重要。它并不一定能作为衡量快乐的标准,女人也不会因为财富的增加而变得更加快乐。只有当女人勇敢地抛弃欲望,为快乐的自己而生活,不在乎外在的虚荣,快乐才会润泽她苦闷的内心。

当你辛勤地工作着、奋斗着、追求着某些事物时,殊不知这些事物却已经单纯地存在于你身边了,只是你被欲望蒙蔽了双眼,看不到它。

快乐与物质无关,无论是大款,还是收入微薄的工人,都可以生活得开心、舒适。拿破仑拥有荣耀、权力、财富,在常人眼中他拥有了一切,那他一定是开心幸福的。可是,在祷告时他却对上帝说:“我一生中从未有过一天快乐的日子。”海伦·凯勒,她是一个没有视力、听力的残疾人,生理的残疾会让人觉得她十分不幸,但海伦·凯勒却表示:“我发现生命是如此美好,我活着的每一天都很快乐。”可见,内心的快乐并不在于我们身在何处,拥有什么。即使拥有了财富,拥有了一切,但如果心中欲望难填,那你的内心永远也不会满足。

每个人都渴望生活幸福,渴望自己能够开心快乐。殊不知只要你懂得珍惜,懂得放弃欲望,你的一切就都是最好的。平凡的快乐生活总是不经意地来去,要学会给自己一份恬淡,给自己一点随意,只要珍惜、知足地过每一天,那么简单的日子也能让你快乐幸福。

别让压力压走快乐

高情商的女人敢于保持自己的本色，她并不执着于同别人比高低。面对生活的压力，她不会让压力压走快乐，她按自己的样子生活，按自己的步调去寻找属于自己的快乐。

现代高速发展的社会在带给女人新鲜生活的同时，也给女人带来了繁重的社会压力。同样，生活在这个"高压"时代下，几乎每个女人每天都面临着相同的境遇，有的女人牢骚满腹，整天愁眉苦脸；而高情商的女人却心情愉悦，开心地工作生活。面对同样的生活压力，女人为什么会出现这两种不同的情况呢？

上帝不会创造两个相同的女人，这注定每个女人的人生都将是千差万别的。可是总有些女人习惯拿别人的标准来衡量自己，让自己被不必要的压力所束缚，进而对自己提出各种苛刻的要求，一旦达不到别人的标准，就自暴自弃，终日闷闷不乐。高情商的女人敢于保持自己的本色，她并不执着于同别人比高低。面对生活的压力，她不会让压力压走快乐，她按自己的样子生活，按自己的步调去寻找属于自己的快乐。

有一天，刘飞上班差点迟到，为了不被扣工资，她只得打车。因为正是上班高峰期，路段很拥挤，没多久出租车就动不了了。出租车司机开始不耐烦地叹气，脸色也不太好。刘飞不想气氛太僵硬，就随口和司机聊了起来："最近生意好吗？"谁知司机一副很不满的表情，愤愤地说："有什么好？每天工作十几个小时，也赚不到什么钱，真是遭罪。"这显然不是一个好话题，刘飞赶紧换了个话题，她说："师傅，你的车又大又宽敞，即便是塞车，也让人觉得很舒服……”司机打断了刘飞的话，激动地说：“舒服什么啊！你每天坐12个小时看看，看你还会不会觉得舒服?!”接着司机又开始抱怨路上的车多，路况差，等等。刘飞吓得伸了伸舌头，再也不敢做声了。车一到目的地，她逃也似的下了车，还下意识地看了看对方的车牌号，希望下次不要再遇到这位司机。

过了几天，刘飞外出办事，又坐上了一辆出租车，司机是一位30多岁的女士。自刘飞一上车，女司机就满面笑容地和她打招呼。车刚行驶十几分钟，同样遇到了塞车，刘飞以为女司机会很烦躁，谁知女司机反而跟着收音机里的音乐轻轻哼唱了起来。刘飞想起了那张满脸怨气的男司机的脸，不禁问道：“我听说司机的工作又辛苦收入又不理想，怎么我看你很开心，很享受这份工作呢?”

女司机笑了笑，说：“没错，跑出租是很辛苦，挣钱也不多，不过，我的日子还是过得很开心，我有个秘密……”她停顿了一下，有些神秘地说，“我总是换个角度想事情。例如，我觉得出来开车，其实是客人付钱请我出来玩。像今天一早，我就碰到你，花钱请我跟你到郊区玩，这不是很好吗？平时，我是很少有时间去郊区玩的，到了那里，我可以顺道看看景色，呼吸呼吸新鲜空气，然后离开。”

刘飞觉得和这样的司机同车出游，真是一件幸运的事情，于是，决定跟这位女司机要电话，以便以后有机会还坐她的车。接过她名片的同时，女司机的手机铃声正好响起，有位老客户要坐她的车去机场。

这位女司机就是一个高情商的女人，她能坦然地面对生活的压力，工作的繁重、家庭的开支都是一副副沉重的担子，但是她没有让这份压力把自己压垮，她努力做好自己的工作，并从这份压力中找到让自己快乐的理由，开开心心地过每一天。其他女人也是一样，如果你总是抱怨自己的工作多么枯燥，老板多么苛刻，每天被压力压得唉声叹气、愁眉苦脸，那么你永远也得不到老板的赏识。为什么不把升职加薪这些压力扔掉，让你的心情变好，开开心心地工作，工作也会做得更有起色。

小李是一位业务能力很强的部门经理，所以非常受上司的器重，她的薪水是全公司最高的，下属都非常尊敬她，其他部门的经理对她也很敬佩。她不久前刚生了个儿子，生活可以说是十分幸福美满，可是没过多久，小李竟然得了抑郁症，不得不辞职在家休息。她的朋友都十分不理解，一个工作如意、家庭幸福的人怎么会得抑郁症呢？原来小李的工作压力很大，因此对自己要求很高，她常常因为自己无法做到公司的最高业绩而烦恼不已。久而久之，排泄不出的压力使她感到生活很压抑、很苦闷，而她又不善于倾诉，就患上了抑郁症。

在现代社会中，对自己要求苛刻的女人绝对不在少数，为了达到自己给自己定下的目标，她们给了自己额外的压力。有时压力是一件好事，它能督促女人更加努力地工作，但过大的压力就会造成反作用。有的女人为了工作能力求完美，给自己定下了很高的目标，但有的目标对女人自己来说有点不切实际，是很难达到的，一些女人因为没有达到自己的要求而深感挫败，在这种压力下要想快乐、高效地完成工作是不可能的。女人要了解自己，不仅了解自己的优点，也要了解自己的缺点，在生活中，要给自己定一个适当的努力目标。

梨花逊雪一分白，却赢在那一缕香。世上没有十全十美的事物，女人也一样。对自己要求严格本是好事，但是如果过于苛责自己，就会把自己推向痛苦的深渊。坦然地接纳自己，认同自己的错误和缺憾，不让压力压走快乐，女人才会拥有一份开心快乐的好心情。

越放下，越容易发现快乐的真谛

人生是短暂的，女人没有理由不去好好把握，女人在面对自己的命运时，要做到有所坚持，有所放弃，千万不要固执地“坚持到底”，越是放下手中紧握的，你才会越快乐。

有一天，一个小女孩和她的母亲到公园郊游。小女孩抓起几个五颜六色的气球在绿地上奔跑，像出笼的小鸟般欢快。母女嬉戏了一会儿，就一起坐在地上休息。这时，小女孩的母亲从包里取出一只精致的口琴吹了起来，林间立即回响起悠扬的口琴声。小女孩被这悠扬的琴声吸引了，她伸手向母亲要口琴，却又舍不得放开气球。左右为难之际，她的母亲停止了吹琴，慈爱地向她微笑。在短短的几秒钟内，小女孩作出了选择：她放开五颜六色的气球，转而扑向母亲手中的口琴。这一天，小女孩学会了吹奏口琴，而琴声也在后来她的人生路上不断回响，从此，她懂得了选择，第一次知道放下手中拥有的才能更令自己快乐。

有时候，拥有太多可以使女人过得很满足，可以更好地去生活，可有时候也会令女人眼花缭乱，不但看不清自己是多么幸福，而且往往由于拥有太多而感到生活并不快乐。高情商女人快乐的关键就在于：她们清醒地知道自己拥有了多少，何时该放下。

人生是短暂的，女人没有理由不去好好把握，这就要求女人在面对自己的命运时，要做到有所坚持，有所放弃。女人千万不要固执地“坚持到底”，越是放下手中紧握的，你才会越快乐。因为短暂的人生经不起对未来太多的盘算和忧虑，太过执着地对待生活，反而会让女人自己身心俱疲。高情商的女人把快乐紧紧握在手中，但又不会抓得过紧，她们懂得放手，因此才会生活得快乐幸福。

在人生某个特定的时刻，女人只有敢于放下，才能获取更多的人生感悟。即使遭受不能避免的挫折、失败，女人也要选择最好的应对方式，放下失败给自己带来的沉重负担。女人最大的缺点就在于只想拥有，不肯放弃。对于人生而言，命运承载不动女人太多的物欲和虚荣，女人要把那些应该放下的，坚决果断地放下，全心去享受生活所带来的欢乐。虽然生活有时并不能让女人满意，但是生活本身就是一段历程，只有懂得去享受痛苦时的刻骨铭心，才能体会出快乐时的自由轻松，那才是生活的本色。

在一次电视节目《开心辞典》中，有一个答题人相当幸运，一路顺利地答到了第九题。此时，“去掉个错误答案”“打热线给朋友”“求助现场观众”，她都用过了。答完第九题，当她把自己的梦想都实现后，主持人微笑着问她：“还要继续吗？”“不，我放弃。”她很干脆地回答。

主持人一愣，也许在电视机前的观众也会一愣。因为很少有人会在这时候放弃。但这个女孩似乎心意已决，主持人连问了三次：“你真的要放弃吗？不会后悔？”这个坚强的女孩依然点头，坚定地说，“真的放弃，我不会后悔，因为应该得到的已经得到了。”这样，她就只回答了 9 道题，没有冲向完美的终点。

主持人不解地问她：“你为什么要选择放弃呢，你已经离成功很近了，就差那么一小步，你不觉得这是一个缺憾吗？”女孩说：“人生不一定要走到最高点才最快乐，我放弃第十题，是因为我已经得到我想要的快乐了，再继续下去可能我就得不到现在拥有的，为什么我不珍惜现在的快乐，而去追求我并不期待的未知呢？”此言未落，台下已是掌声雷动。显然，大家都被她这种明朗的人生态度和宽广的胸襟打动了。

在命运面前，适时的放手并不是退缩，而是一种冷静的智慧，一种成熟的象征。很多时候，成熟并不意味着女人要更加懂得去珍惜什么，而是更加明白了适时放弃会让自己更加快乐满足。

生活不可能总是春光明媚，事事如愿。生活中也有很多的痛苦、无奈。懂得放手的高情商女人永远保持着一种恬淡、平和的心态。人生的成功或失败，幸福或坎坷，快乐或悲伤，有相当一部分是由女人自己的心态造成的，痛苦或是快乐的感情完全取决于女人的一念之间。凡事太在意，一味强求，并不能让女人得到最好的结果，倒不如就让一切随缘。

得到，不一定能长久；失去，不一定不再拥有。每个女人都应该忘掉一切不幸的遭遇，抹去一切使她们消沉、痛苦的回忆，只有把这些放下了、忘记了，女人才能更好地开始另一段人生的路途。所以，对于那些曾经的失败，女人要正视它，并吸取教训，转个弯继续再来。终日想着那些不幸的经历和已经走过的错误路途，把自己的错误紧紧握在手中的女人，只会越来越加剧自己的伤痛。

女人要学会放手，让自己精神愉悦，面对不能得到的，我们要学会坦然地放弃。这样才能节省自己的体力、心智与时间，向着快乐美好的人生快步前进。高情商的女人告诉我们，懂得放弃手中的才能去拥有更多更快乐的人生，因此，每一个女人都要牢记，懂得放下才能让自己快乐。

真诚的心是女人快乐的秘诀

高情商女人在处世时最根本的一条，就是要培养自己一颗真诚的心，真诚的心是女人人生、事业成功必要的助力，也是让女人能开心快乐生活的秘诀。

刘阿姨是一个快乐的女人，每天都是一副笑呵呵的模样，总有人去向她请教快乐的秘诀，刘阿姨说："生活对每一个人都是一样的，不过你要是能将心比心去对待别人的话，你就会快乐很多了。"刘阿姨总是说起这样一件事：一次她去商店，走在她前面的一位妇女推开沉重的大门，一直等到她进去后才松手。当她道谢的时候，那位妇女说："我妈妈也和您的年纪差不多，我只希望她遇到这种情况，也有人为她开门。"后来刘阿姨因患病去医院输液。年轻的小护士为她扎了两针也没把针扎进血管，眼看着针眼处泛起了青包，疼得刘阿姨正想抱怨几句，却看见小护士神情紧张，额头上布满了密密的汗珠。那一刻刘阿姨突然想起了自己学医学的女儿，于是便笑着安慰小护士说："不要紧，再来一次吧。"第三针果然成功了，小护士如释重负，连声说："阿姨，对不起。我是来实习的，这是我第一次给病人扎针，太紧张了，要不是您的鼓励，我真不敢给您扎了。"刘阿姨告诉她说："我也有个和你差不多大的女儿，正在医科大学读书，她也将有她的第一位患者，我真希望我女儿的第一次扎针也能得到患者的宽容和鼓励。"

如果女人在生活中能像刘阿姨一样，多点将心比心的感悟，就会对老人生出一份尊重，对孩子怀有一份怜爱，那人与人之间也就会多一些宽容和理解，少一些计较和猜疑，女人自己也会因真诚的心而感到快乐。

真诚的心能把人心与人心连在一起，真诚待人的女人能获得别人的尊重。要知道，尊重是与人交往的第一准则。尊重他人意味着对别人的人格、职业、家庭、爱好给予充分的肯定和赞扬。高情商的女人能做到与人相处将心比心、设身处地考虑他人的处境和心态，能与人建立和谐友好的关系，让自己过得开心快乐。如果世界上没有理解，那就不会有人与人之间顺利的沟通，真诚地关心别人，是与人愉快交往的诀窍。对人表示出真诚的关心，不仅能够使人对你产生好感，而且能够使你赢得很多朋友，很多快乐。

真诚地关心别人，才会得到别人同样的回报，才会感到自己被大家所需要。而关心他人的开始，就是当别人遇到困难时，要主动提供力所能及的帮助。如果你希望在生活和工作中与人愉快地相处，并得到周围人的尊敬和信赖，就不要忽视他们在日常生活中所遇到的困难，并尽可能给予帮助。

在社会交往中，我们总是希望得到他人的承认和尊敬，当这种需要得到满足时，会从中受到激励而表现得很快乐。每个人都有权利维护自己的生活方式和兴趣爱好，如果我们能够欣赏别人与自己的不同之处，就能与各种各样的人愉快地相处。

某位乘客在飞机起飞前，请一位空姐给他倒杯水吃药。空姐礼貌地说："对不起，请稍等，待飞机平稳飞行后，我立即将水送过来。"一刻钟后，飞机早就进入平稳飞行状态了，但是由于太忙，这位空姐忘记了给那位乘客倒水了。突然，她听到乘客服务铃急促地响起来，这才意识到自己的失误。她马上小心翼翼地把水送到乘客前面，满脸微笑地说："先生，真对不起，由于我的疏忽，耽搁了您吃药的时间，我向您表示歉意。"这位乘客并不领情，指着手表说道："你怎么搞的，过了多久了，有你这样服务的吗？"而且，无论空姐如何解释，他都不肯原谅她的失误。接下来的过程中，空姐虽然心里感到委屈，但为了补偿自己的过失，每次给乘客服务时，她都会特意询问那位乘客是否需要水，或者别的帮助。不过，那位乘客依然置之不理，摆出余怒未消的样子。

飞机落地后，那位乘客要求空姐将留言本送过来。显然，他要投诉这名空姐。这名空姐虽然非常难过，但仍然满脸微笑地说："先生，在分别前，请允许我再次对你表示真诚的歉意，无论如何，我将高兴地接受您的批评。"那位乘客没有开口，接过留言本写起来。

等到所有乘客离开，空姐以为这下完了，没想到，她打开留言本，却发现那位乘客写的是如下一段热情洋溢的表扬信，在信尾，那位乘客说："小姐，在整个旅途中，你都表现出真诚歉意，特别是你的第12次微笑，深深地震撼了我，让我将投诉信最终改为表扬信！如果有机会，我将一定再次乘坐你的这趟航班！"空姐看后露出了甜甜的笑容，这次经历让她感到了前所未有的快乐。

高情商女人在处世时最根本的一条，就是要培养自己一颗真诚的心，让自己既不被利益和情感迷惑，也不被知识和成见所迷惑。真诚的心能让女人透过现象看到事物的本质，谦虚地听取别人的意见，宽以待人。这种善用一切人事的情态，当然是人生、事业成功必要的助力，也是让女人能开心快乐生活的秘诀。

调整情绪让自己拥有快乐状态

高情商的女人能够控制自己的自然情绪反应，并进行适当的调整，使坏情绪不会经常来打扰自己，从而使自己的生活总是充满了开心快乐。

女人的感情是十分丰富的，所以会对外界产生许多的好坏情绪，这是十分自然的事情。更何况，即使是涵养很高的女人，也不可能从来不会有不良的情绪产生。只是有些女人习惯于压抑自我，不懂得怎样排解自己的苦闷情绪，长久下去，无法排解的不良情绪会对女人自己的身心健康造成伤害。高情商的女人能够控制自己的自然情绪反应，并进行适当的调整，使坏情绪不会经常来打扰自己，从而生活中总是充满了开心快乐。

当女人认为自己情绪极佳时，不妨设想一下坏情绪来临时，自己要如何面对。这样当坏情绪真的来临时，女人就可以坦然地面对，并且试着去理清情绪的起因，找到解决的方法。女人千万不要试图压抑自己或是纵容坏情绪滋生，这样只会导致情形更加恶劣，甚至还会伤害到自己和他人。

有一个大臣因为具有非凡的智能而深受国王的喜爱与信任。这位大臣

有一样与众不同的特点，那就是他对事物总是保持着积极、乐观的态度，并且时常都懂得换一个角度去看待一些令人不开心的事情，因此使得他为国王解决了许多难题。

有一次，喜爱打猎的国王到森林里面去狩猎，却不幸在追捕猎物的过程中，弄断了一截手指头。国王在身心遭受到剧烈打击之余，召来了这位大臣，询问他对自己意外断指的看法，并且希望从中得到一点安慰，谁知道大臣只是轻松自在地对国王说：“我尊敬的国王啊，这件事情其实并不是很糟糕，您不如换个角度思考一下，您现在不是还能呼吸吗？因此您的断指也算是不幸中的好事情啊！”国王一听，误以为这位大臣是在幸灾乐祸，一怒之下，便命人把大臣关进了监狱。

过了没有多久，国王等到他断指的伤口处愈合了，又开始兴冲冲地忙着四处打猎。不料，祸不单行，这一次国王带领的狩猎队伍误闯了邻国的国境，并且被埋伏在林中的邻国士兵活捉了。按照邻国人的惯例，他们要将首领杀掉祭祀神灵，于是，国王便被邻国人带到了祭祀台上。祭奠仪式即将开始的时候，邻国人的祭司突然惊叫了起来，原来他发现国王断了一根手指头，按照邻国人部落的惯例，用来祭祀的东西如果有残缺，将会受到天神的惩罚，所以，邻国人赶忙将国王驱逐出境，同时另外抓了一位重要的大臣来当替代者。

当国王一身狼狈地回到了自己的国家以后，万分庆幸自己还能够保全一条命，他也想起了那位大臣曾经跟他说过的话，越想越愧疚。国王立即命人释放了大臣，并且诚心诚意地向他道歉。结果，这位大臣开心地告诉国王，他接受了国王如此诚恳的道歉，还说这样的安排真是太好了。国王很不解地问他：“你说我断指是不幸中的好事，如今我可以接受，可是我因一时误会你，将你关在牢中受苦，也能算是好事吗？”

大臣笑着回答：“国王啊，我在牢中当然是好事情，不然今天陪国王您出猎的大臣会是谁呢？被送上献祭台的人又会是谁呢？”

此刻，国王终于明白了一个道理，那就是对于任何不幸的事情，只要能够转换意念、看看它的光明面，就会知道事情并不会如我们想象中的那样糟糕透顶。

事实上，任何一件事，除了从正面看之外，还有很多观点可以分析。女人的思考习惯总是走直线，因此就会遗忘她们还可以左转、右转以及向后走，就像那个国王一样。快乐情商可以帮助女人调整自己，面对情绪带来的烦恼也是一样，女人在走到情感的死胡同时，不要在原地打转了，要转换下思考的角度，也许就会发现一些令自己开心的事情。

在日常生活中，女人难免会遇到一些挫折，如果一些负面情绪经常发作，又无法得到适当控制的话，除了会对女人的身体健康产生影响，也会让女人感到不快乐，这一切都起源于坏情绪得不到疏通。面对这些不如意，拥有快乐情商的女人不妨转换一下思考角度，凡事先反省自己，并从欣赏的角度来看待世界上的人、事、物时，你将会发现别人身上也有很多的优点。高情商的女人之所以能快乐，是因为她能够调整自己的情绪，发泄掉心理上的压力，让自己整个人变得心平气和、轻松愉快，快快乐乐。

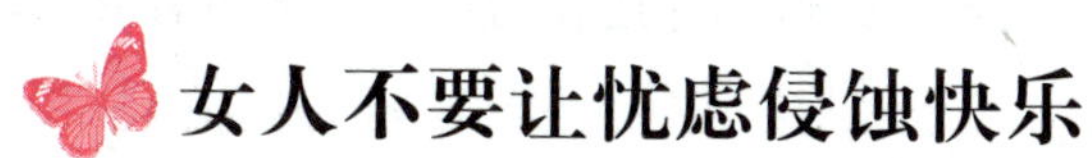

女人不要让忧虑侵蚀快乐

莎士比亚说："聪明人永远不会坐在那里为他们的损失而哀叹，却情愿去寻找办法来弥补他们的损失。"

拥有快乐情商的女人是不会让忧虑减少自己的快乐的，她们明白，忧虑对解决事情没有任何帮助，既然事情发生了，唯有去思考解决的办法才是最实际的。

清代文学家张潮在《幽梦影》一书中这样写道："为月忧云；为书忧蠹；为花忧风雨；为才子佳人忧薄命，真是菩萨心肠。"虽说这是菩萨心肠，但也不禁让人疑惑这是不是杞人忧天。

我们每天都在忧虑，担心上班的时候堵车迟到，被扣奖金；没完成工作被老板数落，甚至担心能不能保住这份工作；担心丈夫是不是还像以前那么爱自己；担心孩子生病；担心父母的身体健康。在这些忧虑的包围下，难免心绪不宁，焦躁不安。拥有快乐情商的女人是不会让忧虑减少自己的快乐的，她们明白，忧虑对解决事情没有任何帮助，既然事情发生了，唯有去思考解决的办法才是最实际的。一直为无法挽回的事情而担心、难过是没有用的，女人要向前看，只有这样才能快乐。

你要明白忧虑并不能解决问题，甚至有时候会蒙住你的眼睛。你会感觉自己跌入情绪的谷底，没办法前进，就像被困在了悬崖底。这时候怎么办呢？马太福音说：不要为明天忧虑，因为明天自有明天的忧虑；一天的难处一天就够了。如果我们只专注于解决今天的烦恼，会发现事情变得容易多了。而当你每天解决一个问题后，你会发现你的烦恼都已经解决了。

心理学家说，沉溺于过去，只会让你在原地踏步，停滞不前。印度诗人泰戈尔有这样一句名言："假如你还在为错失太阳而后悔，那么你还将错过月亮和星星。"

拥有快乐情商的女人要善于忘记过去的不幸。莎士比亚说："聪明人永远不会坐在那里为他们的损失而哀叹，却情愿去寻找办法来弥补他们的损失。"女人也不要为未来而担忧，该来的总会来的。你只要时刻准备着解决问题，那么当你遇到困难时，困难早就不是困难了。活在当下，在今天做最好的自己，才能做最快乐的自己。

下篇：修炼高情商女人

{Chapter 10}

家庭情商：玲珑女人要做好家庭的 CEO

有人说，女人是家庭的 CEO，掌管着一个小家的喜怒哀乐或兴衰命运。女人的一生，从女孩蜕变成女人，成就爱情和家庭的这段宝贵的青春时光是最值得珍惜的，也是应该用智慧去经营的。聪明的女人在家庭中扮演着穿针引线的角色，相夫教子的同时，装点着家的美妙与芬芳。

 不要因为亲近就失去礼貌

家庭的和睦是生活幸福的关键因素，一句简单的问候，一句发自内心的“谢谢”“对不起”会给你们的生活带来甜蜜和浪漫。

《左传》中记载了一个相敬如宾的故事：据说，春秋时一个叫邓缺的人在田里除草，他的妻子把午饭送到田头，恭恭敬敬地双手把饭捧给丈夫，丈夫庄重地接过来，毕恭毕敬地祝福以后再用饭。妻子在丈夫用饭时，恭敬地侍立在一旁等着他吃完，收拾餐具辞别丈夫而去。现实生活中，由于相处时间长了，像邓缺夫妻一样相敬如宾的可能不是很多，但是也不要因为亲近而没了礼貌。

在恋爱的时候，男人都会表现得很绅士，对女人忍让有加，女人也表现得可爱而淑女，对男人宽容有度。走进婚姻的殿堂后，彼此更加熟悉对方，双方的关系也由从前的羞涩变成了习惯性的亲近。有些女人认为结婚后大家就成了一家人，彼此也很熟悉对方，在家里就可以随意随性，对丈夫也是颐指气使，可能你是无心的，或者你认为你们是因为亲密才这样，其实夫妻间的礼貌是维护夫妻感情的良方，就算再怎么亲近也不要丢掉礼貌。

小张是家里的独生子，从小被父母宠着什么事情都不会做，在和小李认识后很快就结了婚。小李比较能干，洗衣做饭都很在行，并且对于做家务也自得其乐。每次只要一有时间，小李就会做一桌子好吃的菜，并且还开玩笑地对老公说：“我要把你的胃抓紧啦！”小张虽然不会做菜，但是每次小李做时他都会在旁边做一些力所能及的事情，等着一桌子菜做好时，小张都会拥

抱着小李说声:“亲爱的,谢谢你!”

在大多数的情况下,对于做家务和做饭菜女人会比较在行,很多男人甚至把女人在家洗衣做饭当成是理所当然的事情。其实不管对方是不是会做饭,当他(她)在厨房忙碌,当他(她)为你做好可口的饭菜的时候,一句感恩的“谢谢你”会减少对方很多的劳累感。就像上面例子中小张拥抱着小李说声:“亲爱的,谢谢你!”

可能在气氛比较和谐的时候,说声“谢谢”会比较容易,只要你心里意识到了,一般能很容易说出口,而要对对方说“对不起”就要困难一些,尤其是在闹矛盾而双方都觉得自己有理的情况下。但是越是气氛紧张,“对不起”所能起到的效用就会越大。

男人深夜归来,女人心绪不佳。

男人:给我做一碗蛋炒饭。

女人:什么蛋炒饭,是饭炒蛋,你说是饭多还是蛋多?

男人:管他蛋多还是饭多呢,半夜三更的,别吵了!

女人:什么半夜三更,是三更半夜!

……

男人:你这是怎么了,成心和我过不去,收拾你的东西回娘家去吧!

女人:回就回!

女人转身进了卧室,好半天不出来,男人过去看,女人在床上摊开了一个大包袱。看见男人进来,流着泪说:“请你躺在包袱里吧,我要带走我的东西……”

男人当场就愣住了,惭愧地对妻子说:“老婆,对不起……”

一句“收拾你的东西回娘家去吧!”和“回就回!”让夫妻双方都站在情感的悬崖边上,但是老婆一句幽默的“请你躺在包袱里吧,我要带走我的东西”和丈夫那句诚心的“老婆,对不起”又把双方的感情从悬崖边上拉了回来。

一位婚姻专家曾说过这样一句耐人寻味的话:“不讲理是吞噬爱情的癌

细胞。”我们对待陌生人经常会彬彬有礼，但是对待自己的伴侣却可能会毫无顾忌。因为是自己家里的人，因为是自己的丈夫，我们随意翻看他手机里的短信；因为知道邮箱密码，好奇地去看对方的邮箱；心情不好或者意见不同时，对对方大声呵斥……前面这些做法我们不会对陌生人去做，因为会意识到不礼貌，但是对待自己的伴侣却往往放松警惕。正如一位心理学家所说的话：“非常令人惊奇地，但确实是千真万确地，唯一对我们口吐难听的话、侮辱的话、伤害感情的话的人，就是我们自己家里的人。”

一家人边吃饭边聊天，丈夫突然对兴致很高的妻子说：“你怎么没有记性，青菜里的盐又放多了！”

“你也太挑剔了，不就是多放了点盐吗？”妻子把筷子一放，冷冷地说，“下次的饭你做吧！”

“说你一句就不高兴，你尝尝，饭也被你烧煳了，真没有用！蠢货！”丈夫全然不顾妻子的感受，继续口吐恶言。

“你这个没有出息的家伙，有本事自己挣大钱，天天上餐馆吃去呀！”妻子也不示弱。

一场家庭战争就这样爆发了。他们越吵越激烈，甚至把前三年后五年的事情都抖搂出来。越骂越感到不解恨，甚至大打出手，闹得老婆哭、孩子叫……

不同的家庭会有不同的家庭形式，但是，幸福的家庭成员之间总是和睦相处的，家庭成员的心情也是愉快的，而对对方吹毛求疵则是家庭不幸的一个原因。上面的例子，如果夫妻双方都能对对方宽容些，说话时有礼貌一些，这样的家庭闹剧就不会上演了。

家庭和睦是生活幸福的关键因素，一句简单的问候，一句发自内心的“谢谢”“对不起”会给生活带来甜蜜和浪漫。不要因为是一家人、自己人就忘记了礼貌，夫妻之间朝夕相处，对对方多点关心，尊重对方其实就是关心自己尊重自己，不要因为亲近就失去礼貌。

学会在无关紧要的小事上妥协

聪明的人懂得用智慧去调整每一次发生的微妙关系，并且让它安然度过或大或小的危机。

婚姻是一座围城，在婚姻登记处登记完后，你就已经通过了这个入口，走进了城。关于婚姻，余光中有一段精彩的论述："家是讲情的地方，不是讲理的地方，夫妻相处是靠妥协。"他认为"婚姻是一种妥协的艺术，是一对一的民主，一加一的自由"。妥协并不代表放弃，一味让步，能够妥协，意味着对对方的理解与尊重。在无关紧要的事情上善于妥协，会更容易赢得生活的甜蜜与幸福。

一般而言，在婚姻生活中，女人爱唠叨，对于看不惯的事情有时甚至会没完没了，而时间长了，男人就会失去耐性，很容易厌烦。因此，有人曾经比喻说：聋子丈夫与瞎子太太是最佳婚姻组合。可是，这种理想中的最佳组合，在现实生活中是很少的，真正存在于现实生活中，也不见得是最佳组合。世间很少有想象中的完美配偶。俗话说，"家家有本难念的经"，在外人眼里幸福的夫妻也会吵架，有时是因为生活中的琐事，有时是因为在乎对方。

婚姻是一门妥协的艺术。幸福的夫妻是家庭情商高的夫妻，他们知道在关键的时刻举"白旗"，向对方聪明妥协。

小燕和她老公阿铁结婚十年一直都十分恩爱，很少吵架，但是两人性格上也有差异。在小燕的记忆中，他们两个人最厉害的一次争吵是为了旅游地点。平时就爱好运动的阿铁一直梦想着背上行囊赴西藏自助游，对他来

说，非常自由且充满好奇。而小燕说他这简直是“自虐游”，她设想着依偎在他身旁尽情血拼、享受美食，比如香港或巴黎。如此大的分歧引起了两人好几次争执，但两人突然发现，他们争吵的关键点是因为想要一起旅行，他们意识到感情比其他都重要。于是他们心平气和地再次商量，决定先苦后甜——这次共同游西藏，待下一个年终大减价的假期再去“腐败”游。

聪明的人懂得用智慧去调整每一次发生的微妙关系，并且让它安然度过或大或小的危机。上面例子中的小燕和阿铁为了旅游地点而争吵，但是心平气和地再次商量后，找到了一个双方都可以接受的方案，顾及了彼此的兴趣和爱好，夫妻之间最终也“化干戈为玉帛”。

夫妻之间吵架是正常的，如果从没有吵过架，反而有点奇怪和危险；但吵架又不是什么好事，真正幸福的婚姻，双方在吵架的时候应该遵循两条最重要的原则：一是尽量避免冲突，如果战争爆发了，一定要第一时间搞好善后工作；二是吵架中没有赢家，如果你赢了，应该向他（她）致歉。

如果现实一点说，美满的婚姻是一桩合作的事业，需要两个人以爱情的名义去照顾，以亲情的目光去抚慰，更要以君子的胸怀去宽容、接纳。学会妥协，不是说一味忍让，夫妻之间有分歧，要经常互相交流，在交流的过程中化解矛盾，而不至于“不在沉默中爆发，就在沉默中灭亡”。

小李和大张结婚已经10年了，有一个7岁的女儿。夫妻感情一直都不错，在外人看来，他们有一个美满的家庭。大张出生于农村，自结婚后，农村的亲戚一进城就会来找他们，把他们的家当成是落脚点。由于大张的农村亲戚来来往往不断，他们正常的生活节奏也经常被打乱。

大张由于工作性质，经常出差。因此，每次亲戚进城，大张都是用电话遥控小李，由小李去照顾和安排食宿。刚开始时，小李为了顾及面子总是很耐心地去照顾，但是大张家的农村亲戚实在是太多，今天大姑来看病，明天外甥来旅游，后天侄子来考学，大后天舅舅的孩子来找工作……每次亲戚一来，小李的生活就会被打乱，工作也受影响。但是为了面子，小李就一直忍着没对大张说。

小李虽然嘴上不说，但是沉积在心里的怨气又无处发泄，有时就喜欢莫名其妙地发火。每每听到丈夫轻快地答应亲戚的到访要求，小李就会按捺不住心中的烦躁，借故对大张摔摔打打一番，弄得大张摸不着头脑。但是小李一直没跟大张说明白具体的问题出在哪儿。时间长了后，大张觉得小李没了往日的温柔，有时也不免多了几分不敬之词。后来两人的关系渐渐恶化，并最终离婚。

夫妻之间的妥协是一种讲究艺术的妥协，不是完全的沉默，然后完全的爆发。聪明的女人总是既善于坚持又不固执己见，她能把握好分寸和火候。上面例子中的小李如果掌握了妥协的火候，夫妻双方就不至于弄到离婚的地步。

婚姻专家告诉我们，恋人或夫妻所能给予对方最大伤害的话是："你根本配不上我，所以你要听我的。"其实，在幸福婚姻中，夫妻双方在不同的事情上，双方根据情况谅解妥协才能使婚姻生活更美满。在婚姻中，夫妻双方要么双赢，要么两败俱伤。学会妥协，学会在无关紧要的小事上妥协，这是婚姻路上牵手一生的人必须学会的重要一课。

抱怨，只会让他离你越来越远

美国公关学家和杰出的教育家戴尔·卡耐基曾经讲过："魔鬼为了破坏爱情而发明的一定会成功而恶毒的办法中，唠叨是最厉害的了，它能带给生活的，只有悲剧。"唠叨就是抱怨，抱怨是爱情的无形杀手，女人的抱怨会拉开自己和男人的距离，让他离你越来越远。

由于女人更喜欢交流，更敏感，因此女人往往也是抱怨的主力军。丝毫不抱怨的女人是很少的，为了发泄自己心中的不快，女人可能会在男人的耳边唠叨很久。夫妻之间朝夕相处，磕磕碰碰在所难免，但是家庭的和睦、婚姻的幸福，除了必要的感情基础外，更重要的是彼此的宽容与尊重。

抱怨是爱情的敌人，而抱怨是许多女人的习惯，在无意识中，女人总是习惯于用一种抱怨的语气来宣泄自己的情绪，表达自己的看法。只要表达方式适中，适当的抱怨是无害的，但是，如果你总是在他面前抱怨和唠叨，也许你最初的本意并不坏，时间久了，他也会厌倦，甚至“奋起反抗”，你们之间的距离就会越来越远。

不要抱怨生活，更不要抱怨属于自己的那个男人。俗话说，“十年修得同船渡，百年修得共枕眠”，任何一对夫妻走到一起都是一种缘分。在这个世界上，除了父母以外，最关心你的、最心疼你的就是他，并且他将是陪伴你一生的人。

从恋爱到婚姻，这个过程可能漫长也可能短暂，但是这个过程两个人却从幻想走到了现实。很多女人都会抱怨，男人结婚后就变了，什么坏毛病结婚后都原形毕露了。其实，不是男人结婚后变了，而是结婚后两个人的关系开始转向一种正常的状态。恋爱是浪漫的梦幻，充满激情，但同时也带有很强的欺骗性，包括欺人与自欺，婚姻才是现实生活。

这个世界上十全十美的男人是不存在的，那种十全十美的男人要么存在于你的想象中，要么只存在于艺术家的创作中。所谓的十全十美都在于你个人的心态，如果心态不能调整好，那么就是再怎么完美的男人，在你眼里也都有毛病。

法国拿破仑三世，也就是拿破仑的侄子，爱上了当时全世界最美丽的女人特巴女伯爵玛利亚·尤琴，并且和她结了婚。

他们的婚姻拥有一切十全十美罗曼史所需的条件——财富、健康、权力、名誉、美丽、爱情、尊敬。可是后来婚姻的发展却与人们的期望大相径庭。

由于玛利亚·尤琴受到了嫉妒的蛊惑，疑心加重，整天挑剔，对丈夫唠叨不停。她还常跑到姐姐那里，数落丈夫如何如何不好，在书房大声辱骂拿破仑三世。当拿破仑三世处理国家大事的时候，玛利亚·尤琴旁若无人地冲进办公室干扰。

面对水深火热的家庭生活，拿破仑非常沮丧，他经常在深夜从一处小门溜出去，用头上的软帽遮着眼睛，去另外一位美丽的女人那里寻找安宁，再不然就出去看看巴黎这座古城，呼吸新鲜空气。

在拿破仑决定和玛利亚·尤琴结婚时，他的顾问指出，玛利亚·尤琴的父亲只是西班牙一位地位并不显赫的伯爵，但拿破仑三世反驳说："那又怎样？"拿破仑三世为了爱而执意结婚，但是，最终也在玛利亚·尤琴的抱怨与唠叨中厌倦了。尤琴高雅、妩媚、年轻、貌美，但这些也没能留住拿破仑三世，在唠叨中，他们之间越走越远。

在家庭生活中，夫妻之间最重要的是互相宽容和尊重，任何事情都是两方面的，换个角度去想问题，你的心态就会截然不同。

世界上没有完美的人和事，一切的完美在于你看问题看人的角度和心态。男人也好，女人也罢，都只是这个世界的凡人，都存在着这些或那些方面的缺点与不足，但是如果你能用一颗包容的心去看待对方，能用一种接受的心态去理解对方，你们之间会更加融洽，夫妻关系会更加甜蜜幸福。

爱他，就要爱他的家人

任何一种爱都是互相的，当你和他结婚，这同时意味着你们两个毫无关系的家庭有了联系。

就像很多人常说的："恋爱是两个人的事，婚姻是两个家庭的事。"婚姻生活是一种非常现实的生活，它牵扯到更多的人和更多的关系，你只有处理好了这众多的关系，婚姻生活才会平静，你们也才有可能幸福。你和他的家人因为他而联系在一起，既然爱他，就要爱他的家人，包括他的父母和亲人。

在国产电视剧《我们俩的婚姻》里，李亚鹏扮演的秦岩说过这样一句话，他说："爱情应该分为两个阶段。一是恋爱时的爱情，那可以是两个人的事情；二是婚姻里的爱情，爱情到了婚姻的程度就上升成了亲情，那就绝不可能是两个人的事情。它将包含双方的家庭、家族、事业和朋友，还有即将出世的孩子。"

在步入婚姻前，你们之间的关系只是单纯的恋人关系，他表达的也更多的只是他对你的爱。但是，当你们结婚后，你立马就得融进他们的家庭与家族，不管你是否已经准备好。他的父母、他的七大姑八大姨会用另一种眼神来端详你、观察你、评价你。在这个过程中，你可能会觉得很累，甚至会觉得烦，但是如果你想和他继续在一起你就别无选择。这个时候，请千万要提醒自己：爱他，就要爱他的家人。否则，当你带着情绪去生活时，你们的婚姻很可能会半路夭折。

相对而言，他们家的亲戚会容易相处一些，因为你们毕竟不经常见面，关系也不是那么亲密，彼此对对方的期待都不会太多，并且，哪怕是关系不好，你还能“惹不起，躲得起”。但是，对于他的父母、你的公婆，你却是没法绕过的两个人，尤其婆媳关系，这是一种你永远无法绕过的关系。

我国自古就流传着“十对婆媳九不和”的谚语，婆媳问题一直是千百年来困扰女性的一个大问题。婆媳之间发生矛盾的原因有很多，有时甚至一件鸡毛蒜皮的小事都会让你们之间不愉快，不经意间说的一句话彼此都能“记住对方一辈子”。

小玉和她老公是大学同学，两人在经历了恋爱的长跑后进入婚姻的殿堂。夫妻两人感情一直都很好，小两口在家相敬如宾。买了房后，小玉婆婆和他们一起住。小玉刚开始心里特高兴，觉得以后下班回家可以吃现成的饭，并且也不用做家务了。小玉说话特直爽，心里想什么就说什么，她把婆婆当作朋友。婆婆来后第一天，吃饭的时候，小玉很高兴地说：“以后就好了，天天回家有饭吃了。”婆婆当时听了就不乐意，回答说：“难不成我是你保姆，必须天天做饭伺候你？”小玉当时就傻眼了，怎么一句开玩笑的话就被婆婆这样想歪了？后来的一段时间，婆婆就真的不做饭了，每天等着小玉回家做饭然后再吃。到最后，小玉和她老公就因为她和婆婆谁做饭、谁伺候谁的问题无法协调而离了婚。

其实小玉是一个没有任何心计、单纯善良的女人，但是有时就是这种单纯善良反倒伤害了婆媳之间的感情。做媳妇的都会有体会，要是自己的母亲骂自己，不管骂得怎么重，自己怎么委屈，怎么闹情绪，事情过了就过了，但是如果被婆婆说一顿，那就是在心里钉了一个钉子，可能钉子最终拔出来了，那窟窿却成了伤疤。因此，婆媳之间不能像朋友和母女那样随意。

任何一种爱都是互相的，当你和他结婚，这同时意味着你们两个毫无关系的家庭有了联系。在结婚后，你肯定也希望他对你自己的家人好，如果换位思考一下，他肯定也希望你能和他的家人关系能和谐。所谓“家和万事兴”，并不是指你和老公的小家，当然小家是基础，但是，你们与彼此亲人这个大家的关系也会反过来影响你们小家的幸福。

由于性格、生活背景、经济状况、教育程度等的不一样，彼此之间的差异与分歧在所难免。这个时候就需要彼此都谦让一步，所谓“退一步海阔天空”，这话在处理家庭关系时也十分适用。

张娟是家里的独生女，从小在城市里长大，经别人介绍和老公李军认识，然后恋爱结婚。李军来自农村，是家里的长子，下面还有一个妹妹和弟弟，妹妹在他们所在的城市上大学，弟弟上高中。和李军认识时，张娟父母亲刚开始竭力反对，觉得他们以后经济上的负担会很重。事实上，李军工作后，弟弟妹妹的学费生活费几乎都是李军承担。张娟也认真考虑过这些，但是她反倒觉得这样子李军是个负责的男人。

每次一到周末，只要有时间，张娟就会给李军妹妹打电话，叫她过来吃饭，临走时，还会给她妹妹弄点吃的带去学校。每次和李军回老家，张娟都会给李军的弟弟买些学习用品和生活用品，和公公婆婆尽管没有很多的共同语言，但总是顺着老人，和老人家有说有笑。一家人关系十分融洽，公公婆婆逢人便夸城里的儿媳妇。李军对于张娟的这些“付出”看在眼里，谢在心里，对李娟也疼爱有加，对于李娟的父母也十分孝顺。

按照一般人的思维，李娟的家庭背景和张军的家庭背景有很大的不同，并且李娟和张军父母之间肯定也有代沟，但是李娟都能站在对方的立场上去考虑问题，善解人意地去处理好她和丈夫家人之间的关系，婚姻生活就很甜蜜美满。

有个词叫做“爱屋及乌”，当你决定爱一个人，决定和一个人过一辈子时，你要记住，对于他而言，他的家人是他的一部分。你可能不是百分之百地了解他的过去，但是你一定要百分之百地去理解他的过去，百分之百地去接受他的现在。爱他，就要试着去爱他的全部，爱他的过去与现在；爱他，就要努力去爱他的家人，努力从心底里接受他的家人。

和他一起成长进步

有些女人认为，为男人付出了青春，付出了自己生命中最美的光辉，男人就会死心塌地、感激涕零。这样的想法实在是大错特错，因为你的付出是你自愿的，没有人要求你那样。

俗话说，男女各顶半边天。家庭的幸福需要夫妻双方共同经营。和美幸福的家庭，需要丈夫勇于担当，能在外冲锋陷阵，同时，当他事业落魄或者你们的感情出现危机时，作为女人的你能否依然持重，保持着一份矜持与睿智，与他共渡难关？为了协调彼此的步伐，在展现女人的魅力和母性时，别忘了和他一起进步。

婚姻是一项事业，需要夫妻双方共同经营，在经营的过程中，需要夫妻双方共同努力，共同进步，任何一方都不能掉链子。生活中不变的是变化，你们之间的感情是会不断变化的，影响这种变化的原因可能来自外部，也有可能来自自身。为了让你们的爱情保险，婚姻稳定，你得主动去适应这种变化，跟上生活变化的脚步，跟上他前进的步伐。

一个风和日丽的早晨，一对年轻夫妻，郎才女貌，手牵手爬山。在山底时，两人发誓要一起爬到峰顶，到峰顶体会“一览众山小”。最初，两人有说有笑，兴致勃勃。渐渐的，女人的体力越来越不行了。刚开始男人还鼓励、牵拖，但后来女人走不动，也想放弃，不想走了，就让男人先爬，说她在后面慢慢赶，男人一边爬一边担心女人，爬会儿就停下来等等。但是左等右等就是等不到，因为非常想看到整座山的秀丽风景以及享受爬到山顶后的成就感，所以又不甘心返回，而继续爬又担心女人。正在犹豫徘徊期间，男人看到一位正在独自攀爬的女人，女人相邀一起往上爬，男人心动就答应了。就这样男人和那个陌生的女人边走边聊，越聊发现共同语言越多，越聊越投机，渐渐就把妻子给淡忘了。这次爬山后，男人和陌生的女人一直保持着联系，最终他们俩走到了一起。

这是一个简单的故事，但是寓意却发人深省。人之所以为人，是因为人有感情，感情需要交流。在生活中，如果老公的事业蒸蒸日上，老婆却不思进取，两个人共同的语言会越来越少。这个时候，如果有第三者插足，男人就很容易动摇，就是不动摇，婚姻的质量也会受到影响。

有些女人认为，为男人付出了青春，付出了自己生命中最美的光辉，男人就会死心塌地、感激涕零。这样的想法实在是大错特错，因为你的付出是你自愿的，没有人要求你那样。很多时候，为了抓住男人，女人喜欢把自己隐蔽起来，结婚后，生活所有的重心都放在男人身上，越是这样，在情感上女人就越弱不禁风，在婚姻生活中越没有主动权。相反，在结婚后，你能保持自我，在活出自己精彩的同时你也抓住了他的心。

他们是多年的夫妻了。当初他追她的时候也是相当热烈，简直到了把她捧在手里怕摔了、含在嘴里怕化了的程度。

后来他们结了婚，有了女儿，此时他已经升职为一个跨国公司的部门经理，年薪达到了6位数，而她为了女儿和丈夫则辞了原来的工作在家做起了专职主妇。

不知道从什么时候起，她发现他的眼神没有了那种熟悉的味道，感觉有点疏远。丈夫经常早出晚归，从开始时解释和请求她的原谅，到后来倒头便睡。

终于有一天，她翻开了他的手机，一条条语言暧昧、挑逗的信息从手机里涌了出来，她呆住了。

第二天，她悄无声息地开始奔走于应聘和面试的忙碌中，凭借着自己名牌大学的学历和婚前的职场经验，很快找到了一份不错的工作。随后她请了保姆照看3岁的女儿，直到一切安排妥当，她才和他说起。他有点震惊，说我的收入足以养家，你干吗那样劳累？她无言，只是淡淡地笑了笑。

随后她开始频频衣着光鲜地出入于公司和朋友的聚会，并注意起自己的形象来，上班时一身职业装把她映衬得精明干练，下班后时尚的衣着把她的少妇气质衬托得完美淋漓。

慢慢地，她觉察到丈夫看她的眼神又有了变化，但她还是不动声色，继续穿性感的衣服，偶尔还会和朋友衣着火辣地去迪厅狂欢。有时在家里她的手机会在丈夫面前响起来，在电话里她和朋友兴高采烈地谈天说地，全然没有避讳他的意思。后来，早早回家的成了他，把床铺好的也成了他。但妻子的电话和短信依旧频繁。

终于，他忍不住了，趁妻子做饭的时候翻开了她的手机，上面有很多信息，当然有其他男人发给她的，却都是些平常的问候，最引他注意的却是这条："老公，我就知道迟早有一天你会看我的手机。知道吗？我的一切改变都源于你，是你的举动让我充满好奇地看了你的短信，我不会做什么对不起家庭的事，现在，你是不是会和我一起守护我们的家呢？"

女人的牺牲与忍让无法成全幸福的生活，两人长时间相处，如果想生活协调，彼此之间差距就不能太大。女人结婚后，应该对自己好点，同时也要提醒自己不要因为新婚的幸福而消磨了奋斗的志向。要做一个婚姻幸福又有安全感的女人，首先要明白幸福只能靠自己去争取，你必须和他一起进步。

不要和婆婆抢老公

作家徐国静在《男人与女人》一书中说：“婆媳是因一个男人相遇的两个时代的两个女人。她们的心系在同一个人身上，而脚却朝着两个方向。”

有人说婆媳是天然的情敌，他们都深爱着同一个男人。婆媳因为生怕男人与对方过于亲密而疏远了自己，因此，在内心自觉不自觉地都与对方较着劲。聪明的女人，不会去和婆婆抢老公。

虽然现在绝大多数的小家庭，婆婆媳妇不住在一个屋檐下，可能平常直接接触的机会不多。但是，从你和丈夫结婚后，你就免不了和婆婆的直接接触。“婆媳经”比较复杂，念好“婆媳经”需要一定的技巧。日本作家渡边淳一先生说：“要解决这个问题，最关键的便是意识的改变。人们应该对婆媳两者在思想观念方面存在着的巨大差异，保持清醒的认识，她们互相之间不必过于接近。在此基础上，尽量站在对方立场上考虑问题，或许对关系的改善不无裨益。”

婆媳本来是两个毫无联系的女人，她们因为同一个男人而紧密联系。一个女人看着男人慢慢长大，从自己的怀抱投入另一个女人的怀抱，于心不甘，这个女人是婆婆；另一个女人看着男人渐渐成熟，决定在一起共度余生，如果因为婆婆而冷落了自己，于心有怨，这个女人是媳妇。因此，从最开始，婆媳之间的关系就是对立的。

一个男人与自己的母亲和妻子这两个女人，由母子关系、夫妻关系、婆媳关系相互连接着。三种关系，如同三条“边”，构成了一道人间亲情关系中最难解的“三角题”。只有三条边是等边，彼此之间才能和谐。

珍妮和婆婆并不住一起，平时关系也还过得去。结婚后的那年，婆婆生日，珍妮丈夫接婆婆来家住了一段时间。住在一块儿的这几天，矛盾也还不少。

下班回来，珍妮在厨房忙碌，让老公帮着洗点菜。哪知婆婆的耳朵特别好使，阴沉着脸，站在厨房门口把她儿子叫了回去，叫他去做另外一件事情。珍妮心里特不是滋味，老公回来后，珍妮也没好脸色给老公看。睡觉时，老公发觉了珍妮的不对劲，珍妮实在忍不住了，就把心里的想法告诉了老公。老公笑着说："你也是的，我妈又不常住在这儿，等我妈走了，我什么都听你的。"听了老公的话，珍妮想想也是，我为什么这几天和婆婆抢老公，一年到头，婆婆也和自己在一块儿住不了几天，倒不如顺水推舟，这几天把老公让给婆婆。

于是，接下来的几天，珍妮就再也不叫老公干家务，让他一回家就做个孝顺的儿子。晚上吃完饭后，老公和婆婆在聊天，珍妮想把桌子往里靠，就跑过去请示婆婆："妈，您要他帮我抬一下桌子。"婆婆说："真是的，你直接叫他不就行了，他又不是听不见。"珍妮故作委屈状说："可他只听您的话，我哪儿叫的动啊！"婆婆听了这话，满脸笑容，对儿子训斥道："你在家可要听媳妇的话，否则，看我怎么收拾你！"

第二天，婆婆出去逛商场回来，拎着大包小包，一进门就说："珍妮，快来试试妈给你买的裙子。"婆婆给珍妮买的裙子还挺贵，挺时髦也挺合身，珍妮连连对婆婆说："谢谢！"第二天就穿着去上班了，婆婆看着也十分高兴。

婆婆是老公的妈妈，她可能觉得儿子是自己含辛茹苦带大的，应该一直听他的话，尤其是那种单亲家庭出来的孩子，或者小时候因为孩子而受了不少苦的婆婆，对于儿子的占有欲会更强。当有了媳妇后，她感觉到儿子的生命中多了一个女人，如果儿子把所有心思都放在媳妇身上，心里就会不平衡。这个时候，如果媳妇和婆婆去抢老公，对于媳妇来说，几乎不可能成功。倘若你换个立场，换种处理方式，就像上面例子中的珍妮一样，在生活中巧妙使用点技巧,你和婆婆及老公之间的关系反而会有很大的改进。

在现实生活中,很多女人,因为不知道换位思考,在抢老公的过程中和婆婆硬碰硬,结果让老公夹在中间为难,甚至到最后夫妻两人分道扬镳。

小萱和老公结婚后,由于经济条件不允许,就一直和婆婆住在一块儿。老公是家里的独生子,从小特听话,婆婆一直引以为豪。婆婆经常对小萱说,从小就没让孩子干过活,只要他读好书就行,现在工作了,也不要他干活,只要把工作干好就行。所以,每次一到家,老公看见小萱在厨房里忙碌就想着去帮忙,这个时候,婆婆就会把老公叫过去,说工作累了,到家就好好休息。每到这时小萱就特郁闷,心里想:我也一样上班,我上班就不累吗?所以,小萱总爱在厨房里大声叫唤老公来帮忙洗菜择菜。后来,日子久了,婆婆就对小萱意见特别大,觉得小萱不疼儿子,而小萱也对婆婆心有不满,觉得是婆婆把老公宠坏了。不到三年,小萱就和老公离婚了。离开时,小萱对老公说:"我爱你,但是我受不了你妈对你的爱。"

和婆婆抢老公,就好比是母亲、儿子、媳妇三者之间,展开着一场特殊的"拔河比赛"。两个女人分别站在绳子的两端,将站在绳子中间的男人,竭力往自己的一边拉。她们激烈地争夺着男人,并相信自己这样做是理所当然的。其实,这样的争夺,没有任何一方是赢家。

但是,不和婆婆抢老公并不是说什么都得听婆婆的,你也必须有自己的底线,就像上面例子中的,好好的一段婚姻就因为"受不了你妈对你的爱"而结束。很多时候,不和婆婆抢老公,并不意味着完全的忍让,尤其在最开始的磨合阶段,既要站在婆婆的立场上想,适当放手,但是也要有自己的原则,让老公和婆婆知道你的立场,因为老公将是陪伴你一生的那个人。

做母亲是女人最幸福的事情

孩子是爱的结晶，是自己生命的延续。有了孩子后，你的生活可能会有诸多的不便，但是，孩子在带给你烦恼的同时会带给你更多的幸福。

“不做妈妈的女人是不完整的女人”，这是很多女人生完孩子后的感觉，确实，每一个女人都应该享受做母亲的快乐和幸福。

女人是幸福的，因为只有她能生育自己的孩子。做妈妈是艰难的，10 月怀胎会让你完全变了模样，在经历了妊娠和分娩后，身体会有巨大的变化，产后需要花费很长的时间身体才能恢复，并且身材可能永远不能回到产前的状态，孩子生下来后，你得照顾他的生活，关注他的成长，所有这些事情都是烦琐而艰巨的。但是，做妈妈却也是幸福的。

知名作家池莉说：“一个女人可以什么都没有，唯独不能没有孩子。”带孩子是一种非常琐碎的活儿，但是，当你看着自己的孩子一天天长大，那个时候，你会体会到什么是“一滴汗水一分收获”。当孩子咿呀学语，亲切地叫你“妈妈”，这个世界上独一无二的称谓会唤醒你内心所有的温柔，你付出的所有艰辛也得到了补偿。看着自己的孩子一天天长大，慢慢懂事，你模糊中会感觉到生命中某种召唤，催促你坚强、前行……所有这些都是孩子带给你的，你能说做母亲不幸福？

母亲是孩子带给自己的一个角色，随着孩子的降临，你的家庭也更加完美。孩子的诞生，夫妻关系也会发生阶段性的变化，从此以后，你们的关系因为孩子更加紧密地捆绑在了一起，你们多了一个共同的责任，孩子成为你们联系的共同纽带。

丽丽和丈夫结婚5年一直都没要孩子，两人生性都不爱受拘束，刚开始结婚时，两人还商量着这辈子都不要孩子，尽情享受两人世界，在他们的眼里，没有孩子牵绊的爱情才是自由纯真的。渐渐的，身边的朋友开始有了小孩，看着朋友们幸福的表情，看着小孩可爱的模样，丽丽也心动了。在丽丽和丈夫的共同努力下，2009年春天，他们的女儿诞生了。

当医生抱着粉嫩的孩子到丽丽面前时，丽丽笑着流泪了。她对老公说，我第一次觉得自己伟大。有了孩子后，丈夫回家回得更早了，对丽丽也更疼爱了。两人爱睡懒觉的习惯也改了，生活更加积极了。丽丽的丈夫还升了部门经理，有天晚上，丈夫温柔地对丽丽说："宝贝，有了女儿后，我觉得工作更有激情了，更有奔头了，我想给她创造一个美好的环境，我想做一个好爸爸、好丈夫……"这个时候，丽丽抱着孩子依偎在丈夫的怀里，觉得从未有过的幸福与满足。

在家庭中，孩子是非常重要的，就是因为孩子，你和丈夫之间由爱情转变成了亲情。你们有了共同的事业和追求：给孩子创造一个更好的环境，给孩子树立一个好的榜样。这样的生活虽然忙碌，但是这种忙碌也是甜蜜的。

蒙台梭利博士曾经说过："千万别把孩子当成呆滞的个体，凡是他会做的每一件事都归功于我们成人，或是把他当成一个空罐，等待我们将他填满。事实上，是孩子造就了大人，每一个成人都是由自己的童年所塑造出来的。而我们的孩子正吸收着世界的信息，将之塑造融入未来的成人里。"孩子是主动的，因为他们对于这个世界好奇与无知，他们的表现都是出于本能与本性。他能令你获得生命的新鲜感，让你重新体会到爱恋，挖掘出一直潜藏在你内心的沉睡的母性。

人生是孤独的，可能再好的朋友你们也有冲突的时候，可能再恩爱的夫妻都有吵架的时候，你可能会因为消极而失去前进的勇气，但是，当看到孩子那无辜无助的眼神时，所有的抱怨与颓废都会消失。和很多离异的妈妈聊天，她们总会说，是孩子让我坚持了下去，是他在督促我努力生活。这种无形的动力,其实是一种莫大的幸福。

张欣因为自己的学业和丈夫的事业冲突而疏远了。丈夫去了美国,而她留在香港念博士。这个优雅的女人在接受采访时,很平静地说:“我因为念书而把婚姻念没了,这些年,我有儿子陪在我身边,我并不觉得缺少爱……儿子会督促我奋进,我有段时间情绪特低落,什么事情都提不起精神,儿子就和我说,‘妈妈,你堕落了,你这个样子让我很没安全感。’我突然意识到自己太不负责了……”张欣说离婚后很沮丧,但是儿子一直陪在他身边,就是因为儿子,才让她找到生活的方向和前进的动力,才让她坚持自己的学业,并且对明天充满了信心。

很多女人都有这种感受,在做了母亲后,当面对一个弱小新生命善良、刚强的本质时,自己就会与孩子同步成长,在教育孩子的同时,其实自己也在接受着孩子的教育。母爱生发出来的力量有时连你自己都意识不到,你平时拎 10 斤大米都不情愿,都嫌累,但是当孩子发烧要送医院时,你却毫不犹豫地背起 60 斤重的他爬医院的楼梯。这种心甘情愿地付出会让你自己觉得很幸福。

孩子就是上天给予母亲的最好礼物,是母亲生命的延续,做母亲的女人是美丽而迷人的。快乐的女人应该学会享受做母亲的幸福。

姑嫂也可以像姐妹一样亲

婚姻分析师李金红说:“姑嫂关系可以说是家庭关系中最敏感、最容易出现矛盾的环节。如果处理得好,将会促进家庭团结和睦;反之,就会成天摩擦,闹得一家人不安宁。”

姑嫂关系，如果从“贤”出发，彼此之间互相谅解宽容，时间久了，姑嫂可以和姐妹一样亲。

俗话说：“缝衣少不了线连针，家和离不开姑嫂亲。”这句话说明了，姑嫂关系对于一个家庭是否和睦影响的重要性。牵涉到姑嫂之间的问题一般都是家庭的琐事，并且你们之间有着非常密切的家庭联系，所以，只要你能从家庭团结的愿望出发，遇事不斤斤计较，彼此之间相互谦让，多为对方着想，用心与对方去沟通，姑嫂之间是可以和睦相处的。

姑嫂来自不同的家庭，成长环境不一样，对彼此的过去互相并不了解，相互之间稍不注意，彼此之间就非常容易产生误会。假设牵涉到一些经济利益上的问题，如果双方各不相让，甚至还会引发矛盾和冲突。但是如果你能用一颗宽容的心去谅解对方，站在对方的立场设身处地为对方着想，姑嫂关系处理得好，你们就会亲如姐妹。和谐的姑嫂关系，对于你尽快融入一个新的家庭，甚至对于婆媳关系的处理都有积极的促进作用。

小丽和铁军经过7年的恋爱长跑终于结婚了。婚前两个人的关系一直都很好，婆婆对自己也十分照顾。但是，自从小丽和铁军结婚后，他们俩并没有像那些新婚燕尔的夫妻一样幸福美满，相反却因为姑嫂关系日子过得水深火热。

铁军有两个姐姐，也就是小丽有两个姑姐，两个姑姐结婚后，因为丈夫家在郊区，所以就每天都住在娘家，平时吃饭也在娘家。小丽就心里不是很平衡，觉得既然出嫁了，就不应该再住在娘家，并且丈夫家就一个儿子，以后婆婆所有剩下的都是她和丈夫的，姑姐在娘家吃，就是吃自己的。而姑姐觉得小丽是娘家娶回来的媳妇，自己是嫁出去了的，虽然在家待的日子多，但觉得自己和小丽相比就是客人，家里的大小家务从来不干。因此，自从小丽结婚后，住在丈夫家就因为姑姐的原因一直闷闷不乐。后来有一次因为一件小事情三个人还吵了一架。就因为和姑嫂的关系不好，丈夫觉得小丽结婚后变了，婆婆也觉得小丽不贤惠，小丽觉得自己很委屈，婚后日子也过得不幸福。

心理学理论告诉我们:负面情绪的产生,不是因为这件事情的本身,而是源于你对事情的看法,你如果换个角度去看这件事,你的心情会好些。上面例子中的小丽,姑姐虽然现在天天住在娘家,但是她们也不可能住一辈子,就算是真住一辈子,如果你无法很巧妙去解决,为什么不去从内心里接受这个事实呢?毕竟每天闷闷不乐对于自己来说也没什么好处。站在姑姐的立场上去想想,她们之所以住娘家,是因为她们住郊区不方便,出于姑嫂之间的关心,暂时长住是不是也没有那么不可忍受呢?

其实家家都有一本难念的经,所有良好的关系都得靠双方经营。姑嫂之间刚开始有意见有分歧是正常的事情,要互相谅解,彼此学会克制自己。就算是不顺心的时候,也要克制自己不要出口伤人,更不能对丈夫或者自己的亲人发牢骚。如果自己暂时是小姑子,你要想到自己总有做嫂子的时候,站在以后的立场想想现在。姑嫂关系是一种非常平等的关系,彼此之间互相尊重了,这种关系才有可能良性发展。

赵平是一个心直口快的人,个性特别强,遇事喜欢占上风。结婚前,她觉得娘家就是自己的家。嫂子娶进来后,她就对嫂子指手画脚的。虽然哥哥和父母都已经习惯了,但是嫂子却不能忍受。有好几次,两个人就针锋相对地在家里吵起来了,每次吵架的时候,父母都愁得唉声叹气。

结婚后,赵平的老公有个妹妹。好强的赵女士又想:“现在婆家就是自己的家了,小姑子早晚是要嫁出去的。以后要是她有事,要娘家出面,那还不是得来求着我?”在这样的一种心态下,平时的小事情赵平和小姑子之间也是互不相让,关系搞得和娘家一样紧张。

后来,有一年社区里评模范家庭,赵平一票都没有。这个好强的女人开始反省自己以前的所作所为,开始隐约感觉到自己曾经是否有点太过分了。有一天,赵平去模范家庭代表张杰那儿去取经,张杰告诉她说:“其实姑嫂之间的关系很简单,你们之间是平辈,是完全平等的关系,彼此互尊互让,关系就很容易融洽。”从张杰那里出来,赵女士试着去调整自己的心态,很快,连她自己都觉得意外的是，她和姑嫂的关系和睦了起来。

俗话说："小姑贤，婆媳亲；小姑不贤乱了心。"在一个家庭中，姑嫂关系维系着这个家庭的和睦。对于女人来说，你在娘家是姑姐或者小姑，而你在婆家就是嫂子或者弟妹，也是别人的姑姐或者小姑。这种多重的角色，更有利于自己换位思考。碰到生活中的问题时，要随时提醒自己换位思考，多站在对方的立场上想想，多想想对方的好处。

姑嫂之间年龄差不多，并且都是女人，在生活中面临的问题也非常相似，处理好这种关系，巧妙运用好这种情感，彼此像姐妹一样对待对方，这是对对方的尊重也是对自己的尊重。

善待他的那些亲戚

只有毫不势利地善待他的穷亲戚，你才能在一个大家庭中受到别人的尊重与爱戴，夫妻之间的恩爱也才更稳定持久。

爱情的世界里容不下第三个人，但是婚姻却是两个家庭的事，它是两个家庭社会关系的组合，结婚后，亲戚之间的交往要平等相待，不论贫富，你来我往互相应酬，不可厚此薄彼。

亲戚之间，无论是自己的亲戚还是他的亲戚，无论是穷亲戚还是富亲戚，都应该一视同仁，不应该因为对方财富的差异而分"亲"和"疏"。有的人对待自己的亲戚非常热情，对丈夫的亲戚却不冷不热，另眼相待。对待富亲戚就知道礼尚往来，对待穷亲戚却是绕着走，冷眼看人，这其实十分伤感情，是十分不妥当的。当然，人与人之间的感情肯定有亲和疏的区别，但是你不能自己主观去强化这种区别，并且不能把这种差异建立在对方财富差异判断的基础上。

人是有感情的动物，你热情地对待别人，就算隔得再远，别人也能感受到你内心的火热，而你如果用一种厌烦和排斥的心理去应付穷亲戚，你就是处理得再微妙，他们也能察觉。对待亲戚，你要从自己的立场考虑对方的感受，因为你是对方的亲戚，对待穷亲戚，你要努力做到和富亲戚一碗水端平，那么你们的家庭就会和睦，否则就很容易造成家庭不和、亲属不满，甚至闹出矛盾、出现纠纷。

明朝嘉靖时期，有一位大臣叫张居正，此人为官清廉，秉公办事，在朝野中权力极大，连嘉靖皇帝也要敬他三分。张居正在家里也是一个好丈夫、好父亲，特别是在对待亲戚关系上，不分“亲”和“疏”，深得亲戚的敬重。张居正的妻子来自一个贫苦的农家，世代务农。她聪明贤惠，在嫁给张居正后，操持家务，颇有大家风范。张居正与妻子互敬互重，举案齐眉，对待亲戚一视同仁，并不因为他们是农民，而不屑于与他们往来，或者分“亲”和“疏”。有一次，张居正的岳父病重身亡，尽管当时身为宰相的张居正公务繁忙，而且从礼法地位上说，张居正不必前往凭吊，但张居正却没有这样做，他向嘉靖皇帝请了假，带领全家人赶回去，尽了孝道。这个举动，深深感动了所有的亲戚，大家都称张居正不愧是个人人称颂的“好宰相”。

正所谓“穷在闹市无人问，富在深山有远亲”，客观地说，凡夫俗子都有或明显或隐晦的嫌贫爱富的心理，这无可非议。但同时，贫富差距又是现实社会的一种客观存在，连皇帝家都有三门穷亲戚，更遑论平头百姓了。你和丈夫一旦结婚，走进围城，就意味着你和他的亲戚之间有了一种联系，也意味着以后的生活，你少不了要和他的“穷亲戚”打交道。和“穷亲戚”打交道，这不是个小问题，因为穷，他们可能更加敏感，但是他们却和你丈夫有着不可割舍的血缘、历史、地域、文化等方面的联系，关系处理得不好，往往矛盾多多，吵闹不断，甚至同床异梦，分道扬镳；关系处理得好，则可以使家庭和睦，婚姻稳定。

张元是省城工薪阶层的独生女，丈夫出生于农村，但是人特别善良，对张元也特别体贴和爱护。丈夫老家有个表弟叫小强，今年20岁，是独生子。小强家就靠那几亩薄地维持生计，日子过得很紧巴，小强经常来省城里“办事儿”。因为平时张元对丈夫家亲戚都挺关心，因此，每次小强来就直接来张元办公室找张元。虽然张元每次都领小强去吃饭，然后还给他路费回家，但是每次心里都会不愉快，回到家就和丈夫抱怨。丈夫就再三和张元说，姑妈家挺不容易的，他们老年得子，恨不得把小强放在嘴里含着，我们如果委屈了小强，姑妈肯定会觉得不高兴。张元看着丈夫那张真诚的脸气就消了。

有一段时间，小强又来找张元，说是借500块钱，张元问他借钱干什么用。小强不高兴地说：“借几百块钱都不肯啊，不愿意借就算了。”张元觉得过意不去，就把钱掏给了他。不久小强又来借钱了，还是借500，还是上次那句话，张元这次就没借给他。周末的时候，张元去了丈夫姑姑家一趟，问了下具体原因。姑姑说，小强刚交了个女朋友，开销大了些，自己没本事又借不到钱，只好到处借，现在外面还欠着1000块钱的外债。姑姑说着眼泪都出来了。张元听姑妈这样一说，赶紧掏出1000元给姑妈，叫姑妈把欠别人的钱还了。这个时候小伟进来了，特别不好意思。

后来，张元给小伟找了一份超市的工作，虽然挣钱不多，但是养活自己还是不成问题，恋爱一段时间后结了婚。

俗话说：“授人以鱼不如授人以渔”，对待穷亲戚，只一味地给予经济上的帮助，那只是解一时之急，并没有解决根本上的问题。如果可能的话，可以换一种方式“授人以渔”，就像上面例子中的张元一样，不但没得罪亲戚，彼此反而关系更加坚固了。

罗素说：“作为一个人，对父母要尊敬，对子女要慈爱，对穷亲戚要慷慨，对一切人要有礼貌。”罗素把对穷亲戚要慷慨作为是一个人的基本要求，其实，善待穷亲戚，善待老公的穷亲戚，既是对自己的尊重也是对老公的尊重。

参考文献

[1] 张晓梅. 晓梅说礼仪[M]. 北京:中国青年出版社,2008.

[2] 金韵蓉. 幸福有7种颜色[M]. 北京:中信出版社,2008.

[3] 高华. 女人的修养与智慧全集[M]. 北京:朝华出版社,2008.